時裝系列設計表現技法

時裝設計專業進階教程

劉 婧 怡 編著

前言

這是一個設計需求急速拓展的時期，也是一個設計人才輩出的時代，從北京到紐約、從巴黎到墨西哥，幾乎所有的國際大都市都會舉辦時裝週，各大院校的設計專業炙手可熱，每年都在不斷地為社會培養和輸送大批專業知識強硬的準設計師。隨著大眾審美的普遍提高，社會對設計人才的需求到達一個前所未有的高度，但是另一個嚴肅的現狀是，激烈的就業競爭讓社會對於“雛鳥”畢業生們有著近乎苛刻的要求。

“如何成為一名名副其實的設計師”，是所有人在學習期間最為關注的話題。為了達到這一目的，各種專業訓練是必不可少的。時裝設計行業並不喜歡依靠成績表來評判學生是否專業，更為簡單可靠的方法是依靠一套完整的系列時裝設計作品來作出評判。畢業生想要在激烈的競爭環境中脫穎而出，首先需要的是擁有一冊獨立完成並能夠充分展現才華的系列時裝畫作品集。因此在完成設計專業的各種基礎課程之後，就可以開始學習和創作系列設計了。與普通的時裝畫創作不同，系列設計是需要考慮人文、潮流、市場、顧客等因素的商業作品，而不僅僅是發揮個性創造的藝術作品。

這本書是《時裝設計專業進階教程》套書系列的第四本，著重講述系列時裝畫的創作方法。對於設計教育而言，傳授千篇一律的理論道理不如實在地講述一些系統的經驗。本書的Chapter 02講述了大多數設計師在進行商業創作時的常規任務。要求從調查研究開始，瞭解消費者並獲取豐富的靈感體驗，然後分析當季流行色彩、流行材料、服裝輪廓、流行細節以及配飾，並以此作為依據創作信息豐富的系列主題靈感板。第二步是根據主題靈感板創作大量的思維草圖，並篩選出系列設計最終需要的款式。最後一步是通過手繪或借助電腦工具，完成系列時裝畫的繪製工作。這樣完成的系列作品不再是簡單的圖畫，而是具有職業素養的商業產品的策劃雛形，能夠充分地展現作者在市場調查研究、潮流靈敏度以及手稿繪製等方面的才能。

一套成熟的系列時裝畫除了需要人體著裝效果圖，還需要相應的款式圖來進行深入的設計詮釋。在本書中，也詳細講述了幾種不同類型的商業款式圖的繪製步驟，另外還說明了常用的時裝款式，尤其是隨著時裝發展形成的一些約定俗成的基本款式的具體繪製方法，這些基本款式不僅有其獨特的經典造型，更是各種創意設計的基礎藍本。

為了更加實際地幫助初學者學習系列時裝畫的創作表現，在本書的Chapter 04中分別展示了不同品類的時裝系列設計表現方法，包括女性職業裝、休閒裝、度假裝、禮服以及男性正式服裝、休閒裝等主要時裝品類。此外還簡單講解了針織時裝、內衣與家居服、運動裝、童裝與青少年裝等時裝品類的時裝系列設計。

經驗式的共享和詳盡的步驟說明讓本書十分適合於初學者學習，書中豐富的案例與詳實的講解讓理論更加容易被理解，完整的創作流程解讀則能夠讓初學者學會良好的工作方法。

北京服裝學院 教授：

劉元風

目錄 CONTENTS

Chapter 01 甚麼是時裝系列設計

Chapter 02 時裝系列設計創作流程

Chapter 03

時裝系列設計款式圖表現技法

Chapter 04

時裝系列設計效果圖表現

Chapter
01

甚麼是
時裝系列設計

1.1 時裝系列設計的概念

時裝系列設計是設計師在完成眾多基礎課程之後，邁向市場前的重要實戰訓練。隨著時裝設計的傳統領域被不斷地打破與完善，時裝系列的內涵也由最初的服裝單品的簡單組合，發展成為包含設計、創意、工藝、市場等諸多潛台詞的綜合性名詞。

系列設計並不是設計師的獨角戲，而是基於商業需求形成的成熟產品線，是將創意、市場、品牌、顧客完美結合在一起的創意體驗。

時裝系列設計是時裝設計師表現靈感的重要手段，也是時裝品牌的重要組成部分。

一個成熟的時裝系列，少則包括6、7套時裝，多則包括20套以上的時裝，這樣龐大的設計產品體系至少需要擁有六個方面的要素：首先需要設計師將靈感元素豐富有序地運用於系列中；第二是擁有敘事性的主題層次；第三是滿足顧客的“一站式”購物需求；第四是擁有不同的時尚度；第五是要有統一的色彩搭配；最後是要表現完善的整體造型感。

1 設計師——盡情揮灑靈感

最初的系列主題是由設計師確定的。早在上世紀初期，高級時裝設計師們就發現，一個好的主題會產生諸多元素與靈感，而這些元素如果全部堆砌在一件服裝上是不可能實現的事，很自然地，這些設計師開始將幾件運用同一主題進行設計的服裝擺在一起銷售，稱作“系列設計”。

2 主題——豐富的層次

好的系列作品不但能夠鮮明地表現出設計師的主題靈感，還具有豐富的層次與敘事性。例如巴倫夏加著名的馬戲團系列時裝，從簡單的斜裁搭配精緻的馬戲團鈕扣元素開始，到後續的豐富撞色，以及最後的龐大禮服收尾，整個系列仿佛是一場流暢盛大的馬戲表演。

3 顧客——不同的需求

最喜歡系列作品的恐怕是時尚顧客了，對於這些挑剔的顧客而言，主題系列就像是超市裡的標牌索引，找到心動的系列後，就可以從內到外選擇各種需要的單品。這種方便快捷的“一站式”購物方式，無疑是快節奏生活的最佳選擇。

4 時尚——不同的時尚度

不同強度的設計方法會讓時裝展現出不同的時尚度。保守、基礎一些的款式時尚度較低，但顧客接受度較高；新樣式或搞怪設計的款式擁有較高的時尚度，但面對的顧客圈也相應的窄一些。若在系列設計中引入不同時尚強度的設計產品，則能更大程度上滿足不同類型的顧客。

5 色彩
——怎樣搭配都對

色彩作為時裝給人的第一印象，絕對是時尚世界最需要考究的元素。協調的配色很容易成為搶鏡關鍵，而糟糕的配色則讓人不想再看它第二眼。並不是所有的顧客都精於色彩上的搭配，時裝系列化的好處之一就是讓顧客可以隨意從中挑選單品，並且無論怎樣搭配都不會出錯。

6 造型
——設計整體形象

系列設計不但需要設計眾多的時裝款式和配飾款式，還需要將模特的妝容、髮型甚至長相風格都考慮在內，畢竟時裝本身並不能單獨出現，而是要依靠穿著者的整體造型才能展現出設計風格。

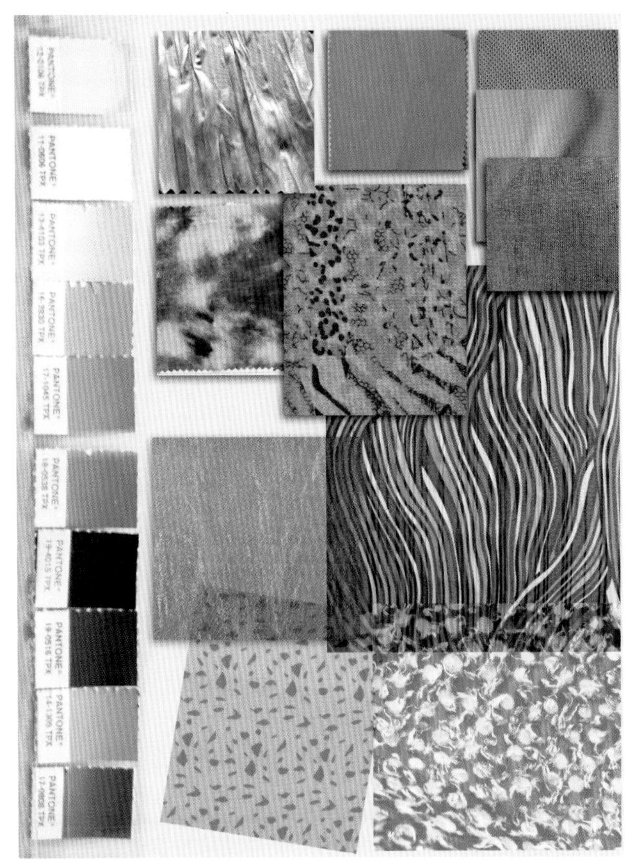

▲“沈落”系列色彩與材料板

▼“沈落”系列設計

該系列以藍色與灰紫色作為系列主打色彩，表達都市僧侶式的低調時尚。服裝從襯衫、膝上裙等職場基本款開始，逐漸延伸到簡潔風衣、寬鬆T恤、褶裙，再到設計強度較大的變化款駁領西裝、襯衫裙，最後用創意款連身裝和長裙作為系列收尾。

1.2 如何創作出成功的系列設計

成功的系列設計不僅僅是依靠豐富的創意與良好的表現技法，更重要的是基於市場需求的多方位考量。這包括：最初的市場調查研究與市場定位；設定富有吸引力的主題；考慮時裝的季節性差異；進行不同強度的款式設計；為不同的消費需求準備多樣化的時裝單品；最後用配飾來完善整體的形象設計，只有在這六個方面都有得當的考慮才能形成一個成熟的系列設計。

1.2.1 市場調查研究與市場定位

設計師與藝術家最大的區別是，藝術家與自己生活，而設計師與市場生活。幾乎所有設計活動最初的戰略方針就是市場調查研究，只有知道消費者需要甚麼，才能創造出被需求的產品。時裝也不能例外，同樣需要在調查研究過程中瞭解市場、分析市場。

整個消費者市場無比龐雜，即便是最知名的品牌或設計師也不能同時滿足全人類的需求，針對某一市場進行設計活動才比較務實。根據自身最擅長的領域，找準細分市場並進行準確的市場定位，是商業設計邁向成功的第一步。

甚麼是市場調查研究

調查研究可能需要設計各種調查表格、分析各種複雜數據，但是實際上，所謂調查研究就是要瞭解消費者在幹甚麼、想甚麼、正在用甚麼以及想要用甚麼。並將這些需求融入自己的設計，這就是成功的市場調查研究。

1 為甚麼系列設計要從市場調查研究開始

系列設計作品不能憑空而來，最賣座的設計總是緊密結合市場的。從調查研究開始，設計師必須要瞭解自己的顧客如何接受潮流、有怎樣的特殊需求、希望獲得哪些時尚滿足。

即使設計師熟知四大時裝週的頂尖流行風潮，也擁有非凡的藝術設計創意，但是這一切最終都需要消費者買單。因此，對於設計師而言，有沒有創意能力不是問題，能不能賣掉才是關鍵。

▼ 市場調查研究收集的資料

2 設計師需要調查研究甚麼

設計師需要調查研究的內容涵蓋三個方面：首先是國際市場潮流信息，這些信息能夠幫助設計師永遠走在潮流前沿。其次是目標市場的消費者需求信息，這是最為重要的調查研究部分。第三是品牌售後信息，這些信息能夠幫助設計師摒棄不賣座的設計，創作更容易為消費者所接受的作品。

調查研究內容：

國際潮流
時尚消費者
城市的流行風向
消費者基本資料
品牌市場接受度
當季產品銷售情況

▶ 國際潮流調查研究

四大時裝週是國際潮流的風向標，也是設計師關注的重點。

甚麼是市場定位

市場定位是系列設計最為重要的一步。通過市場定位，設計師會敲定某一特定群體作為自己的目標消費者，並以此作為設計活動的依據。未來的系列設計將針對這一特定消費群體而展開，選擇特定的時裝類別和時裝風格，以迎合他們的需求，最終讓自己的系列作品成為消費者的購物需求。

1 定位時裝類別

不同的生活模式、工作環境以及生活角色，會讓消費者形成特定的著裝習慣，這些著裝習慣使消費者固定購買某一種或某幾種類別的時裝。例如家庭主婦總是購買耐穿舒適的休閒服；白領女性則偏愛精緻的通勤套裝；Party聚會中的潮女們則會選擇亮眼的時裝。因此根據目標消費者的生活習慣，為系列服裝設定幾種特定的類別，更能夠獲得消費者的親睞。

常見的時裝類別
職業裝——簡潔精緻的通勤著裝
休閒裝——輕鬆舒適的生活裝
禮服——根據場合需求特殊定制的時裝
度假裝——帶有異域風情的輕鬆時裝
設計師時裝——前衛創意的潮流時裝
戶外裝——耐磨、防寒等功能性服裝
內衣——塑形內衣與普通內衣
家居服——晨服、睡衣等舒適著裝
運動裝——功能性運動裝與休閒運動裝
童裝——不同年齡階段的兒童服裝

2 定位設計風格

不同的設計靈感帶來不同的設計風格，但是並不是所有的風格都能贏得目標消費者的喜愛。通常，年輕、大膽、熱愛追求潮流的消費者能夠接受較多的設計風格變化；而成熟穩健一些的消費者則會有相對固定的風格愛好，並在一定的範圍內接受一些新鮮事物。例如以30歲~40歲職業女性作為消費群體的系列設計，可以選擇內斂的都市風格、禪意的東方風格或水墨印花等，但是使用強烈的龐克風格或誇張的波普元素就會受到排斥。

▲ 東方元素在時裝中的應用

3 穩健的定位才能擁有穩定的顧客

儘管設計師每天致力於讓系列設計推陳出新，充滿變化，但是跳躍性太大的變化不但會讓系列設計雜亂無章，還會讓整個品牌陷入混亂。因為品牌原有的時裝類別和設計風格已經形成了一定的消費影響，甚至獲得了一些關注度高的熟客。若一旦有了過大的轉變，這些顧客會很難在店鋪中買到滿意的服裝，轉而會對品牌失去信心。相反，穩健的定位和範圍內的良性調整，則會讓品牌顧客的忠誠度越來越高。

▶ 系列設計能保證品牌的穩定性

1.2.2 富有吸引力的主題設定

系列設計的主題會直接表現在服裝的造型、色彩、圖案以及材料上，這些直觀的視覺效果共同形成了時裝的表現力，因此一個富有吸引力的主題設定在某種程度上能夠讓時裝更受目標消費者的青睞。

1 甚麼樣的主題會擁有強烈吸引力

時裝系列的推陳出新很大程度上是設計主題的推陳出新，不同的社會環境、人文地域因素和流行文化等都會產生不同的熱點主題。

時裝變遷可以說是社會變遷的縮影，政治經濟變化、社會熱點主題、新穎概念、高科技、都市次文化、生態、藝術等熱門話題，都能夠延伸成為富有吸引力的設計主題。

▲“意外”主題靈感——骷髏與蝴蝶，彩色與黑白，虎頭與人身，表現出關注自然生態與人類破壞之劍的衝突意識

2 色彩是捷徑

試想一下，20米開外的櫥窗中的一件衣服之所以吸引你，是因為它的風格、款式、材料還是色彩？顯然，基於人類的視覺規律，衣服吸引眼球的第一要素只可能是色彩。使用顯眼的配色，或者使用穿透力比較強的色彩能夠讓你的時裝總是多獲得一些關注。

▼引人注目的配色方式

3 善用好奇心

“好奇害死貓”，一些奇怪的事物總是能夠吸引人們多看一眼，並試圖分析出原因。而這些搞怪的主題被用到時裝系列設計中的時候，儘管會有些搞怪的成分，但是仍然不失為一個好選擇。尤其是在青少年裝、街頭時裝等針對年輕消費者的時裝系列中，新奇搞怪的主題更適合這些好奇心旺盛的年輕人。

▶奇怪的事物總能引起人們的好奇心，而對設計師來說這也能激發靈感

5 緊跟潮流不會錯

設計師創造潮流，也跟隨潮流，不但跟隨國際時裝潮流，也跟隨街頭風向標。作為流行產業鏈中的一環，設計師需要緊跟時尚潮流，這樣哪怕最終的產品顯得創造力不足，也不會因為風格因素而導致服裝在市場上的失敗。

▲ 潮流時裝大片

▲ “綠色生活” 主題概念

4 關注社會話題

儘管時裝設計看起來只是讓大家穿上稱心的衣服，但是在信息爆炸的今天，社會話題的強大影響力足以讓容易搖擺的時尚圈受到波及。例如能源危機的影響讓“綠色生活”主題持續保溫；經濟危機發生的同時，時尚圈開始流行破爛樣式；威廉王子的大婚則讓優雅的宮廷風格炙手可熱。

▲ 含有煙酒、大麻元素的龐克概念

6 慎用負面概念

竭力尋找靈感是每個設計師的本能，但是在使用負面概念時需要慎重。一方面因為人們總是喜歡樂觀、向上的信息，對於頹喪、恐怖、尷尬的視覺信號會本能地排斥；另一方面熱愛負面信息的消費者畢竟不是主流人群，使用負面概念固然能吸引少數顧客，但卻容易失去更大的市場。

1.2.3 用時裝解讀季節

季節不單單決定了人們穿衣服的厚薄程度，更決定了材料、色彩、款式和圖案的流行趨勢。在春季，大地色系和輕薄的材料會讓人聯想到氣候回暖的愉悅；夏季，人們會更喜歡鮮艷的色彩和海洋元素；秋天則是復古元素、薄呢外套以及果實色彩盛行的時間；冬天的服裝會更傾向於厚重色彩和溫暖針織、皮草材料。時裝因為這些人性化的需求，自然會隨著季節、氣候的變化展現出不同的樣貌。

時尚年度日程

秋冬季節時裝發佈
裡約熱內盧時裝週
柏林時裝週
香港時裝週
米蘭男裝周
巴黎男裝周

秋冬季節時裝發佈
紐約女裝高級成衣展
巴黎女裝高級成衣展
倫敦女裝高級成衣展
米蘭女裝高級成衣展

春夏季節時裝發佈
米蘭男裝周
巴黎男裝周

春夏季節時裝發佈
紐約女裝高級成衣展
巴黎女裝高級成衣展
倫敦女裝高級成衣展
米蘭女裝高級成衣展

1月　2月　3月　6月　7月　9月　10月

巴黎高級時裝發佈

洛杉磯時裝週
日本時裝週

巴黎高級時裝發佈

俄羅斯時裝週
洛杉磯時裝週

度假季節

各大品牌通常在當年的5月發佈第二年的早春度假系列（Resort）。度假季節並沒有明確的時間分割，但是考慮到人們一般會選擇溫暖、舒適的地域度假，因此這一季度的系列設計會以輕薄的單品款式為主。

度假系列的服裝通常會設計為自然、舒適的單品，例如風衣、寬鬆襯衫、闊腿褲、長裙等。在主題的選擇上，海灘、異域風格、熱帶風情等元素成為設計師的最愛，例如香奈兒（Chanel）的度假系列不但選擇海洋元素作為發佈會主題，更將發佈現場搬到了海邊的度假聖地。

▶ 度假系列設計

2 春夏季節

春夏季節一般指當年度的3月~9月，因地域的不同時間會有所推移。這一季節的系列時裝在用色上較秋冬季節會顯得更加明艷、活潑，蠟筆色系、糖果色系以及粉色系都是不錯的選擇；在材料上，系列單品由春至夏越來越輕薄、短小，塔夫綢、生絲綃、雪紡、印度棉、素緞、斜紋棉、蕾絲等輕薄材料成為設計師的最愛；較為輕薄扁平的裝飾元素也更為流行，例如花卉、波普印花。

▲ 春夏系列設計

TIPS

春夏季節細分

- **早春**
  風衣、薄毛衫、長褲以及夾克外套等防寒單品還會出現。
- **春季**
  早秋季節的服裝仍舊保輕薄套裝、襯衫、長褲以及膝上裙等單品會大量應用，誇張配飾在這一季節尤為亮眼。
- **初夏**
  仍舊會有一部分春季末期的單品在售，但是長裙、連衣裙、短褲、T恤會成為主打產品。
- **盛夏**
  背心、熱褲等應對高溫環境的單品開始流行。

3 秋冬季節

秋冬季節一般指當年度的10月至下一年的3月，因地域不同時間會有所推移。這一季節的系列時裝偏厚重，沈穩的大地色系、果實色系以及溫和的懷舊色系成為流行風向標；各種起絨、磨毛的呢料、厚重的羊毛混紡、針織材料以及填充材料這一季的主力軍。

TIPS

秋冬季節細分

- **早秋**
  早秋季節的服裝仍舊保持輕薄，考慮到氣候的多變，靈活的多層次穿著與混搭十分流行。
- **秋季**
  起絨衛衣、薄呢外套、夾克、棒針毛衫等針對晴朗有風天氣的單品受到市場好評。
- **早冬**
  較厚的花呢大衣、填充棉服、尼克服和羊羔毛皮夾克等厚質單品比較適合這一時節的氣候。
- **冬季**
  針對較冷的地域，設計皮毛一體的大衣、防寒服等單品較為合適，複雜氣候地區則用多層搭配的系列單品應對。

▲ 秋冬系列設計

1.2.4 不同強度的遞進式設計

系列設計按照設計的強度可以分為基本款、變化款和創意款三種層次。同一主題、不同層次的設計通常會應用不同的元素或不同元素的搭配方式，從而呈現出由簡潔大眾化向特色個性化遞進的趨勢。

甚麼是不同的設計強度

根據設計的創新程度，通常將系列設計分為三個強度層次，時裝的設計強度與其時尚程度基本成正比。

1 初級設計強度

初級設計強度由基本款組合搭配，這一層次的服裝幾乎所有的消費者都不會排斥。初級設計強度的時裝簡潔、實用，甚至帶有一些樸實的特色，是系列搭配不可或缺的部分。

2 中級設計強度

中級設計強度會產生一些變化款式，一般會在輪廓、結構樣式、細節構成以及材料的二次改造上進行變化。這一層次的款式時尚度較高，是系列設計的最大組成部分。

3 高級設計強度

高級設計強度的時裝基本由創意款組成，這一層次的產品數量不會太多，但是時尚度最高，往往走在潮流前端，最能夠表現主題的風格特色，是T台和櫥窗的好選擇，也是系列設計中的代表性款式。

1

• 基本款的設計要點

基本款的設計在輪廓、款式風格上並不會有太大的變化，更多的設計變化在材料、色彩、細節工藝以及穿著與搭配方式上。

2

• 變化款的設計要點

變化款的設計可以在基本款的基礎上對部分細節進行變化，或搭配稍許誇張的配飾，形成略微與眾不同的穿著效果。

3

• 創意款的設計要點

創意款作為系列設計的主打部分，往往最能夠充分發揮設計師的創意能力。變化的領型、個性的袖型、特殊材料、圖案印染等諸多方式都可以廣泛引用，但是注意不要盲目堆砌，只需要保留一到兩個富有特色的設計點即可。

為甚麼系列設計需要不同強度的設計

在系列中拉開設計強度是一個好的方式，同一個系列主題中，設計強度最大的產品往往是櫥窗和T台的寵兒，誇張絢麗的單品只給最潮的消費者，當然它們也起到了吸引人們進店的作用。

喜愛時尚的女性會挑走一些設計稍微有些變化和創意的款式，不太誇張，又正好足夠她們展示自己的時尚品味；較為保守的姑娘們則會選擇系列設計中的基本款。越是常規的款式往往銷量越高，因此，不同的設計強度才能夠讓整個系列既擁有看點也擁有賣點，這就是系列設計的魅力。

1 滿足多樣化的顧客需求

基本款在性價比和顧客接受度上的表現最好；變化款能夠充分趕上潮流；設計款則是潮流先鋒們的必備要素。

2 滿足多樣化的設計表現

作為設計師而言，僅僅能夠駕馭一種設計方法是不可取的，更重要的是要能夠在創意與質樸之間游刃有餘、收放自如。

▼ "沈落"系列設計中不同的設計強度

1.2.5 多樣化的單品組合

快節奏的生活有時讓人覺得逛街也是一種奢侈，購物清單上可能有週一上班要穿的襯衫、週二餐會用的套裙、週五閨蜜聚會需要的雞尾酒短裙以及周日遛狗想穿的毛衫牛仔褲。如果一家店就能滿足所有的這些單品要求，並且擁有協調的系列風格，就能讓購物變成一件輕鬆且高效的事情。系列設計的多樣化單品組合的最終目的就是為了實現這種快捷的“一站式”購物。

系列設計的經典款式構成——“六種樣式”

在設計師的創意世界裡，連體褲、T恤衫、連帽衣等樣式數不勝數，款式千變萬化。但是對於成熟的系列設計而言，並不是所有的款式都是必須出現的。精煉而必備的“六種樣式”既能讓顧客不會陷入品類繁多造成的選擇困難症，也不會在系列設計中找不到自己所缺少的那件單品。

1 三種可選的外套

西裝、夾克與風衣，這三種外套既足夠時尚，又能夠讓人在微寒的天氣裡保持風度。

2 T恤與針織衫

這兩種針織類的休閒單品既舒適，風格跨度也非常廣，是設計師最愛的品類。例如同樣的棉布T恤，設計成寬鬆款式再加上一個誇張的印花元素，就能表現街頭風格；而用修身款式加上精緻鉤邊，又能表現出自然的森林風格。

3 襯衫與上衣

襯衫早已不是男士專屬，風格各異的女式襯衫也完全能夠玩轉時尚。各種不同材料、花色、長短、工藝的上衣更是能夠展現設計的魅力。

4 褲子

褲裝絕對是不可或缺的下裝單品，在多年來的時尚歷練中產生了極多的品類：連體褲、牛仔褲、闊腿褲、馬褲、緊身褲、七分褲……

5 衣裙

連衣裙是唯一保留傳統女性著裝風格的款式，也是展現各種女性魅力的完美款式。

6 膝上裙

膝上裙是著裝搭配不可缺少的單品，能夠靈活地與西裝、襯衫、針織衫等上衣搭配起來，並形成不同的風格。

如何設計豐富多樣的單品

系列設計並不需要絞盡腦汁地編造新花樣，對於成熟的商業系列而言，精緻的細節變化反倒更能表現設計師的駕馭能力。

1 上衣設計要點——領口、袖口、門襟

領口、袖口、門襟是上衣設計的三大看點，稍稍改變一下材質、修改一下角度、加上滾邊或是增加一些工藝明線，都能顯示出設計的巧妙。

◀上衣的設計要點

2 褲裝設計要點——腰頭與褲腳

褲裝的輪廓變化空間其實並不太大，過多的變化會讓穿著者有被束縛的感覺。因此將設計重點放在腰頭與褲腳這些細節上，會產生更多的創意點。

◀褲裝的設計要點

3 裙裝設計要點——輪廓

與褲裝不同，裙裝的輪廓十分豐富，通過裁剪與襯墊能夠展現出更多的輪廓樣式。

▲ 裙裝的設計要點

4 針織設計要點——花型的使用

裁剪類時裝的設計從選擇材料開始，而針織類時裝的設計總是從紗線開始，然後到編織材料，最終完成時裝。豐富的針法、花式紗線、鈎針技術等，讓針織設計的花型成為關注的焦點。

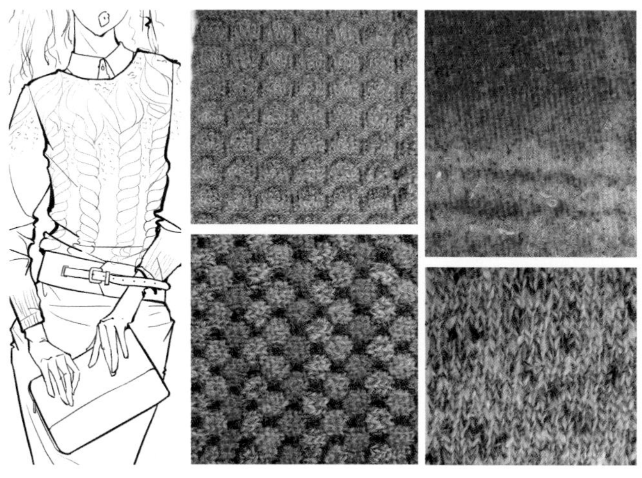

▲ 針織的設計要點

成功的系列款式設計需要甚麼

系列設計是由諸多的款式構成的，並不是單純地將若干款式組合在一起就能夠稱之為“系列”，作為同一系列的款式至少要滿足以下兩個條件。

1 豐富的可替換產品

所謂可替換產品就是單品種類一致但是風格不同，以便滿足不同著裝風格的消費者需求。例如圖中的單品襯衫裙，既有男裝風格的無袖樣式，也有束腰闊袖的鄉村風格款式，更有小企領的簡約樣式，這些可替換產品充分豐富了系列單品的層次。

◀ 襯衫裙效果圖與其可替換的系列襯衫裙款式圖

2 靈活的可搭配性

系列款式設計的另外一個重要要求是款式之間要能夠靈活搭配，簡而言之就是同一系列的外套、褲裝、裙裝等單品，即使是隨意搭配也能展現協調的效果。

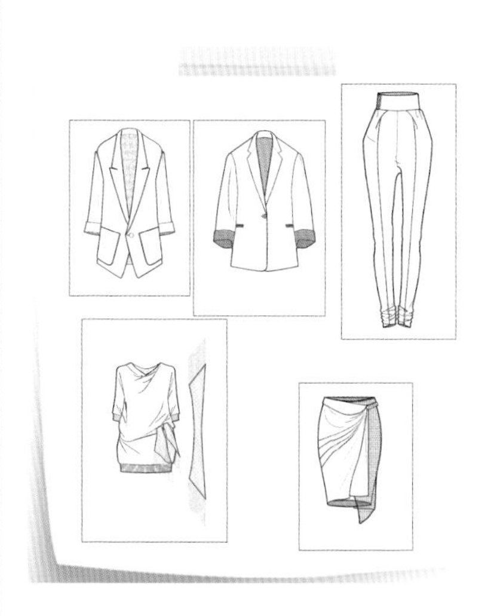

◀ 可混搭的系列款式

1.2.6 用配飾完善系列設計

系列設計的內容不僅僅包括服裝，也包括單鞋、長靴、手套、墨鏡、髮飾、手鐲、項鏈、腰帶等配件。在混搭大行其道的當下，這些搶眼的配飾不但能為主題系列增色，更會被諸多顧客當做潮流小亮點單獨買回家。

系列配飾設計的三大要素

系列配飾設計與單純的配飾設計不同，在單純的配飾設計中，配件本身是設計的主角，而系列配飾設計中，更多的是用配飾來完善服裝、表現主題。

如果設計師希望顧客將注意力完全放在時裝上，那麼他們會摒棄過多的配飾，只採用基本的鞋子、背包、腰帶等，且這些配飾也會以低調的造型和色彩出現。

如果設計師希望配飾能夠成為設計亮點並且幫助時裝表現主題，那麼就需要配飾與整體造型以及主題搭配協調。具體表現為：配飾色彩與服裝色彩協調、配飾風格與服裝風格協調，以及配飾本身的主次關係協調這三個要素。

1 色彩協調

配飾與時裝在色彩上要做到協調，可以遵循兩個原則：
第一是順色或撞色，順色是讓配飾的主色與時裝保持同樣的色調，這種方法最容易產生協調感；撞色是讓配飾與時裝的色相產生極大的反差，例如紅與綠，這種方法容易讓配飾成為時裝的亮點。第二個原則是配飾使用中性色，例如米色、灰色、黑白色、透明色等，這種搭配方式容易讓時裝成為關注焦點，而配飾只起到點綴和完善的作用。

▲ 以紅色為主加入細微撞色協調配色

2 符合主題風格

系列設計中，不僅僅是依靠時裝來表現主題風格，配飾同樣也起到了一定的作用，尤其是可以將一些誇張的、難以在時裝上實現的主題風格元素使用到手袋、髮飾、鞋子、腰帶等配飾上，不但能夠豐富主題層次，更能展現設計師多方位的設計能力。

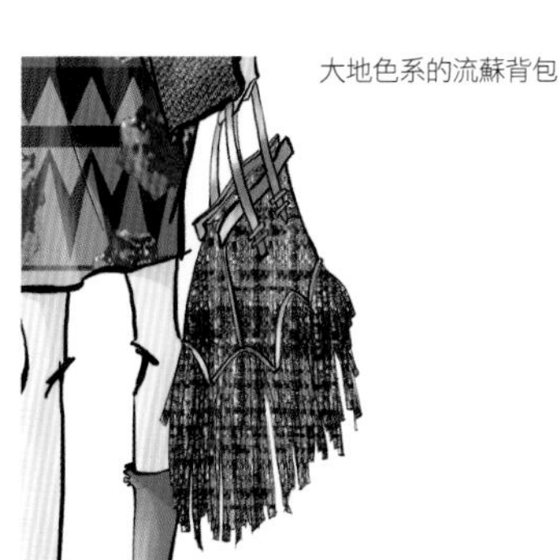

▲ 非洲主題系列設計

3 配飾的主次關係

在設計配飾的過程中，設計師需要事先決定在整體造型中，哪些配飾需要重點表現、哪些配飾作為輔助點綴。然後在造型、體積或是色彩圖案上加強表現重點配飾的張力，減弱其他配飾的存在感，才能形成良好的主次層次，避免發生令人眼花繚亂的感覺。

豐富的手鐲形成重點，單色的高跟鞋則作為輔助配飾

彩色的腳環和布面印花夾腳涼鞋形成配飾重點，手環作為次要配飾採用相對黯啞的色彩

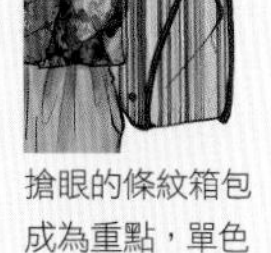

搶眼的條紋箱包成為重點，單色涼鞋和草帽被自然弱化

與裙子圖案同色的高跟鞋形成視覺重點

流蘇包採用與服裝差異較大的色彩，形成關注點，其餘的配飾則採用與服裝鄰近的色彩，以保持統一

手套與手拿包運用亮色，鞋子、腰帶則採用較暗的色彩，保持協調

▶ 主要配飾與輔助配

設計配件與創作效果圖同步進行

先設計服裝後補充配件是設計方法上的一個誤區，系列設計必須保證整體造型的風格、色彩以及搭配上的統一和協調。因此在創作草圖之初就要將各種配件考慮在內。

在繪製草圖時要將配飾與時裝作為一個整體，突出設計中的一到兩個重點，並弱化其他環節，以避免設計累贅臃腫。另外，還要將所有的細節工藝、配飾工藝考慮周全，這樣才能形成完善的系列設計。

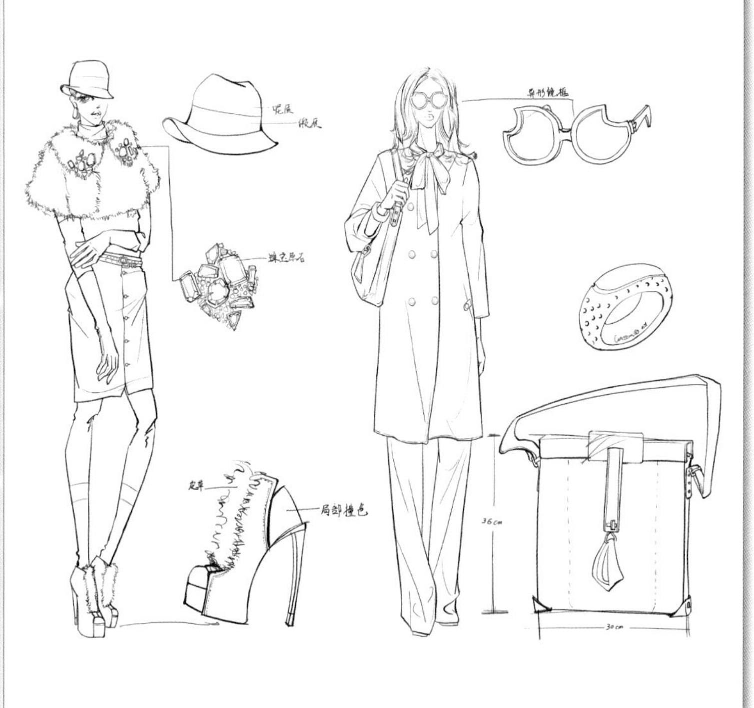

1.3 如何形成系列感

將零散的創意串聯在一起，形成完整的系列感，並不是深奧得難以捉摸的一件事，只要涉及設計方法，就總是有章可循的。作為一個系列設計作品，至少要符合兩個方面的特徵。首先，系列設計中用到的圖像元素要緊密地圍繞同一個主題；其次，所有的色彩、圖案、款式乃至模特的髮型、妝容、配件等細節，都要符合系統化特徵。做到這兩點的作品，才能稱之為成熟的系列設計。

1.3.1 緊密圍繞主題

主題是系列設計的靈感源泉。作為一系列設計作品的靈感，主題絕對不會是簡單的一句空話或者抽象的情感，而是需要提煉出色彩、圖示語言、視覺符號等具象概念。系列設計必須緊密圍繞這個主題來進行創意延伸。

1 選定主題元素

主題最初的雛形可能是一句詩詞、一位漂亮的明星或是一幅街邊的塗鴉，這些雛形能夠帶來創作靈感。但是要將這些散碎的靈感變成系列設計的創作依託，則需要進一步細化——將靈感轉化為圖形元素。因此系列設計的第一步就是找準創意主題，並將主題具象細化為富有代表性的圖形元素。

2 重複與強調

一個系列設計可能會有五套或是更多的時裝，如果每套服裝使用一個主題元素，最終的結果仍舊是雜亂無章。

因此，為了強調主題性和系列性，將各種元素重複組合，然後使用在時裝上是一個不錯的選擇。巧妙的重複和變化能夠很好地強調主題信號，從而讓顧客更好地理解這一設計理念。

▲“地中海”主題元素

迷彩圖案、地中海色系、船錨標誌、鐵索

◀“地中海”系列沙灘裝設計

系列設計中的五套服裝均以地中海色彩形成的迷彩圖案為主，輔以鐵鏈和船錨的配飾裝飾，從而表現出濃厚的沙灘度假風格。

1.3.2 用四大設計要素表現系列感

時裝設計的四大設計要素分別是色彩、材料、細節以及工藝，無論是系列設計還是單品設計，這四大要素都是設計師需要考量的重點。一套成熟的系列設計在這四個方面不會是毫無頭緒的雜亂，而應該是主次分明、層次清晰的。

1 系統化的色彩

所謂系統化的色彩就是系列設計中的色彩應用要主次分明。一個系列一般會採用一到兩個主打色彩，兩到三個輔助色彩以及若干搭配協調的色彩。其中主色在使用面積和部位上均佔主要地位；輔助色彩則不宜面積過大而導致搶色；協調色彩則常使用中性色給予襯托。

2 系統化的材料

材料同樣需要區分主次，主打材料應該較多地使用，同時主打材料的色彩應與主打色統一。例如“閨房”系列大量使用透薄材料，這些透薄材料包括鏤空材料、超薄針織、印花歐根紗、蕾絲材料等，這些肌理與材質完全不同的薄型材料形成豐富的搭配層次。

3 系統化的細節

除了色彩與材料之外，時裝作為人們近距離接觸的產品，細節也同樣重要。在同一個系列中，可有意識地重複使用幾種細節特徵，以保持設計手法的一致。例如“閨房”系列中的四套服裝重複使用鏤空、荷葉邊、透疊邊等細節，顯得十分統一。

4 系統化的工藝

時裝的工藝儘管比較細微，但同樣是設計的要點之一，尤其是明線工藝、絎縫工藝等裝飾工藝，更是設計的重點手法。因此在系列設計中，統一工藝手法能夠讓系列時裝顯得更加專業與精緻。

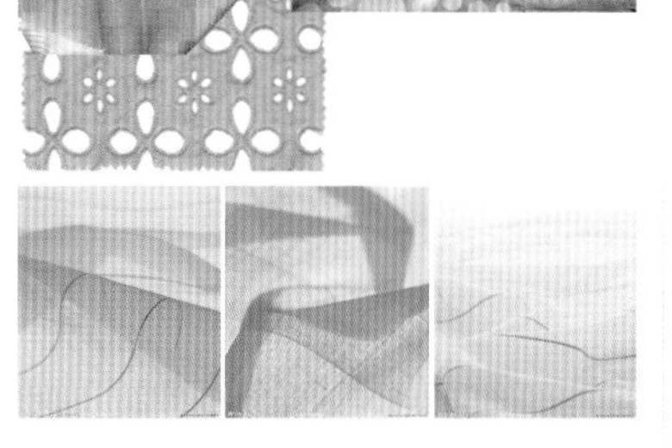

▲“閨房”系列設計

Chapter

02

時裝系列設計
創作流程

2.1 確定主題

著手系列設計應該從確定主題靈感開始，有時靈感會因為某一個觸動自動出現，但更多的時候是需要設計師分析與尋找的。對於設計而言，確定主題更像是進行周密的演算，從最初的感悟開始，到市場調查研究、潮流分析，再到將得到的信息充分整合、排除冗雜，最終獲得包含色彩、風格、潮流等元素的主題靈感板，到此時才可以說最終確定了系列設計的主題。

2.1.1 靈感與調查研究

這是確定主題的第一步。與藝術家不同，設計師的靈感不僅僅依靠天馬行空的感性，還需要從各種理性的調查研究信息中分析獲得。這樣得到的靈感才能夠與顧客接近，而依靠這種靈感創作的系列作品，才更容易獲得顧客的認同。

靈感來源

想要獲得更好的靈感，寬闊的視野和廣博的學識是不可缺少的前提。初學者往往會從現成的時裝發佈會中找尋靈感，儘管也能夠得到不少啟發，但是長期如此會形成局限的思維，只有將眼光擴展到文學、藝術、歷史、街頭等諸多方面，才能獲得更多的新鮮體驗。

1 藝術素材

在藝術領域尋找素材是一件非常便利的事情，因為積澱留存下來的藝術作品本身就十分優秀傑出，能夠讓很多人喜愛。自然，由這些作品延伸出的設計靈感也更容易獲得大眾的青睞。

2 設計素材

不僅僅是時裝設計的素材能夠成為靈感的源泉，現代設計的各個領域都應該被囊括在搜索的範圍內。例如工業設計、建築、珠寶、包裝甚至植物造景……這些現代設計在造型、色彩、圖案等方面能夠給予設計師很多啟發。

3 社會關注題材

能夠帶來社會關注的題材一定具有相當不錯的群眾影響力，這種廣泛的影響力也就意味著，當你使用這種題材作為系列主題時，不需要過多的解釋，顧客就會很快理解並與你達成共識，因為他們事先就已經對這一題材有所瞭解了。

4 經濟與政治

經濟與政治，其影響力幾乎涵蓋了全球的商業行為，時裝產業當然也不能例外。縱觀時尚潮流的變遷，經濟危機、戰爭、政治導向、石油熱等看似與時尚無關的事件，卻總是能夠讓整個時裝潮流為之一變。

5 歷史素材

歷史是一個極其龐大的數據庫，當人們覺得靈感枯竭時，找出一本歷史書籍隨手一翻，就能夠獲得豐富的新概念。豐厚的人文與考古史料，將各個領域的精華展現在世人面前，這些史料不但能夠幫助設計師表現復古的概念，更能夠以史實啟發創意，帶來全新的理念。

6 文化與民俗

幾乎所有的人都喜歡旅行與度假，喜歡在異國他鄉感受全新的文化與民俗。時裝行業同樣如此，來自遠方的不同元素總會給人耳目一新的感覺。因此，在不同的文化與民俗中尋找新鮮事物，就成了設計師尋找靈感的例行道路。

7 生活細節

天才之所以能夠脫穎而出，在於他們時常能夠從最普通的生活中發現新鮮事物，設計師也需要這種敏銳的發現能力。路邊矮牆上的青苔、霓虹色的糖果、廢棄的工廠車床、鄰居新刷的屋頂……經驗十足的設計師就能夠從這些生活中的點點滴滴獲得悸動，並由此產生新鮮的靈感。

8 潮流題材

想要設計出引領潮流的時裝，自然要關心最潮的題材，這就意味著設計師需要隨時關注走在潮流前端的各行各業，例如音樂節、電子產品發佈會、新的軟件界面、新媒體技術、明星、流行電影甚至是最近流行的寵物與植物品種……

9 街頭與青少年

自上而下發佈流行的時代早已結束，如今的潮流由複雜的交互影響組成。一方面設計師發佈流行趨勢、顧客接受流行；另一方面設計師也從顧客身上借鑒新的流行概念，尤其是街頭與青少年，這是一個衝擊式的群體，他們帶來的往往是最敏感的新信息。

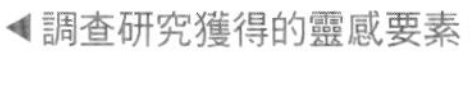

◀ 調查研究獲得的靈感要素

畫展和藝術作品展覽永遠是藝術家們汲取靈感的關鍵場所

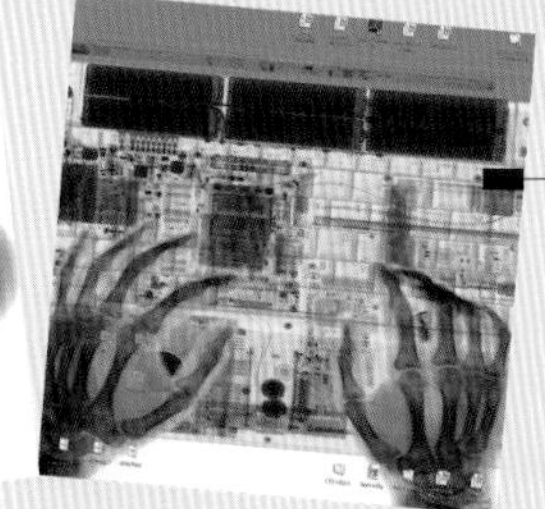

在旅行途中拍攝的各種城市景觀、雕塑、壁畫……不但記錄了難得的藝術作品，更記錄了自己難得的靈感衝動

電子行業和產品設計總會有一些奇思妙想能夠讓人駐足不前

來自搖滾樂隊的CD封套，在很長一段時間裡不但代表著音樂界的得意成就，更是平面設計行業值得驕傲的藝術設計結晶

城市中隨處可見的細節往往容易被忽視，但是仔細尋找就會發現很多令人驚訝的配色、紋理、創意……

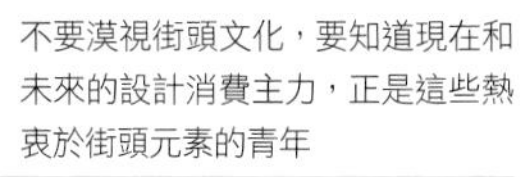

不要漠視街頭文化，要知道現在和未來的設計消費主力，正是這些熱衷於街頭元素的青年

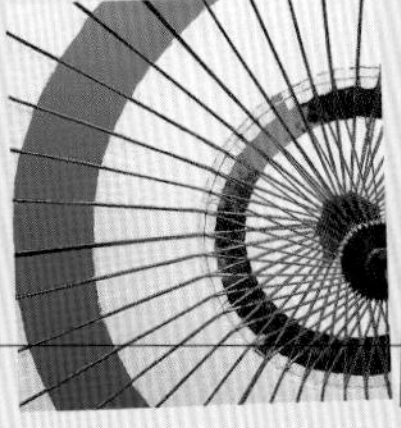

牢記各種節日，在人類快速進化的今天，沒有甚麼日子比節日更能展現那些快要被遺忘的奇妙民俗

消費者調查研究

在市場調查研究的諸多環節中，尤其需要重視的是消費者調查研究，畢竟為設計作品買單的就是消費者，只有知己知彼才能百戰百勝。

TIPS

瞭解目標消費群體

- **瞭解他們是誰**
知道消費者的名字沒有用，他們的身份、社會地位、受教育程度、社會角色等元素，才能讓設計師瞭解他們到底是甚麼人。
- **瞭解他們的消費習慣**
設計師的最終目的是期待消費者掏出錢包，因此必須瞭解他們喜歡購買甚麼、願意花多少錢以及支出與收入的比例等，以便投其所好。
- **瞭解他們的價值需求**
不同的價值需求會讓人們擁有完全不同的生活觀念，而這些觀念決定了他們最終會走進哪一種價位的服裝店。
- **瞭解他們的興趣點**
人們的興趣點往往最容易讓他們慷慨解囊，瞭解他們喜歡甚麼，然後不妨將這些萌點加入系列設計，一定能夠獲得不錯的效果。
- **瞭解他們的娛樂愛好**
人們的娛樂方式在一定程度上能夠展現他們的性格、愛好甚至情感需求，瞭解顧客的娛樂愛好能夠幫助設計師更好地換位思考。
- **瞭解他們的風格**
這是最務實的調查研究，除去走在潮流前線及熱愛時常更換風格的少數人群，大多數顧客的風格總是很穩定的，契合顧客風格的系列設計顯然更容易獲得他們的好感。

1 瞭解自己的設計風格

這是每位設計師必須做到的，如果自己擅長的設計風格與目標消費群體喜愛的風格大相徑庭，那麼設計就會變成一件為難自己的事情。因此在選擇目標客戶時首先需要瞭解自己喜歡甚麼、擅長甚麼；在甚麼方面很有想法；不太喜歡哪種風格的設計；完全不擅長哪種單品設計等問題。

▲服裝系列設計產品冊

2 鎖定消費群體

時尚市場十分龐大，消費者的需求千變萬化，儘管設計師的願望是希望所有顧客都喜愛自己的作品，但實際上卻並不可能。務實的做法是選擇某一類有共同喜愛的顧客群，鎖定他們作為自己的目標客戶，盡全力滿足他們的需求，而放棄其他的顧客。

當然，如果你瞄準的目標消費群體正好與你擁有同樣的品位和風格愛好就完美了，這會讓設計變得更加得心應手。

▲時常觀察街頭人群並分析他們的生活方式

3 瞭解目標消費群體

鎖定目標消費群體之後，就可以專心調查研究這一部分消費者的消費習慣、價值需求、興趣愛好、娛樂方式以及風格取向等。可以選擇用調查表格、街頭觀察、聊天等近距離接近顧客的方式來進行調查研究，以便更加瞭解他們。

▲ 從目標消費者的生活環境可以簡單分析出他們的興趣、愛好、生活方式等

4 調查研究分析

調查研究所獲得的信息常常是一些簡單的、零碎的信息，這些表象僅僅只是基礎環節，想要獲得真正需要的設計指導，必須對這些簡單的問題和現象進行分析，從而得出科學的結果。例如從消費者的風格喜好和關注點中，可以分析出他們喜歡的設計元素。

消費者喜歡的概念	對應的風格喜好分析
淺色實木風格傢具	丹麥設計、結構至上、原生態、綠色設計
色彩鮮艷的紡織品	家居風格、傳統英式毛紡織風格、羊毛產品
東方刺繡與水墨畫	中國風格、蘇繡樣式、水墨風格、東方禪意
剪紙與年畫	色彩艷麗的民俗風格
搖滾歌手與鉚釘馬丁靴	龐克風格、哥特風格
常青藤校服	預科生風格、戴花嬉皮士風格
纏枝印花、精緻的精靈雕塑台燈	新藝術運動、裝飾藝術運動風格
闊肩軍裝、金屬鈕扣與勳章	拿破侖軍服樣式、中性男裝風格、硬朗輪廓

▲ 不同的店面陳列風格會吸引不同的消費者

2.1.2 時裝潮流分析

這是確定主題的第二步，在獲取廣泛的靈感和有針對性的消費者調查研究之後，設計師已經獲得了一些簡略的信息以供使用。接下來要做的是讓自己的設計不脫離時尚潮流，這就需要針對潮流六大要素來進行信息採集，包括色彩、材料、輪廓、細節、配件、妝容與髮型。

獲取流行色

在光譜中，色彩的種類極其豐富，微妙的變化就會讓色彩顯得截然不同。設計師本能地會使用自己喜歡的色彩進行設計，但時間長了，此方法會導致系列作品色彩單一、表現力缺失。因此在進行系列創作時，採用一些新鮮的色彩能夠讓作品顯得更加生動且富有變化。

從秀場獲取當季流行色

讓流行設計使用流行色，是一件順理成章的事情。對於所有的設計師而言，在秀場中獲取流行色是一種最簡便的方法。儘管每年有數百種品牌在各大城市舉行發佈會，但奇妙的是，總會有一些品牌不約而同地使用一些同樣的色彩作為當季主打色，這些品牌強大的感染力會讓這些色彩成為當季流行色。

▲ 流行色一——磚紅色系

明艷的磚紅色系似乎男女皆宜，這種紅色儘管濃烈但並不純粹，其中會夾雜一些橙紅、紫紅，讓整體顏色顯得微微發舊。

▲ 流行色二——粉彩蠟筆色

粉彩蠟筆色在秀場內外都顯得十分出眾，裸色、淺藍紫、胭紅等色彩在這一色系中顯得粉嘟嘟的，營造出一種甜美的童真感。

2 色彩搭配帶來的靈感

拋開時裝發佈會帶來的密集色彩刺激，在日常生活中同樣能夠得到色彩靈感，尤其是色彩搭配帶來的啟示。設計師從來不會使用某種單一的色彩來表現創意，只有某幾種色彩的搭配才能形成完整的作品。

初學者的色彩搭配總會顯得簡單和單調，成熟的設計師不會單純依靠習慣和想象來進行色彩搭配，他們會依靠大量的色彩採集與搭配借鑒來完善自己的作品。

TIPS

如何採集色彩搭配信息

- **選擇靈感圖片**
  一張靈感圖片可能會有十種或者更多的色彩變化，但是時裝系列並不需要這麼多的色彩，因此需要設計師從圖片用色中歸納出三到五種主要色彩即可。
- **用色的比例**
  靈感圖片帶給設計師的不僅僅是色彩搭配的方式，還包括色彩搭配的比例，同樣的色彩不同的比例搭配，會形成完全不同的效果。

根據靈感圖片，採集主要色彩

將同種風格的靈感圖片組合在一起，提取出符合主題的色彩趨

獲取流行材料

系列設計並不是學院派的創意或概念，而是成熟的商業設計，我們的首要目標就是要將圖紙變為現實。因此在設計之前，必須先選定材料，設計師可以在每年的材料博覽會或是各大廠商的材料訂貨會上看到最新的材料品種。

設計師應根據季節、服裝的功能性以及設計主題的需求來選擇適當的材料，不恰當的選擇不但影響時裝的舒適度也會造成顧客的不認同。

1 適用於春夏季節的常用材料

春夏季節氣候溫暖，輕薄、挺括的材料在這個季節會受到大眾的歡迎。
製作日裝可以選擇棉府綢、斜紋棉布
（牛仔布）、帆布、絲光斜紋棉布、華夫格織物、細平布、絲毛混紡織物、亞麻布、提花材料、馬褲呢、薄絨布等。
製作裙裝或禮服可以選擇巴釐紗、歐根紗、貢緞、塔夫綢、素緞、麻紗、雪紡綢、縐緞、山東綢、天鵝絨、絲硬緞等織物。
製作西裝外套可以選擇薄型毛呢，例如馬褲呢、華達呢、西裝呢等。

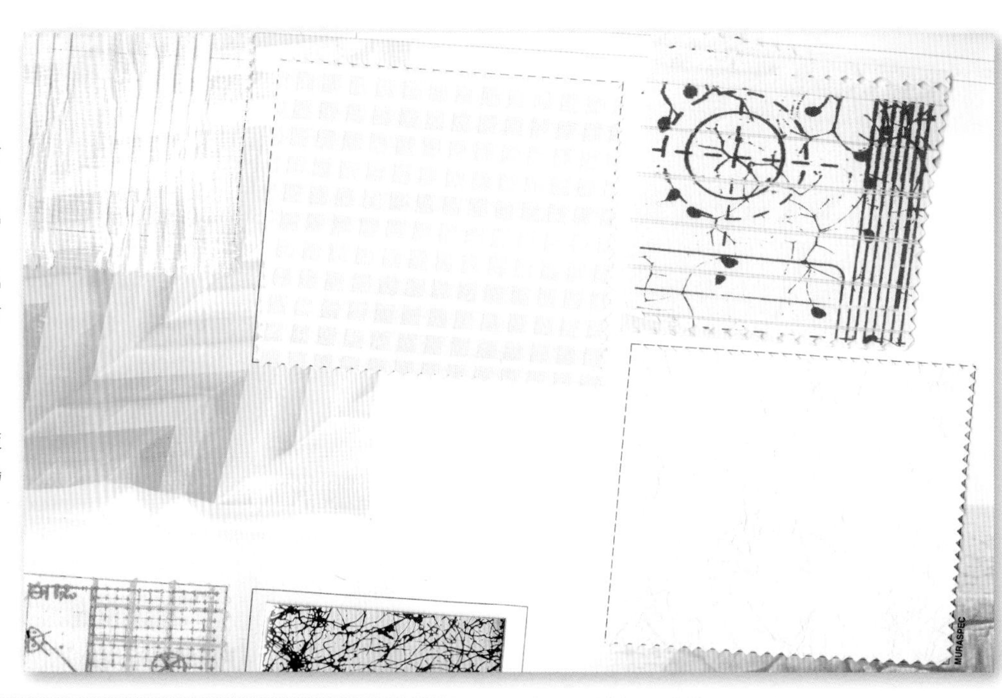

▶ 春夏季節常用材料

2 適用於秋冬季節的常用材料

秋冬季節的薄型服裝一般會採用部分春夏季節也會選用的常規材料，例如馬褲呢、帆布、西裝呢、斜紋布、棉府綢等，但是超薄的紗類產品會明顯減少。
保暖性更好的時裝則會選擇柔軟或者起絨的厚型材料，例如駝絨、羊毛氈、齊貝林長絨呢、羊羔毛等。

▶ 秋冬季節常用材料

3 針織類常用材料

針織材料按照製作工藝被分為裁剪類針織和成型類針織兩大類。

裁剪類針織材料是由針織圓機將紗線紡織成材料，再進行裁剪製作，例如無光針織布、毛絨平針織物、汗布、拉絨織物、強縮絨羊毛等。

成型類針織材料是直接將紗線紡織成不同花型、款式的服裝。這類材料廠商一般只提供不同材質和規格的紗線，例如羊毛、馬海毛、棉線、花式紗線等。

▲ 花式紗線

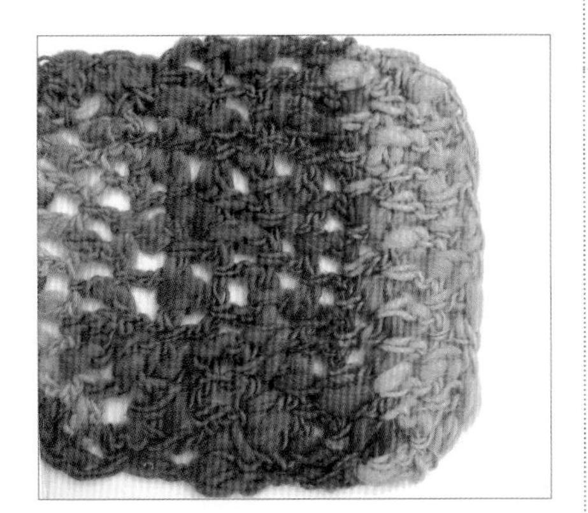

▲ 成型類針織物結構小樣

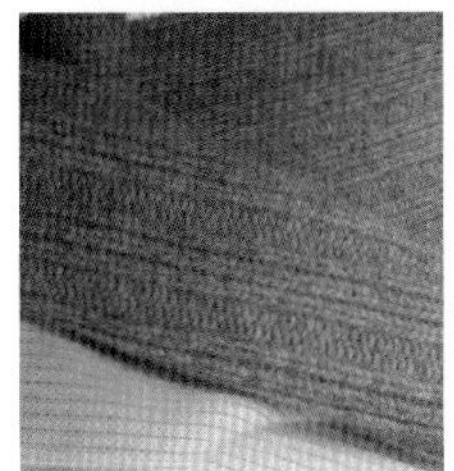

▲ 裁剪類針織物材料小樣

4 選擇新型材料

除了棉、麻、絲、毛等傳統纖維之外，每年都有各種新型織物產生，例如提倡綠色環保的可降解化纖材料；引入科技概念的超彈材料；運動服裝常用的各種機能性材料等。這些新型材料除了採用傳統纖維，還會加入萊卡、尼龍等化學纖維，甚至加入竹炭、蛋白質線、金屬絲、竹纖維等特殊材料。在紡織工藝上更是在傳統的梭織與針織之外，引入軋花、無紡工藝、高溫燙染等技術。

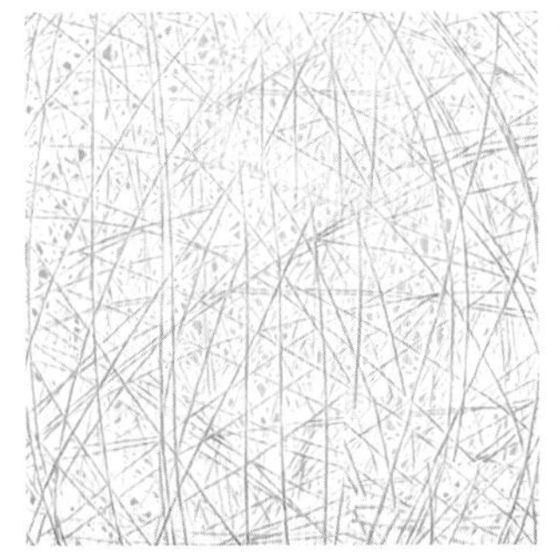

◀ 新型蕾絲織物

不再選擇傳統尼龍或聚酯，轉而用精細針距的羊毛、馬海毛、金屬絲、可再生亞麻等，鉤編成蛛網、絲囊等全新的結構。

▶ 新型羊毛織物

傳統羊毛織物被重新應用，不再是傳統風格的精紡、混紡或粗糙的毛氈，而是混合棉質、亞麻、丙烯和尼龍形成的新的奢侈材料。

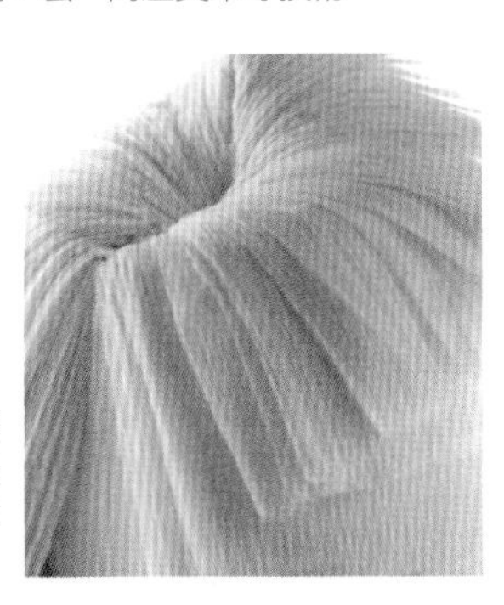

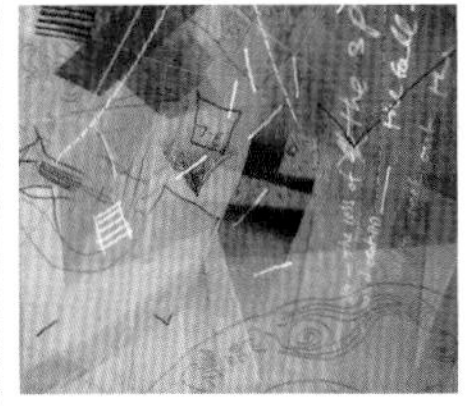

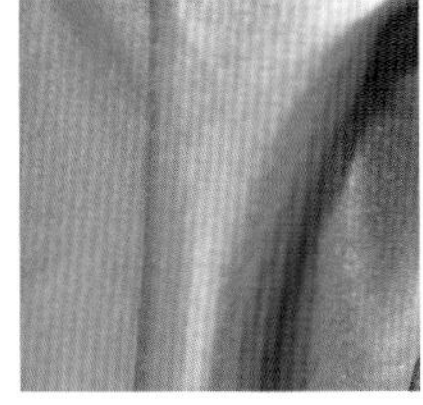

▲ 新型混紡織物

聚酯纖維、人造劍麻、閃光金屬及膠質，重新被混合編織，強調人工質感，將柔軟與剛硬結合，亞光與霓虹色相對應。

5 材料改造

面對各種非凡的創意，有時現成的材料並不能完全符合設計師的想法，因此材料二次改造就成為設計創作的另一個有力幫助。尤其是高級訂製與高級成衣等賣價昂貴的時裝，常常在現有材料的基礎上進行二次改造，例如刺繡、釘珠、磨絨、印染等。

▲ 經過二次改造的材料

提取流行輪廓

時裝的流行變遷，很大程度上是輪廓造型的流行變遷，從20世紀初的X型長裙到20世紀20年代香奈兒的H型小男孩造型，再到50年代迪奧豐富多變的字母型和60年代的超短太空樣式，輪廓已經成為時代流行變遷的信號。時至今日，不再像過去那樣，一種輪廓可以統領整個年代，各種各樣的輪廓樣式共同形成了如今豐富的時裝市場，設計師也將輪廓創意作為設計的重要手法之一。

從潮流時裝中借鑒輪廓靈感

現代設計經過多年的積累，幾乎有上百種潮流輪廓可供借鑒，例如A型、Y型、H型等傳統字母輪廓；雙菱型、雙C型、繭型、霍布爾型等變化造型；以及鯊魚鰭肩部造型、牛角卷等創意異形。

每年的時裝潮流都在變化，很可能去年上鏡率頗高的輪廓，在今年的發佈會上卻完全消失了，因此找准當前的潮流輪廓，是設計創作尋找靈感的好方法。

▼花瓶型——柔和的X型

柔和的花瓶型與路易王朝時期的X型完全不同，這種X型更多地是展現女性本身的魅力，運用歐普效應稍事加強豐胸、細腰的感覺，而不是採用緊身胸衣或裙撐等強行誇張的手法。

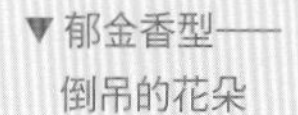

TIPS

靈活運用輪廓

- **改變應用部位**
  借鑒輪廓並不一定要原封不動，也可以改變其應用部位，例如原本用在裙擺上的鬱金香造型，也可以用在肩袖處。
- **改變工藝手法**
  輪廓的實現往往需要依靠打褶、襯墊、支撐或者裁剪收緊。同樣的輪廓，如果換一種工藝手法來實現，就會有新的味道。

▼郁金香型——倒吊的花朵

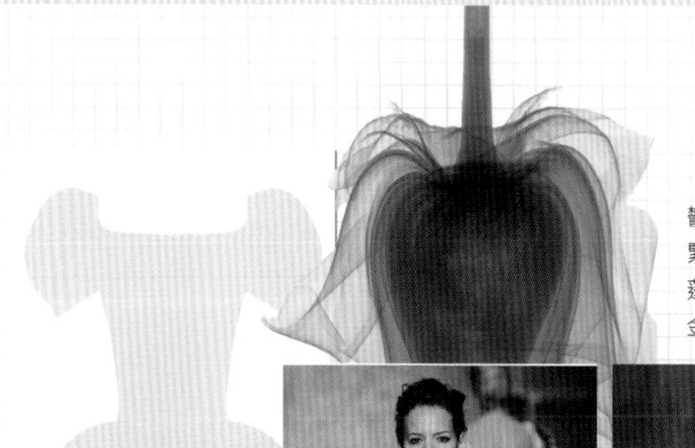

鬱金香型時常被運用在裙裝款式上，其主要特徵是腰部收緊，然後在臀線位置運用褶皺、三角插布等工藝手法讓裙裝蓬松展開，並在下擺部重新收緊，整個輪廓像一朵倒吊的鬱金香花朵。

2 發掘新輪廓

儘管如今有許多現成的輪廓值得借鑒，但是發掘新事物永遠是設計師的天職。設計師的魅力在於能夠從最普通的事物中獲得新鮮的靈感，近年來流行的仿生設計就是最好的例證。簡單的圓白菜、青蛙或龍蝦造型，都能夠被應用到時尚設計中來。

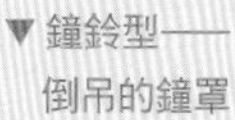

▼鐘鈴型——
倒吊的鐘罩

長柄吊鈴的造型上窄下寬，將這種造型引入時裝設計中，可以用直筒上衣搭配突然擴寬的裙擺來表現。

倒吊的龍蝦、垂落在地的繩帶等造型，可為鐘鈴型引入更多的變化樣式

▼雙菱型——
柔和的異形

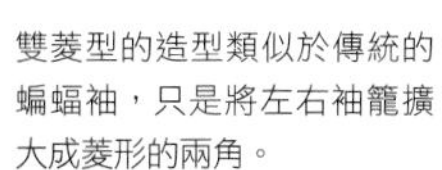

雙菱型的造型類似於傳統的蝙蝠袖，只是將左右袖籠擴大成菱形的兩角。

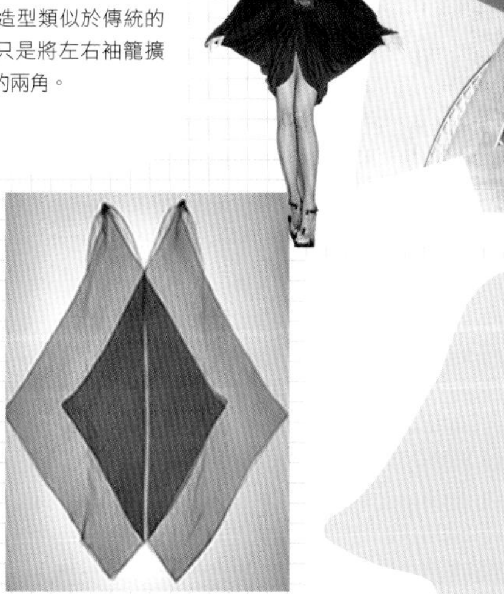

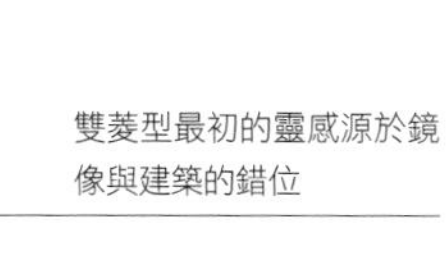

雙菱型最初的靈感源於鏡像與建築的錯位

雙菱型的另一種變異樣式

選擇流行細節

除了輪廓之外，形成時裝款式特徵的另一個重要元素是細節。時裝的細節包括三個部分：款式細節、工藝細節以及圖案細節。新穎的輪廓可能讓時裝更容易吸引眼球，但是近距離接觸時，細節要素就顯得更為重要一些。因此在進行潮流分析時，細節元素的採集與借鑒是不可缺少的一環。

1 款式細節

所謂款式細節，是指領口、袖口、門襟、肩縫、口袋、腰頭、省道等部位，以特定的方式組合在一起。款式設計就是將形 態各異的各基本部位，按照設計師的想法結合起來。系列設計並不需要多麼新奇的款式，更多地是在細節上精緻處理，尤其男裝，更注重款式細節的微小變化。另外，不同的風格要搭配不同的款式細節，不協調的細節選擇會造成整個衣服設計的失敗。

正式服裝風格襯衫

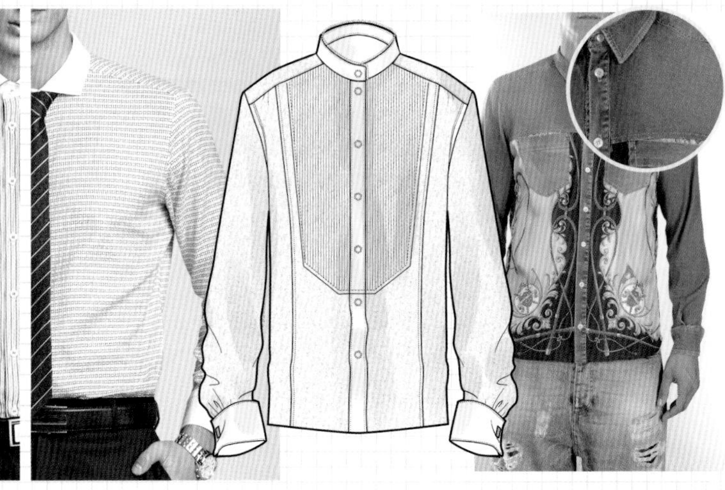

▲ 重點細節——領口、門襟

2 根據材料選擇工藝細節

工藝細節是指時裝的縫製針法、加固手法、襯墊件、連接件等較為隱蔽的製作細節。這些工藝細節一方面是製作服裝不可缺少的功能性要素，另一方面也能起到精緻的裝飾作用。

單寧材料

▼ 精致口袋

異形口袋、明線裝飾、金屬貼片。

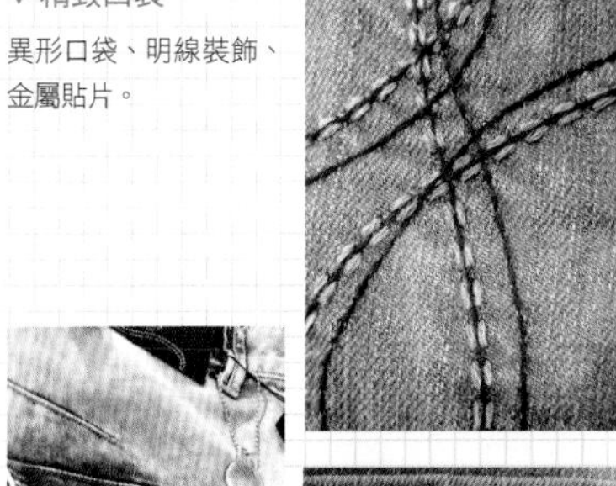

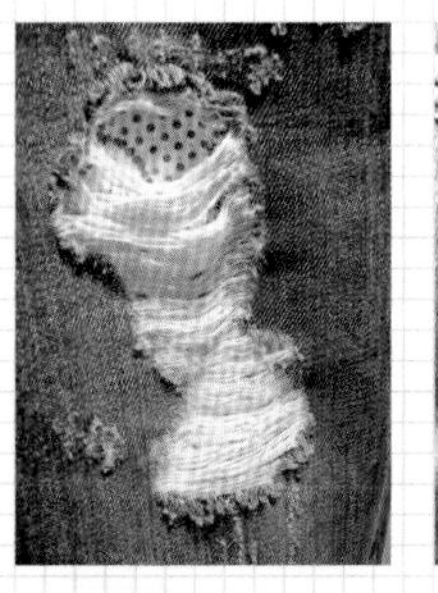

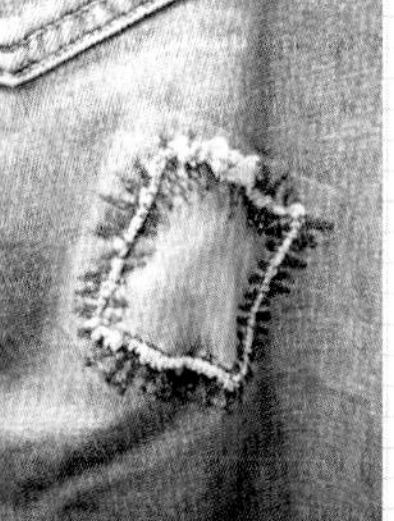

◀ 做舊磨洞

經過專門的做舊和水洗工藝形成不同風格的裝飾效果。

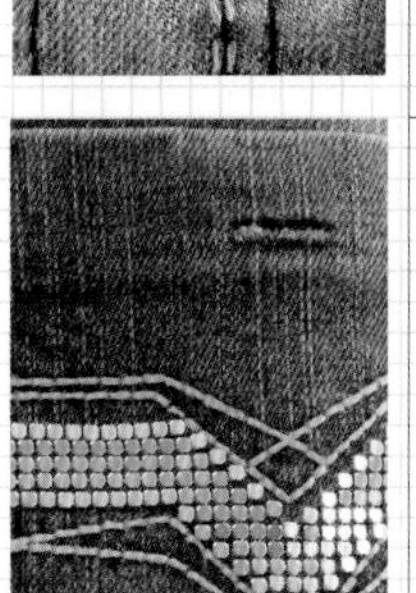

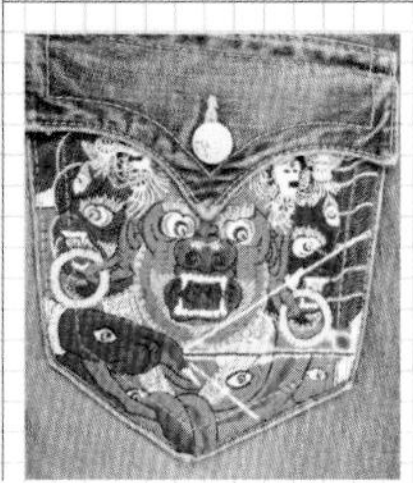

◀ 新穎襯墊

圖案並不是材料的專利，為襯裡設計有趣的圖案更能顯示設計的周密。

特殊條紋

▼條紋視錯印花

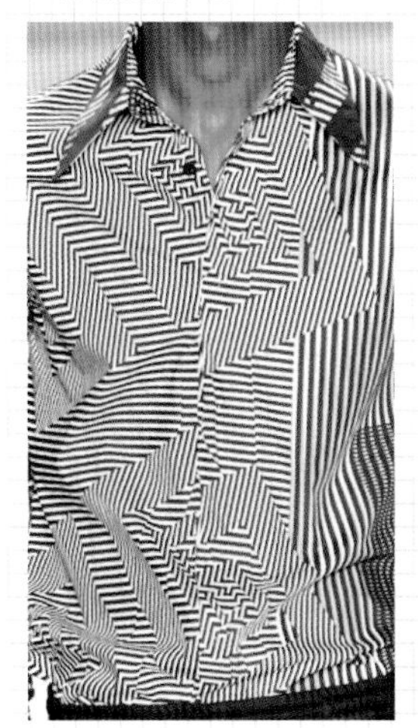

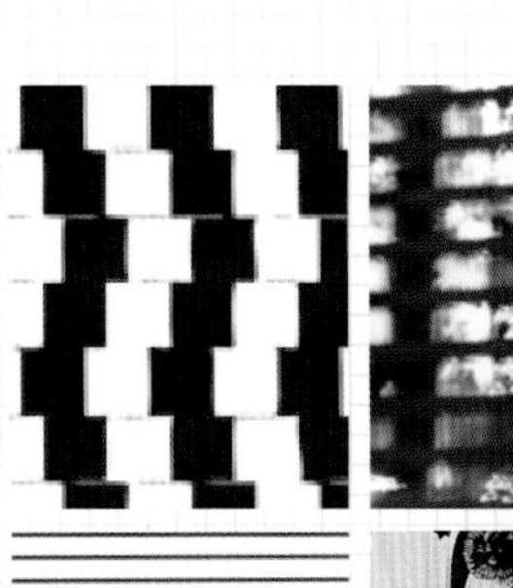

▶創意條

3 選擇圖案細節

圖案細節相較於前兩個要素就顯眼得多了。對於大多數設計師來說，現成的圖案材料可能不夠遂心，設計印染圖案會顯得更加有趣一些。

圖案細節有兩種設計方式，一種是先印染整匹材料，然後用材料進行裁剪製作；另一種方法是先裁剪，再根據裁片的形狀設計印染材料。

圖案細節的設計空間相當大，例如波普圖案、歐普效果以及手繪水墨圖案等，有的設計團隊甚至會請來專業的圖案設計師。

4 細節應用

優秀的設計師在進行潮流分析時，不但會採集各種細節的設計信息，還會關注大家如何運用這些細節。同樣的細節應用在不同的部位，往往會帶來完全不同的效果。

▲細節應用

骷髏印花不僅僅印在胸前，更擴大到腋窩處；褲口將收窄打褶和翻邊兩種工藝結合起來；皮鞋運用軋花技術表現復古圖案。

選擇配飾

配飾設計是完善系列設計的重要組成部分，採集配飾信息的途徑非常多。一方面可以在專營配飾的店鋪中找尋靈感，例如巴黎著名的羽毛工藝坊、帽子作坊以及珠寶設計行，或是倫敦有名的皮鞋品牌，這些店鋪往往是百年老店，擁有一些獨特的工藝手法和設計特色。另一方面可以在每年的潮流趨勢中採集信息，幾乎所有的時裝設計師都不會放鬆配飾的設計與製作，他們會帶來新穎的材料、工藝以及惹人眼目的創意。

7種不可或缺的女裝配飾

對於初學者而言，首先要瞭解常見的配飾品類。女裝配飾的種類較多，常見的大約可以分為7個品類，包括手套、包、鞋、軟裝飾、珠寶、眼鏡和帽子。

• 手套

手套不僅僅是禦寒的功能性配件，不同的材質和裝飾能夠展現出不同的風格。

• 包

女性包款按照功能，分為許多種類，包括行李包、沙灘包、旅行包、手袋、背包、文件包、禮服包等。

• 鞋

鞋款的設計手法豐富多樣，包括材質設計、鞋楦設計、鞋跟設計、裝飾設計、功能型設計等。

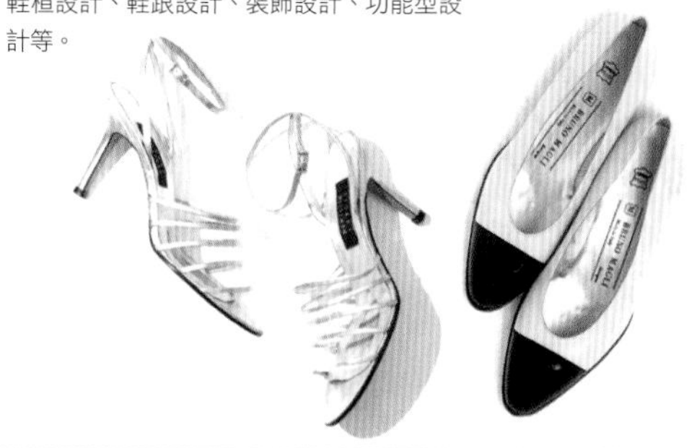

• 軟裝飾

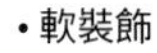

女裝軟裝飾包括髮帶、編織裝飾、羽毛飾品、圍巾、花飾品等。

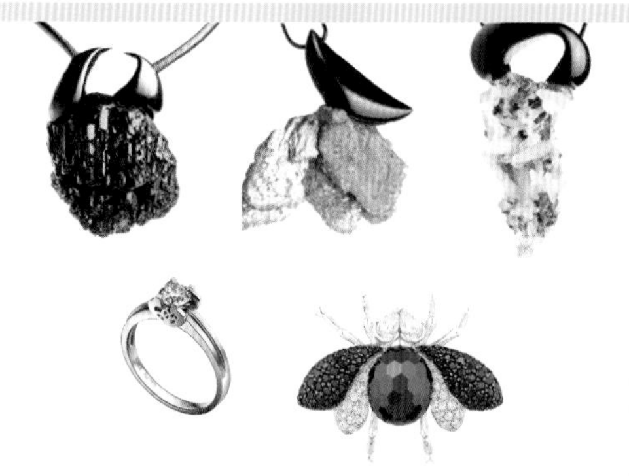

• 珠寶

珠寶是所有女性都喜愛的時尚配件，珠寶的設計流行相對其他單品而言更加獨立，因為原料的多樣性，其設計手法也更加豐富多樣。

• 眼鏡

女裝眼鏡裝飾包括墨鏡與框架眼鏡兩種，在設計上更加講究材質、色彩以及裝飾手法的運用。

• 帽子

作為傳統女性配飾之一，帽子有傳承百年以上的材料和工藝手法，再加上近年來的不斷創新，帽子已逐漸成為配飾設計的重頭戲。

帽子的設計講究帽楦的款式、帽子主體的材質、裝飾、帽檐的款式等細節，擁有非常大的設計空間。

• 鞋

男裝鞋款的設計重點更多地放在材料變化、鞋幫和鞋頭造型、裁剪結構等細節上。

2 8種不可或缺的男裝配飾

與女裝相同，男裝系列設計也少不了常用配飾的幫襯，鞋、帽子、腰帶、包和“紳士四件”，是男裝配飾的重要組成部分。

• 帽子

與女裝不同，男裝帽子至今依然保持著傳統的樣式，在款式上並沒有太多的變化，只是強調細節設計、材料和工藝，例如巴拿馬草帽、高禮帽、圓禮帽等。

• 紳士四件

作為紳士的象徵，男士需系領帶（或領結），佩戴領夾（或領針）、袖扣和手錶。這四樣已成為當代紳士不可缺少的單品。

• 腰帶

與女性不同，相當多的男性習慣使用腰帶，這也使得腰帶成為男裝配飾的設計重點之一，尤其是精緻的腰帶頭和皮革肌理，更是設計師關注的重中之重。

• 包

無論是上班族還是自由客，包總是不可缺少的單品。男士包款的設計空間非常大，材料、工藝、輪廓、風格等方面，都可以讓設計師大展拳腳。

3 根據風格選擇配飾

儘管設計師對配件設計擁有無窮的想象，但是有節制的選擇才是成熟的表現。首先，根據時裝系列的主題風格，選擇恰當的配飾品種搭配時裝，千萬不要將所有的種類都一股腦運用到一套服裝上；其次，配件的設計風格要與時裝系列的主題風格相吻合，這樣才能夠形成協調的整體形象。

▶ 印第安風格

設計師為時裝搭配牛仔帽、牛皮大背包、皮革手環和簡單的項鏈裝飾，彰顯了印第安遊牧式的粗獷風格。

人物整體造型

完成了時裝和配飾的設計並不等於系列設計的工作已經結束，這僅僅只完成了系列設計造型的一部分，另一部分是包含妝容、髮型、美甲等在內的人物整體造型。獨具匠心的人物整體造型能夠讓單純的時裝展現出強烈的情感和張力，能夠更好襯托主題風格的魅力，反之則會讓時裝本身減分。因此知名的設計師們經常將“Top to Toe”（從頭頂到腳尖）掛在嘴邊，這讓他們的設計每一處都顯得十分精心。

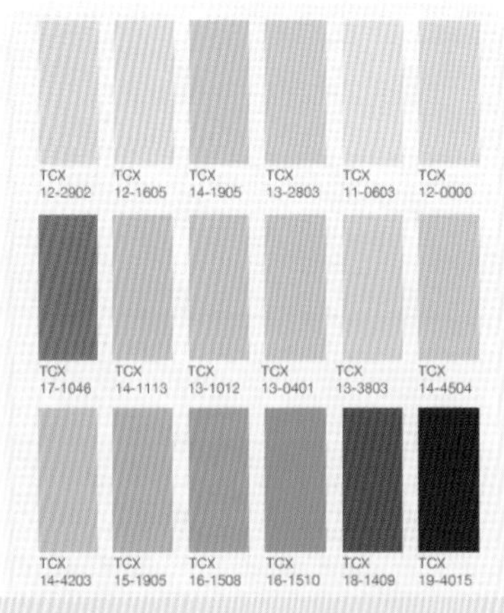

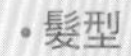

人物造型的構成要素

• 整體色彩搭配

設計人物造型的第一步就是確定色彩搭配。色彩搭配首先需要確定時裝色彩、配飾色彩以及人物的膚色，然後以此作為色彩搭配的基礎來設計髮型、妝容以及美甲的色彩。

• 髮型

髮型與頭飾總是作為一個整體來設計的，一般來說，過於誇張的髮型不利於整體風格協調。

• 妝面造型

精緻的底妝和考究的彩妝能夠呈現不同的風格，尤其是彩妝的配色十分搶鏡。

• 美甲

儘管只是細節，但也是設計師們不能放過的小重點，精緻的指甲色彩能夠形成多變的風格。

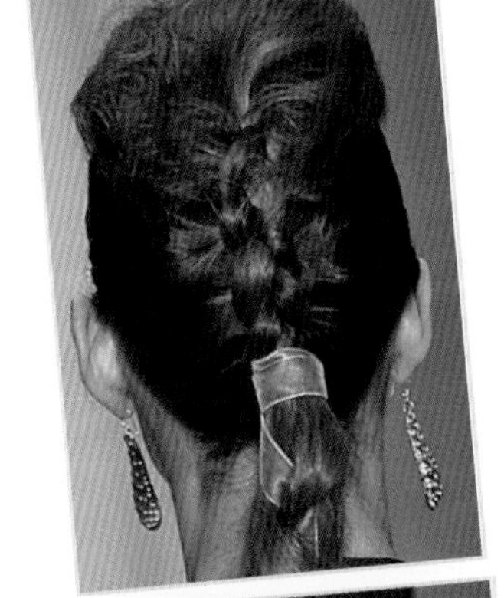

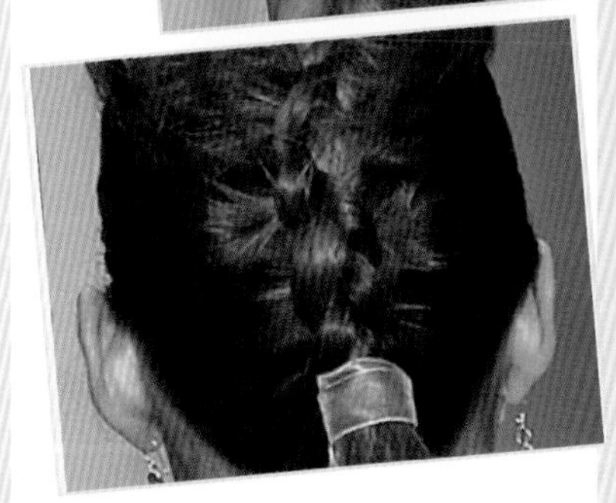

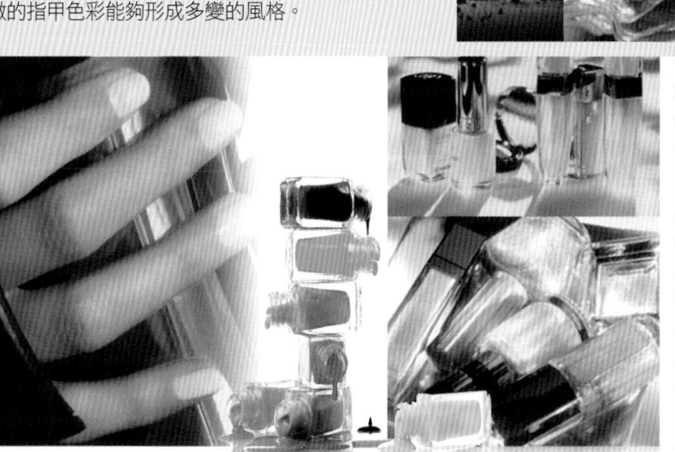

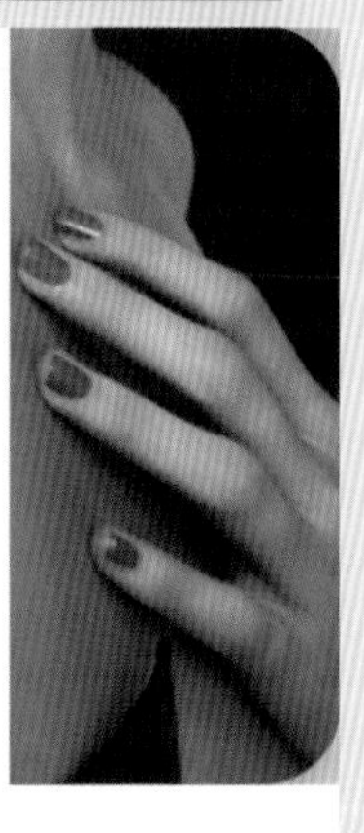

2 服裝為主、造型為輔

如果設計師希望顧客將關注重點放在時裝上，讓視覺焦點相對單純，可以在人物造型上運用一些簡單而時髦的元素，例如乾淨的低馬尾造型、束緊的髮髻、漂亮的裸妝等。

▶ 以唇妝和眼妝為重點的簡單造型

◀▲ 戲劇化的人物造型

3 人物造型強化服裝

如果設計師希望表現一些誇張的戲劇性的情節，那麼人物形象設計也需要運用一些強烈的手法，畢竟鮮活的人物擁有很強的說服力，能夠強化時裝的主題風格。例如，一些先鋒派設計師喜歡用誇張的髮型、頭飾、創意彩妝，讓模特的臉部也成為系列設計的視覺中心之一。

4 如何創造協調的人物造型

與時裝一樣，在各種時尚傳媒的感染下，人們對於髮型、彩妝等人物造型的風格逐漸有了一些約定俗成的理解，例如簡潔自然的妝容常被歸到清新、都市風格一類；濃鬱的煙燻裝常伴隨龐克、搖滾等詞彙出現；紅唇與紅甲油則表現出《紅磨坊》式的性感與復古……

選擇與時裝風格相符的造型方式，更容易形成協調的主題概念，進而讓顧客形成認同感。

▼ 自然風格的服裝與清新雅致的造型相協調

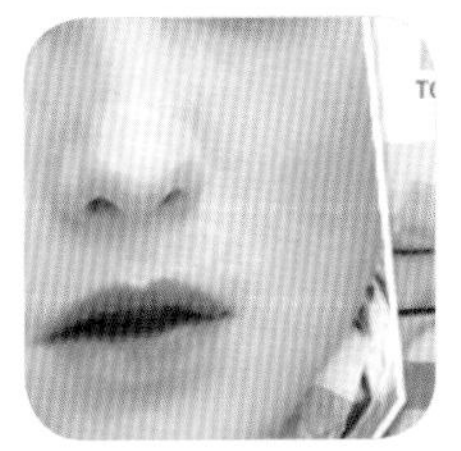

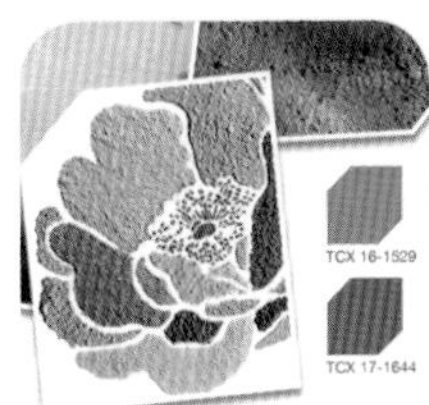

2.1.3 創建主題靈感板

這是確定主題的第三步，在充分調查研究之後，會獲得各種繁雜的信息，腦海也會有若干個備選的主題概念。這時就需要進行信息的篩選、分析與整合工作，這個過程會幫助設計師逐步形成明確的主題概念，並最終創建出組合出精煉信息的主題靈感板，後期的創作將根據這些靈感板的引導來進行。

確定主題——信息篩選與分析

創建主題靈感板首先需要進行信息篩選與分析，調查研究活動會產生大量信息，包括情緒圖片、潮流色彩、款式概念乃至文字描述等。而主題靈感板僅需要一些具有代表性的靈感圖片、顏色、不多的材料以及款式，如何將這些精煉的信息篩選出來，是每個初學者最頭疼的事情。

WGSN、Promstyle等成熟的國際知名的流行趨勢機構每季度都會發佈流行主題靈感板，他們在篩選信息方面擁有的豐富經驗，值得新手借鑒。

1 排除冗雜信息

篩選的第一步就是排除冗雜信息，執行這一步驟需要果斷的“捨得”。設計師需要根據不同的設計概念進行刪除工作，例如潮流度不高的時裝款式、過於另類的概念、接受度不高的負面信息、太過常見的大眾流行等。

2 確定主題名稱

主題名稱往往被設計在主題靈感板最顯眼的部位，它是觀眾最直接注意到的概念。為主題命名要多花些心思，好的命名不但能夠吸引觀眾去關注時裝，還能引導他們更好地理解概念。因此命名應盡量簡潔明瞭、通俗易懂且概念清晰，過多的文字遊戲或許會顯得很搶眼，但是也會因此讓整個主題顯得深奧難懂或概念模糊。

3 確定統一的風格

想要建立主題靈感板首先要統一風格，雜亂的風格元素只會讓主題概念模糊不清，精簡才能銳化主題。

4 衡量消費者的接受度

消費者永遠是設計師的關注焦點，主題的設定直接決定了後期時裝設計的概念傾向，如果這個搞怪的主題就已經讓消費者難以接受了，那麼根據主題設計出來的時裝也極有可能會不受好評。

5 鮮明的視覺特徵

具有鮮明視覺特徵的信息更容易吸引觀眾，例如色彩對比度強烈的圖片、概念簡潔的照片、主題突出的符號、色彩鮮明的手繪圖稿等。相反，過多的文字信息、模糊的照片、內容太多且無重點的圖片等很容易失去關注。

6 圖像與聯想分析

儘管圖像是向觀眾傳達信息的最佳選擇，但是文字描述能夠更精准地將圖片的聯想概念表述清楚。因此，在主題靈感板中，適當地為圖片添加一些分析性文字，能夠給予觀眾更好的概念引導。

7 多樣化的靈感圖片

在這個讀圖時代，語言被盡量精簡，圖片成為主題靈感的主要表現要素，也是設計師權衡的重點。在篩選圖片時需要選擇多樣化的類型。靈感板中的圖片如果全部是歷史圖片或是繪製資料，就會顯得單一且雷同，但如果同時擁有歷史圖片、繪製資料、手繪圖稿、照片、街拍等多樣化的類別，且共同表現一種主題，就會顯得既豐富多樣，又言之有物。

8 注意畫面色彩

靈感圖片一般會被整合在一起，以便更好地展示概念，因此，不但要考究每張圖片的內容，還要考慮這些圖片放在一起是否和諧。想要眾多圖片達成和諧統一，最好的方法是注重畫面的整體色彩。例如放大某一張圖片而縮小其他的，那麼被放大的圖片色彩就成為整個靈感板的主體色系。也可以乾脆選擇一些類似色系的靈感圖片，以保證畫面色彩的和諧。

如何統一靈感板風格

1 統一的藝術概念

哪怕是普通的街頭照片，當它被用在靈感板中時，就被賦予了一些藝術概念，觀眾會根據自身的經驗習慣來判斷每張圖片在講述一些甚麼樣的概念。因此，要想獲得統一的風格，首先要分析每張圖片最直觀的藝術概念是甚麼。

2 統一的敘事訴求

各種靈感素材必須帶有明確的指向性，每張圖片都要擁有清晰的目的與意圖，將這些圖示語言統一起來就能夠向觀眾闡述出清晰的概念，並借此獲得更好的關注。反之，雜亂且目的性散亂的信息會讓觀眾陷入迷茫，進而放棄接受。

TIPS

避免錯誤的主題設定

- **過於晦澀難懂的主題**
  設計師要站在大眾的角度上來選擇主題，過於深奧的主題並不能帶來更好的公眾印象，只會因為缺乏溝通而產生反效果。
- **概念模糊的主題**
  初學者往往希望通過一個主題表現出極其豐富的靈感概念，這就導致最終獲得的靈感板雜亂且缺乏明確的針對性，設計概念反倒模糊不清。

▲ 新東方主義

帶有現代設計概念的東方風格，靈感圖片的色彩統一為灰紅色系；圖片內容包括搭配異形玻璃器皿的東南亞風格門櫃、日本彩繪風格的玩具和鯉魚紋樣。

▲ 上世紀60年代舞池的旋轉燈球

藝術概念分析——迪斯科風格

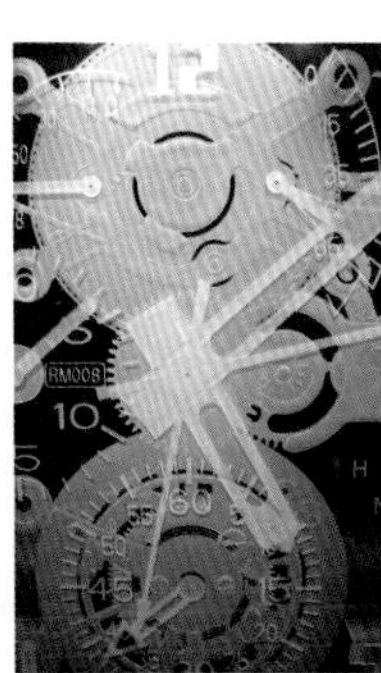

▲ 鐘錶產品設計

藝術概念分析——復古的機械時代

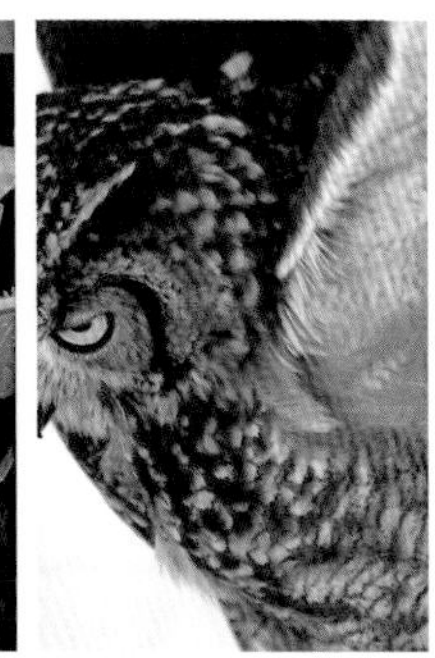

▲ 貓頭鷹

藝術概念分析——自然主義的仿生風格

▲ 水彩插畫

藝術概念分析——童真風格、肆意的渲染風格

▲ 多樣化的靈感圖片有機組合

製作靈感板——完整靈感板需要的六大構件

完成信息篩選與分析的工作之後，就可以著手進行靈感板的設計了。儘管這聽起來更像是平面設計師的工作。但只要能夠應用藝術設計的基本要素，擁有足夠的經驗，且手上掌握有優秀的素材，那麼時裝設計師完全能夠完成一張充滿吸引力的主題靈感板。

1 確定版面尺寸

初學者總是根據現有紙張的大小來確定版面尺寸，實際上，一張比例尺寸與眾不同的靈感板，能夠為你帶來更多的關注。

另外，靈感板常常與後期的大量款式設計圖稿裝訂在一起，因此版面尺寸可以根據翻閱方式來選擇，盡量不要選擇那些翻閱起來比較麻煩的尺寸。

2 風格靈感板和潮流應用板

為了保證靈感板的信息完整，初學者可以將主題靈感板分為兩個板塊製作，分別是以色彩和靈感圖片為主的風格靈感板，以及包括材料、款式和流行要點的潮流應用板。

3 主題與分析文字

為了向觀眾更加準確地傳達靈感概念，在主題名稱之外，應該加入一些具有分析引導性的文字。字數不用太多，盡量簡潔清晰地向受眾闡述設計靈感的來源、有哪些創新點、如何將概念應用到時裝設計中等信息即可。

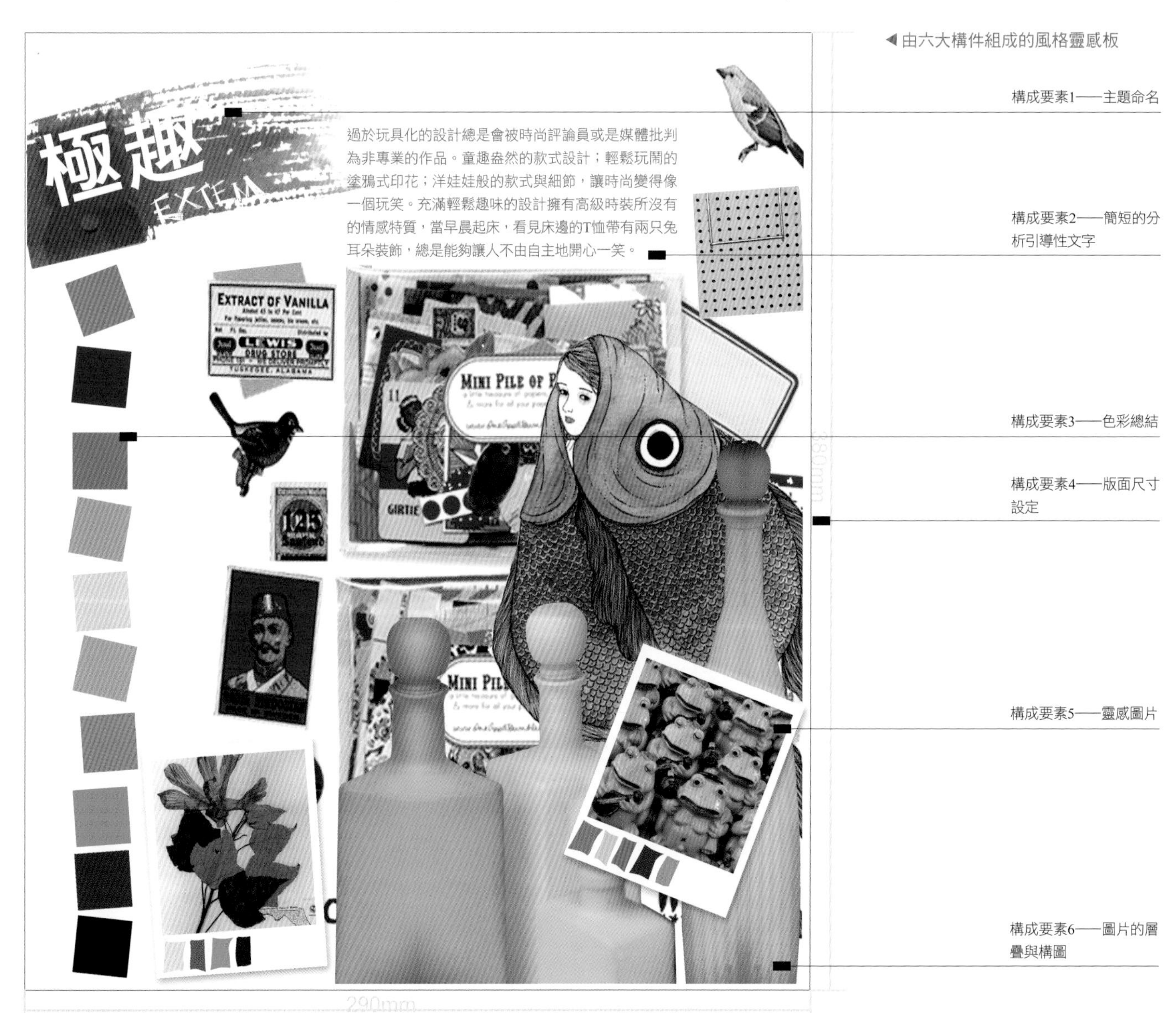

◀由六大構件組成的風格靈感板

4 色彩與材料提取

色彩當然是從靈感圖片中歸納的，選擇出大約10種左右的主打色彩，並為這些色彩準備一些搭配方式。當然，除了這些系列主打色之外，也可以應用一些傳統色作為搭配與補充。
選擇的材料應該至少包括兩種，一種是與主題風格與色彩貼合的主打材料，另一種則作為襯托與搭配的常用材料。

5 有層次的靈感圖片

經過篩選之後的靈感圖片在數量上應該還是比較可觀的，千萬不要將圖片一股腦都堆上靈感板，而應根據色彩、風格等要素選擇出具有代表性的圖片，並通過放大、縮小、裁剪、添加外框等手法，有層次地擺放靈感圖片。

6 美觀的頁面設計

美觀的頁面設計要遵循兩個原則。
疏密有致——頁面既需要空白酥鬆的透氣處，也需要密集緊湊的圖片集中。
構圖原則——遵循傳統的構圖原則能夠讓頁面結構清晰穩定，例如圓形、三角形、十字形構圖都是不錯的選擇。

◀ 潮流應用板

選擇4個要素構成潮流應用板

構成要素1——材料

構成要素2——潮流款式

構成要素3——風格情緒

構成要素4——潮流配飾

TIPS

靈感板切忌信息冗雜

初學者常常會十分熱情地將所有篩選出的圖片堆砌在靈感板上，直接造成的結果是信息過多、主次不分，難以說明主題。恰當地使用靈感素材才是可取的做法。

2.2 創作系列設計草圖

經過漫長的調查研究活動之後，設計師創作出了主題靈感板，為設計確定了的方向，這時就可以進入系列設計的第二個階段：根據主題概念創作系列設計草圖。成熟的設計師在這一節點可以直接動筆繪製各種草稿與概念，但是初學者可以選擇更加穩健一些的“三部曲”——首先創建人體模板；其次設計系列人物構圖；最後再繪製效果圖草案。這樣的步驟能夠讓初學者創造出生動、具有細節的效果圖，避免動態與構圖簡單生硬。

2.2.1 創建人體模板

就像素描寫生需要人體模特一樣，時裝設計師想要繪製出動態感生動的效果圖，也需要借鑒真實的模特動態。最初可能繪製每一張效果圖都需要借鑒照片；畫得更多、更熟練之後，能夠積累一些常用的動態，甚至可以脱離照片創作一些人體動態；最後就能夠熟練應用人體動態，瞭解甚麼樣的姿勢適合表現甚麼樣的服裝。

通過動態借鑒創建人體模板

創建人體模板首先要選擇合適的圖片，穿著臃腫大衣、長裙以及動態不自然的模特照片都不適合作為人體模板的借鑒。

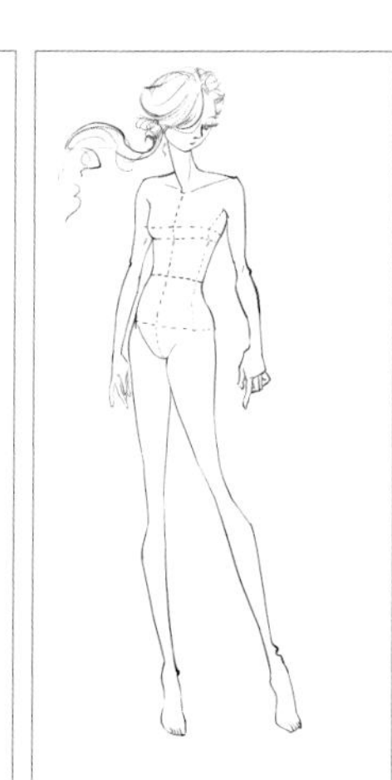

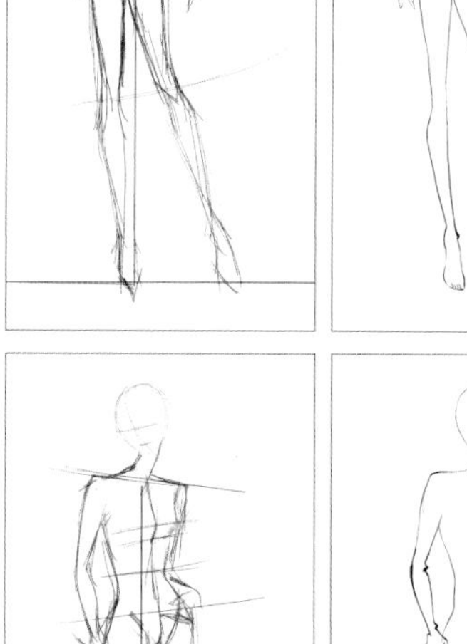

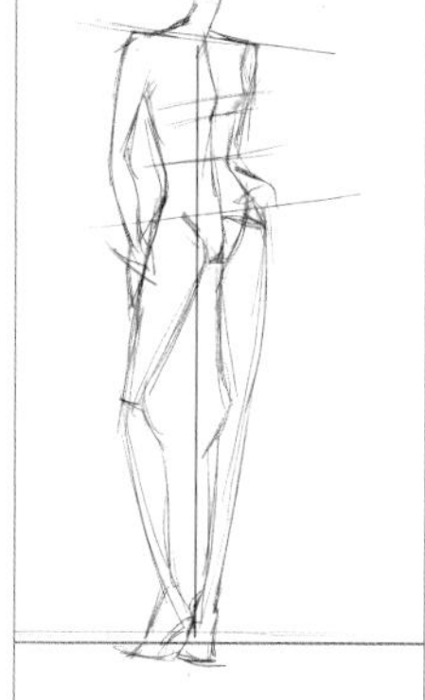

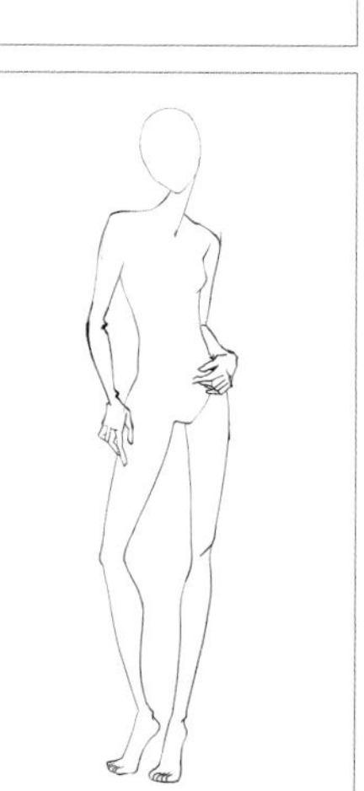

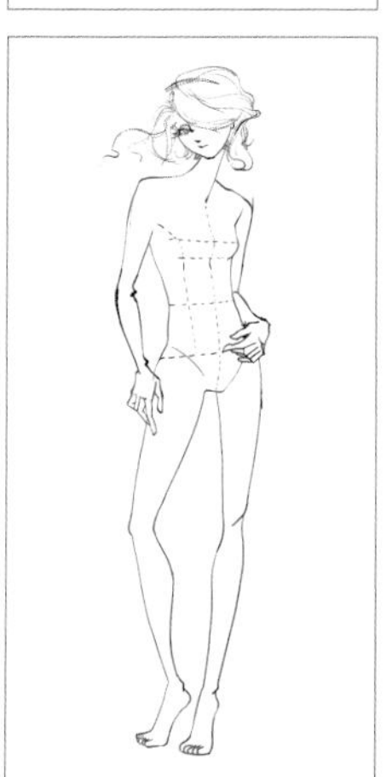

1 選擇合適的參考照片。

2 參考照片動態，拉長頭身比例，畫出重心線、三圍線等輔助線，然後勾勒出人體的大概輪廓。

3 根據草圖精細地繪製出人體肌肉和結構線條，然後擦除草圖參考線。

4 繪製出五官、髮型，並在軀乾上添加前中心線、胸圍線、腰圍線、臀圍線、胸腰省道線等標記，這些是後期繪製時裝時的重要輔助線。

TIPS

避免選擇太難的動態

透視過大或人體扭曲角度太大的動態並不是系列時裝畫的好選擇，首先，初學者很難把握這類動態的造型與結構；另外，系列時裝畫著重表現時裝設計，太過扭曲的人體造型會讓時裝變形。

2 積累常用人體動態

這是初學者的捷徑，經常繪製一些利用率較高的人體動態，並時常重複使用，既能夠節約很多繪製和調整人體的時間，又能夠快速提高繪製人體動態的技法。人體站姿呈正面或3/4側面時，手臂不要過多地遮擋服裝，腿部應微微自然打開，這種動態能夠最大程度地展示時裝的結構和細節，有較高的利用率。

▲ 常用人體動態

3 靈活應用人體模板

繪製時裝畫並不等於繪製人物插畫，生動的人體動態一方面是為了增強畫面感，但更重要的還是為了展現時裝的魅力。

因此需要靈活地應用人體模板，用不同的動態來表現不同設計重點的時裝。如果時裝強調正面造型，那麼可以選擇正面或3/4側面的站姿；如果想要表現蝙蝠袖，可以選擇張開手臂插兜的姿勢；如果時裝設計重點在背後，那麼一張模特的背面或側後方動態圖會是一個好選擇。

人體模板還可以根據時裝的需求調整一下細微動態、髮型以及表情等。

▲ 正面造型適合表現的時裝樣式

2.2.2 系列設計的人物構圖模式

系列設計的人物構圖並不是簡單地將幾個動態安排在一張紙上即可，而是需要根據時裝的風格、畫面的構成感以及時裝之間的聯繫等要素來進行構圖的。

簡潔動態構圖

這種構圖方式一般是由若干個人物以同一種姿態排列組成，人物一般擁有同樣的動態、類似的髮型妝容或者乾脆用示意手法來表現人體。這樣的構圖適合表現系列感較強的時裝。

◀ 簡潔動態構圖

2 協調動態構圖

這種構圖方式一般由若干個人物以略微不同的姿態組成，人物一般使用同樣的髮色、膚色以及彩妝風格，且人物之間有穿插或呼應的姿勢。這樣的構圖不但可以使用在時裝套數較少的系列組合中，也可以將6至8個或者更多的人物組合在一起出現，是最為靈活的一種構圖形式。

▲ 呼應式協調動態

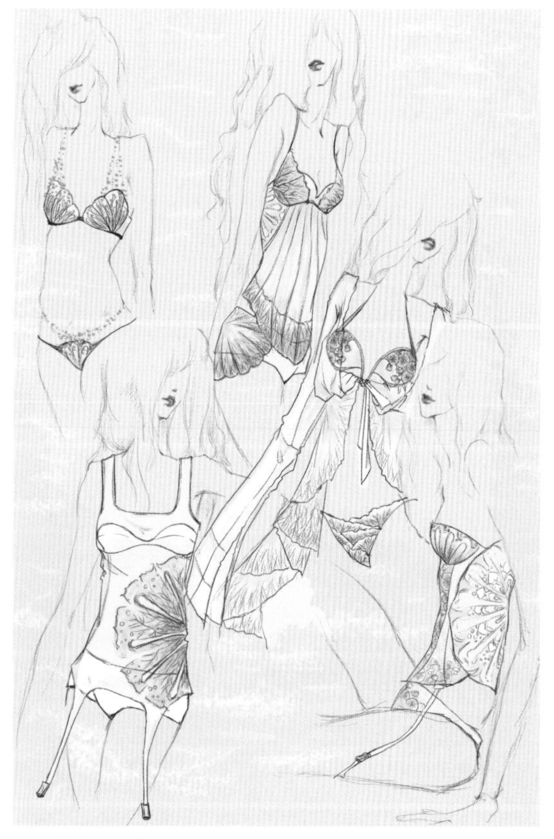

▲ 穿插式協調動態

3 情景構圖

這種構圖方式更接近於時裝插畫，一般會帶有一些情景式的襯托元素。在紙張的選擇和人物組合的方式上比較靈活，既可以以一位人物出現在一張畫紙上，也可以將多位人物進行組合。人物的動態相對來説比較大，站姿、坐姿乃至躺下的姿勢都可以作為參考。

▲ 情景構圖

2.2.3 根據主題繪製效果圖草稿

人體模板與構圖參考都準備完畢之後，就可以開始著手繪製效果圖草稿了。草稿並不需要繪製得非常精緻，更多的是要進行思維風暴式的密集創作。此時設計師會將靈感板和各種篩選出的參考素材都放在眼前，並快速繪製出各種款式、人物造型、時裝穿著效果以及配飾等。與其說這是在創作系列效果圖草案，不如說是在進行簡單的創意速寫。

根據主題靈感板確定應用元素

靈感板只是粗放式的將概念圖片陳列出來，草圖創作最重要的就是從這些靈感圖片中提煉出圖像化的應用元素，此時才算真正地將主題靈感應用到時裝創作中來。提煉的圖像化元素可以應用到材料、印花圖案、配飾、款式輪廓等細節設計中。

▼ 根據靈感板整合應用元素

靈感板採取了紅、綠、黃三種色系的主題色，是不太容易把握的多色搭配，可以將這些色彩分出主次，並應用在材料中

靈感板所表現的"極趣"主題，既帶有波普式的幽默，又保留了女性的鮮艷嫵媚，因此可以用超大配飾和波普式圖案來延續這一概念

直接截取靈感板中的魚鱗作為主打材料的印花圖案

帶有一些例外設計的款式細節可以引用到該系列中，以表現"趣味"的系列主題，例如透明袖子和雙層駁領的運用

創作草稿

到了此時，可以說是萬事俱備只欠繪圖了。但要注意，在繪製過程中千萬不要摒棄前期的工作成果，要靈活運用之前積累的設計經驗，妥善發揮靈感板的作用。初學者可以分三個步驟來創作系列設計的效果圖草稿，首先，在繪製時可以借鑒之前採集的潮流要點來設計款式；第二步是大量繪製效果圖創意速寫；最後，將這些草圖整合起來篩選出最終確定的款式。

借鑒潮流要點

借鑒潮流要點的好處非常多，一方面能夠讓設計的款式更加貼合流行趨勢；另一方面能夠幫助初學者積累更多的設計經驗。
所有的設計師在最初的設計學習過程中都會感覺到腦海中款式貧瘠，且設計出來的作品往往缺乏細節和結構設計的經驗。這時，借鑒成熟設計師的作品能夠快速獲得豐富的設計經驗、加強設計能力。

TIPS

要借鑒不要抄襲

這兩者最大的區別是，前者需要將看到的元素進行二次加工、重新搭配以符合主題概念，而後者則只是簡單地摘抄和硬性拼湊。

▼ 借鑒時裝週潮流要點

2 創作大量初稿——思維草圖

這個步驟講究“要多不要精”，將現有的主題元素、潮流概念應用到極致，可能會創造出遠遠超出系列套數的草圖。在這個過程中，靈感板的應用和潮流借鑒都不能缺乏。

▼“極趣”思維草圖

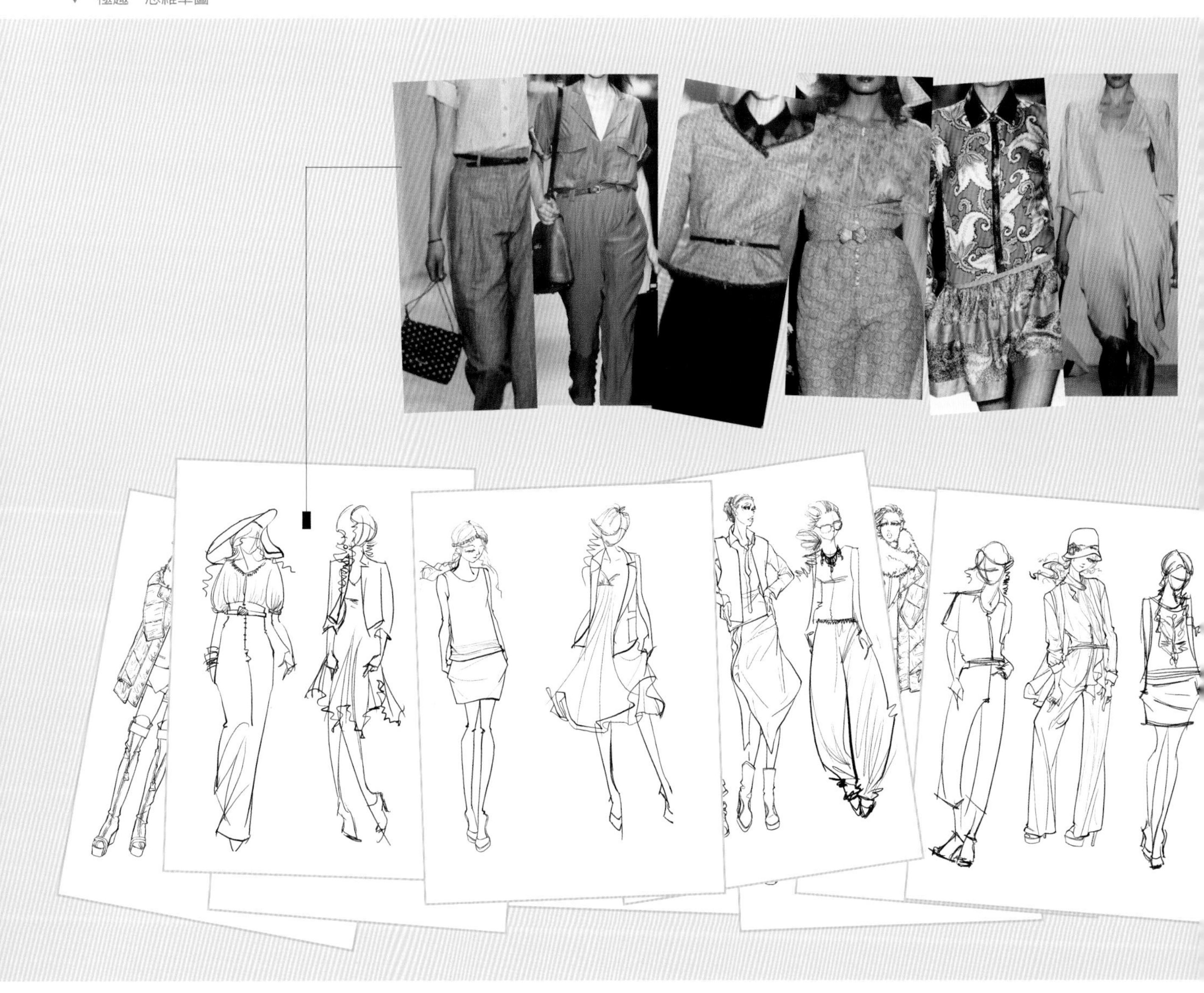

3 篩選初稿，完善不同強度的遞進式系列設計

篩選初稿適合在完成全部草稿之後進行，可以獨自完成也可以參考同伴或團隊的意見。這個篩選的過程比較靈活，可以將某張圖紙上的上衣和另外一張圖紙中的裙子重新搭配，也可以保留某套時裝但是替換掉髮型和髮飾等。

最後篩選出的草稿至少需要包含三個不同的設計強度：最單純的基本款，略微個性的變化款和最符合主題代表性的創意款。

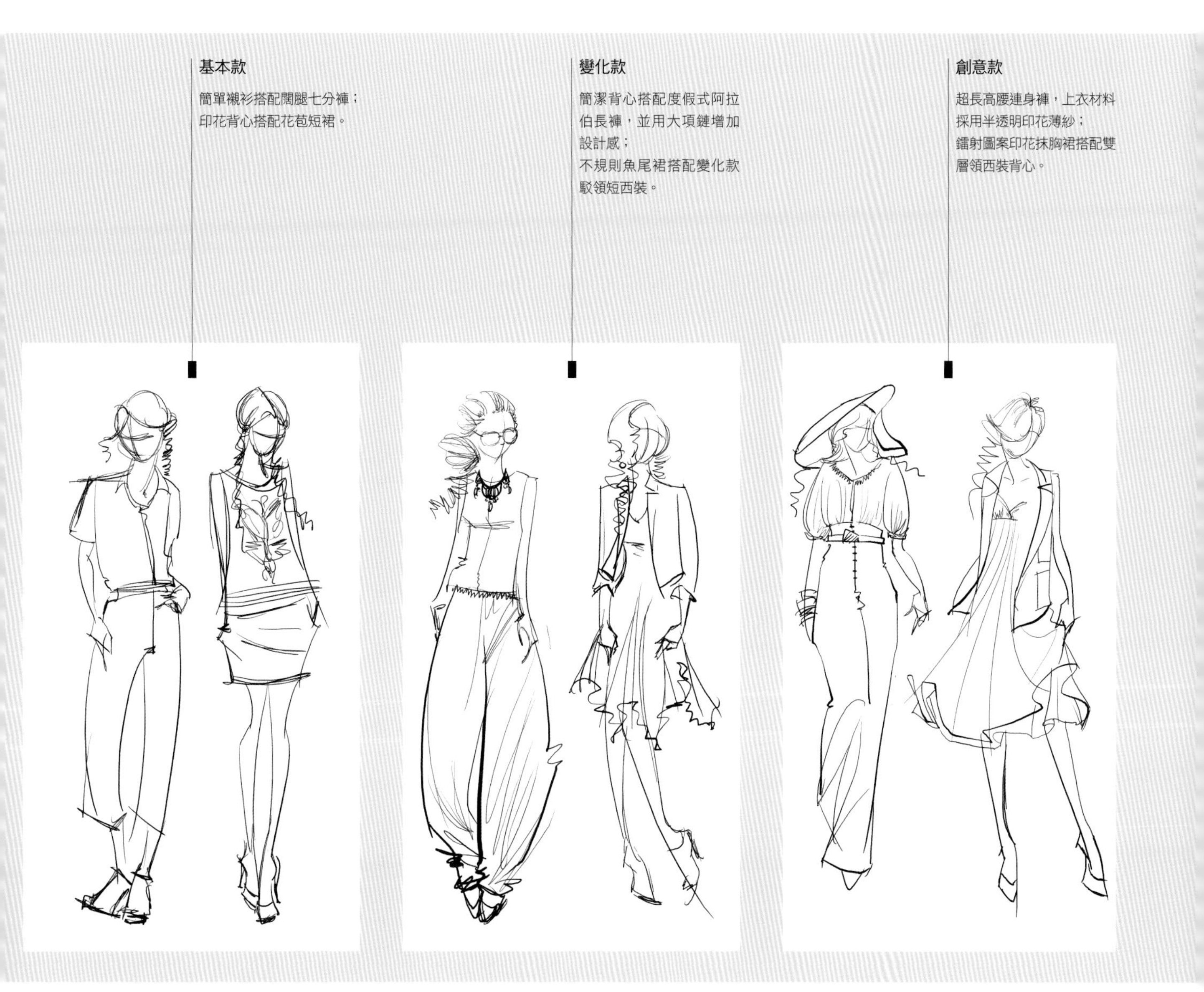

2.3 繪製正稿

相較前期繁瑣而複雜的調查研究、創意等思維活動，繪製正稿這一環節實際上是系列設計中比較簡單的步驟。只要能夠繪出合理的動態、流暢的線條以及生動的色彩，就能夠輕鬆完成正稿的繪製工作。繪製系列設計既可以採用傳統的手繪技法，也可以使用電腦進行著色。使用電腦繪製能夠直接用真實材料來進行效果圖表現，會顯得更直觀方便一些，手繪技法則擁有更加靈活生動的畫面感。

2.3.1 繪製效果圖線稿

效果圖線稿的繪製有兩種常用方法，一是用鉛筆手繪線稿，並用鋼筆仔細勾勒線條，這樣的手繪草稿既可以直接用手繪的方式著色，也可以掃描到電腦中，用軟件進行著色。第二種方法是繪製粗略的鉛筆草稿掃描到電腦中，用手寫板在Photoshop軟件中勾勒線稿，再用電腦進行著色。

根據草稿繪製線稿

無論是手繪著色還是電腦著色，都需要有繪製線稿這一步驟。而需要注意的是，如果使用手繪技法，那麼對於效果圖線稿的要求會比較低，只需要輕鬆生動的完成繪圖即可。但是如果繪製的線稿需要掃描到電腦中進行後期著色處理的話，就需要在繪製過程中盡量繪製能夠形成封閉區間的線條，因為電腦著色默認填充封閉區間，如果有過多的缺口會造成後期著色困難。

封閉的區間

可直接用Photoshop軟件中的油漆桶工具進行填充，此時顏色會被填充在領子內部。

不封閉的區間

領子和肩部線條未連接上，這樣的缺口在電腦中著色時，會讓色彩填充到服裝之外的整個畫紙上，因此需要補上。

2 組合線稿 初步配色

這一設計系列一共六套服裝，採用協調動態構圖的人物構圖方式。

參考主題靈感板歸納出流行色，選擇紅和綠兩種色彩作為系列設計主色，並簡單填充到時裝款式上。然後再根據合理的配色法則，將黃色、灰紫色、淺紅色、藍色等輔助色應用到款式上。

整個配色過程不是一次性完成的，而是需要反覆調整，才能最終形成良好的色彩印象。

2.3.2 手繪著色和添加肌理

手繪著色技法十分豐富，根據工具的不同可以分為水彩技法、水粉技法、馬克筆技法、彩色鉛筆技法等，在繪製效果圖時，這些技法可以根據需要綜合使用。其中最為常用、表現力最豐富的是水彩綜合技法，一般以水彩顏料為主，根據需要可添加馬克筆、彩色鉛筆、水粉等工具，以豐富畫面效果。

手繪著色基礎技法

手繪系列時裝畫的表現技法與單張時裝畫的表現技法大致相同，因此，要想學習系列設計時裝畫表現技法，首先需要學習單張時裝畫的著色基礎技法。

在本章節，手繪著色基礎技法選擇水彩作為主要工具，繪製可簡單地分為8個步驟來完成，繪製時注意有效利用畫紙的乾濕度來表現出豐富的畫面效果。初學者通過跟隨這8個步驟來學習技法並經常練習，就能夠繪製出較好的專業時裝畫。除此之外，更多的表現技法在本系列教程的第一冊《時裝畫手繪表現技法》中可以找到。

1 繪製線稿

在水彩技法中，線稿既可以用鉛筆也可以用鋼筆或勾線筆來繪製，但是要注意，使用鉛筆時盡量選擇碳粉較少的H類筆芯，避免過多的碳粉污染顏色；使用鋼筆時則要選用不溶於水的油性墨水，以保證後期使用水彩著色時線條不會暈染模糊。

2 繪製人體膚色與髮色

運用水彩繪製人體膚色時，切忌調色過多，很多品牌的水彩顏料都會有一支專門的“肉色”，在簡單的時裝效果圖中，用這種顏色表現膚色即可，有特殊膚色要求的效果圖例外。

1 用清水畫筆調和少量“肉色”，濕潤需要繪製的部位。待顏料稍稍乾後，調和略多的“肉色”加重面部背光處，此時顏色會較自然地暈染融合。

2 用兩只畫筆分別調和橘色和紅色待用，注意畫筆含水量要豐富。用橘色畫筆覆蓋頭髮，留出高光區域，再迅速用紅色畫筆在發頂、發梢等處疊色。此時由於水份充分，色彩會交融在一起。

3 用較細的00號畫筆直接調和深紅、大紅，少加水，繪出眉眼、嘴唇的色彩。

4 為了表現乾脆的線條，可以不用軟毛筆，而換用0.3mm的深紅色馬克筆勾勒出頭髮的絲縷效果。

3 繪製主色

在著色過程中，盡量不要想到哪裡畫到哪裡，這樣很容易失去繪製節奏，也容易讓繪製者顧此失彼。
因此，時裝畫著色一般從繪製主色開始，然後繪製輔助色彩，再添加材料肌理，最後繪製配飾，這種方法既簡單明瞭又能讓初學者清晰地瞭解效果圖的繪製程序。
但是，程序畢竟只是參考，當需要一氣呵成才能表現某種材料時，就需要打破這種程序，例如用撒鹽技法或吹墨技法表現肌理時，就必須要在最初著色時，趁水份未乾快速進行。

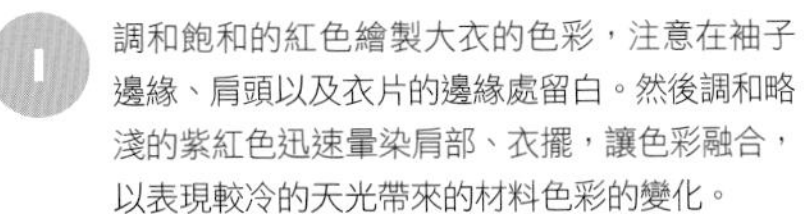

1 調和飽和的紅色繪製大衣的色彩，注意在袖子邊緣、肩頭以及衣片的邊緣處留白。然後調和略淺的紫紅色迅速暈染肩部、衣擺，讓色彩融合，以表現較冷的天光帶來的材料色彩的變化。

2 趁畫紙濕潤，加深袖子內側、衣擺等處的色彩，形成較自然的色彩暈染，以表現服裝的立體感。

4 繪製輔色

繪製深藍色休閒褲與淺綠色T恤的底色。

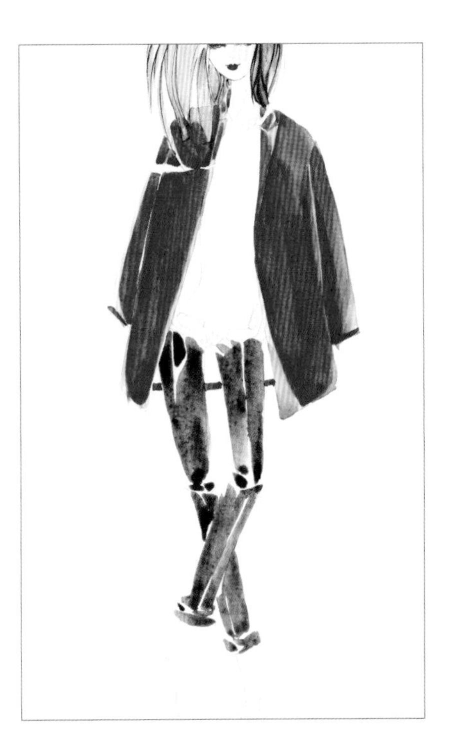

1 調和深藍色繪製休閒褲的底色，注意畫筆的色彩與水份要飽和，以便在畫紙上留下顏色與水漬的沈澱，形成微妙的肌理。同時注意在褲子中縫、褶皺處留白，且較深的暗部讓水彩多留一些，待顏料乾後會形成略深的效果。

2 用草綠色顏料調和大量水，形成淺綠色繪製T恤。考慮到T恤的繪製重點在圖案上，因此底色大體覆蓋即可。

5 添加圖案與肌理

這一步驟將基本完成時裝的大體繪製，包括材料肌理的添加、圖案的繪製、裡子等細節的補充繪製。

▲ 參考圖案

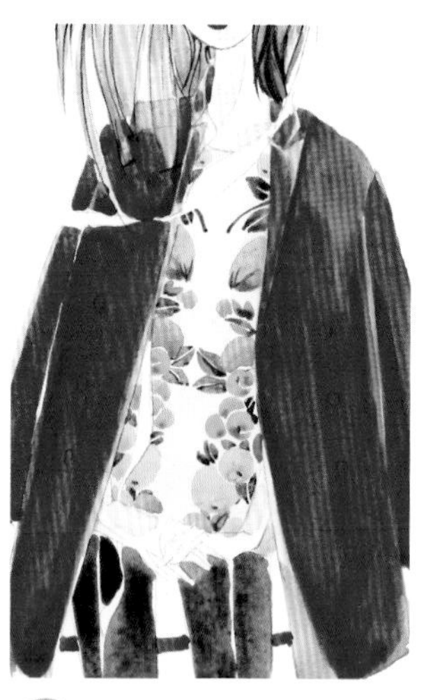

1 T恤圖案設計為鏡像對稱樣式，內容以水果為主，可事先尋找一些水果圖片作為參考。圖案表現不用過於精緻，主要表現色彩與整體印象。

2 用00號畫筆直接蘸較乾的藍黑色顏料繪製休閒褲上的十字交叉的紋理，表現梭織材料的質感。

3 用淺橘色填充裡子部分的色彩，要有意識地減弱這種輔助色的強度，以免搶鏡。

6 繪製配飾色彩

調和淺灰色繪製絲巾。

調和與大衣相同的紅色和橘色繪製鞋子色彩，這樣能夠更好地表現紅色作為整體時裝的主打色。

繪製時注意在亮色交接處以及高光部分留白，以表現皮革的　亮質感。

7 繪製衣紋明暗

到這裡，時裝畫的色彩與肌理已全部繪製完畢，只需要統一加上明暗變化即可。

首先，在大衣的領子下方、袖子內側、衣片褶皺等背光部位繪製深紅色筆觸，並用小筆調和深紅色繪製肩部約克縫紉線和鈕扣等細節。

其次在褲子的中縫左側、膝蓋、褲腳等處略微強調黑藍色，增強立體感即可。

鞋子則用深紅色加深背光處的色彩，並大體表現出鞋子的款式分割線。

另外，由於T恤的圖案十分豐富，可以不用繪製褶皺陰影。

8 適當強調輪廓線條，完成效果圖

繪製到第7步，可以說已經完成了時裝畫的創作。若想要更精益求精的話，可以用鋼筆勾勒部分線條，強調服裝的結構，例如邊緣輪廓線、褶皺線條、省道線等，這種深色的勾邊可以讓畫面更加精緻。

但是需要注意的是，勾邊切忌僵硬，一定要有虛實變化。

系列時裝畫手繪著色技法

系列時裝畫手繪著色的方法與基礎著色的方法一樣，分為7到8個步驟，在繪製過程中要有條不紊地分步進行，講究留白、水色渲染以及肌理表現等。繪製時要將該步驟在所有人物上繪製完成後，再進行下一步。由於畫紙較大、人物較多，因此著色繪製要從左至右進行，以免未乾的色彩被手蹭髒。

1 繪製線稿

用0.38mm的HB鉛芯的鉛筆繪製鉛筆線稿，整個繪製過程盡量不要過於用力或反覆使用橡皮擦，因為磨損後的畫紙會影響水彩的著色效果。

2 繪製人體色彩

膚色一般需要兩個層次：淺膚色打底、略深的色彩表現明暗立體感。這兩種顏色要在畫紙濕潤時渲染，才能柔和地暈染開，以表現出皮膚的質地。因此繪製系列人物的膚色時，需要自左向右繪製，完成一個人物再進行下一個的繪製。

需要注意的是，一個系列中的五個人物盡量使用同樣的妝容和髮色，以便更好地形成整體感。

3 繪製主色

系列設計以綠色和紅色作為主打色彩，考慮到後期會添加肌理、明暗，在初步著色時可以先繪製比預期效果略淺的顏色。

4 繪製輔色

待主色全部變乾後再繪製輔色，一方面可以防止未乾的色彩被手弄髒；另一方面，主色與輔色往往會有交界處，如果繪製輔色時，畫筆碰觸到未乾的主色，那麼兩種顏色之間會互相暈染髒污。

5 添加圖案與肌理

待所有色彩都完全乾透後再添加肌理。魚鱗紋用0.5號勾線筆依序繪製；黃色T恤上的圖案根據參考圖片用00號水彩筆逐色繪製；圓點材料用5號水彩筆添加；鐳射花紋雪紡紗裙則根據參考圖片逐色繪製。繪製過程中要注意，圖案的形狀應隨裙擺的起伏形成轉折。

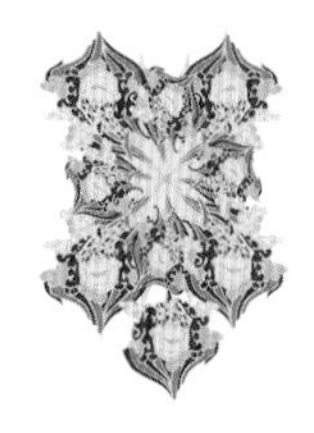

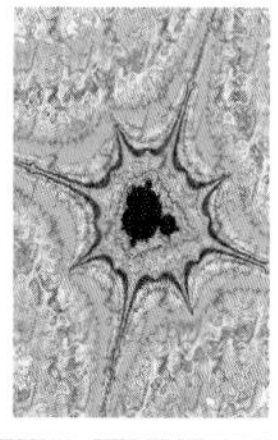

6 繪製配飾色彩

根據設計繪製配飾色彩。系列時裝畫的配飾繪製要更注重色塊的表現力，而不是精緻的細節。

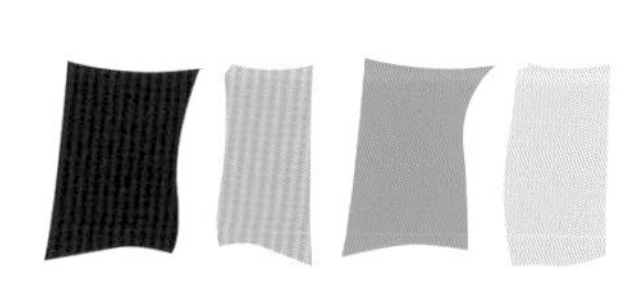

7 繪製衣紋明暗，完成效果圖

最後的步驟是統一繪製褶皺陰影，首先要求所有人物的受光方向一致，另外還要注意運用不同的筆觸和深淺來繪製褶皺，以表現不同材料的質感。

▲ 較平展的淺紅色魚鱗紋七分褲、黃色T恤等款式，應弱化褶皺或者乾脆不畫褶皺

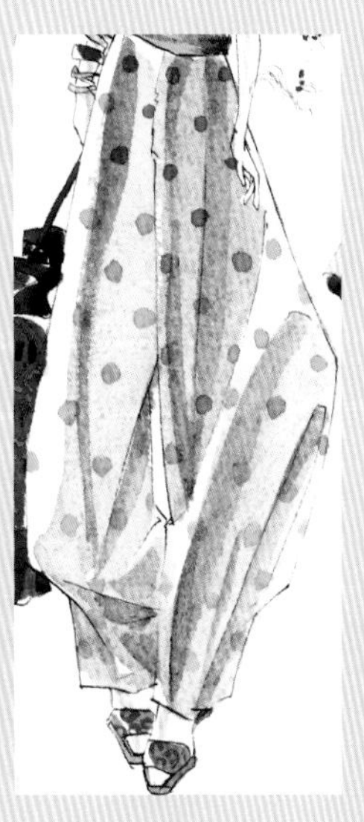

▲ 同種材料的垂墜感長褲和短西裝，應用同樣的大筆觸表現略微挺括的材料質感

▲ 紅色連衣裙要有柔和且豐富的褶皺，以表現裙子的柔軟垂墜感

▲ 鐳射圖案雪紡裙則要用細碎的筆觸和對比度不大的色彩繪製褶皺的暗部，以表現柔和感與半透明感

2.3.3 電腦著色和添加肌理

時裝畫的電腦著色，可以用Photoshop軟件結合手寫板完成。要想學習如何繪製系列時裝畫，首先需要學習單張作品的基礎著色技法。

工具

Photoshop 7

Wacom手寫板

電腦著色基礎技法

Photoshop軟件有著強大的圖像編輯功能，但是針對時裝畫著色，則只需要使用其中的幾種簡單的工具。使用Photoshop軟件繪製的時裝畫，能夠真實地表現時裝的材料以及配色。儘管與手繪作品相比缺乏一定的生動性，但是繪製過程簡單迅速，工具應用方便快捷，是商業設計的重要表現手段。

在本章節中，主要使用Photoshop軟件搭配手寫板（敏捷度高的專業鼠標也可以）進行繪圖，繪圖步驟可以簡單地分為線稿處理、繪製人體色彩、製作圖案、填充主打色彩及材料、填充輔助色彩及材料、繪製配飾、表現衣紋明暗等7個步驟。初學者使用Photoshop軟件進行繪圖尤其需要注意線稿處理、圖層建設和圖案製作這三個部分。另外，在本系列教程的第三冊《時裝畫電腦表現技法》中，可以找到更多種電腦時裝畫的表現技法。

線稿處理

為電腦時裝畫準備線稿，最簡單的方式是將手繪完畢的精細線稿通過掃描的方式輸入電腦。

這就出現了兩個重點：其一是手繪的線稿必須盡量是封閉的區間，這在2.3.1章節中有詳細描述。嚴謹的鋼筆線稿比鉛筆草稿掃描效果更清晰，也更容易進行後期處理。

其二是掃描線稿時盡量使用"灰度"或"黑白二值"模式，掃描後還要在Photoshop中進行進一步處理。

1 新建A4紙大小的畫布，注意"分辨率"選項的設置。

2 用"灰度"模式掃描線稿並在Photoshop中打開線稿圖，用移動工具將其拖入新建的文件中。

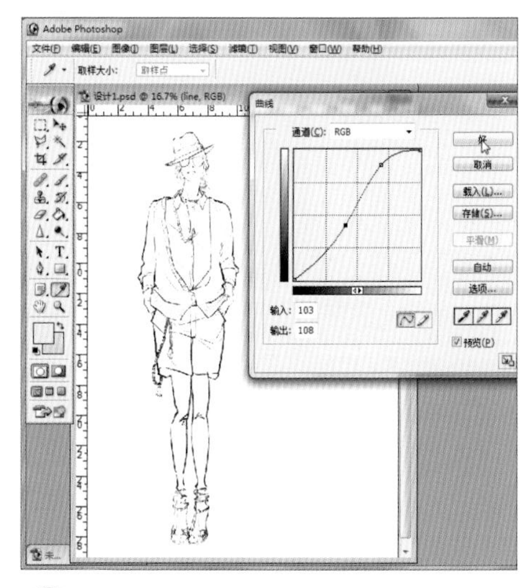

3 執行"圖像>調整>曲線"命令，打開"曲線"對話框小心調整曲線角度，拉大畫面對比度，使原本灰蒙蒙的畫紙黑白分明。調整好後就可以單擊"好"按鈕。

4 選擇魔棒工具，將"容差"值調整到1，單擊線稿空白處，如果選區零散就說明曲線調整不成功，需要重做；如果形成比較完整的選區，就說明曲線調整成功。

調整成功後，用魔棒工具單擊選中線稿空白處，按Delete鍵去掉多餘的白底。將完成的圖層放置在最頂端，並設置圖層混合模式為"正片疊底"。

2 繪製人體色彩

這是著色的第一個步驟，基本只運用油漆桶工具、選區工具、畫筆工具這三種工具。在電腦時裝畫中，人體色彩是用來輔助表現時裝的，因此要根據時裝的色彩來選擇膚色、髮色和妝容色彩。

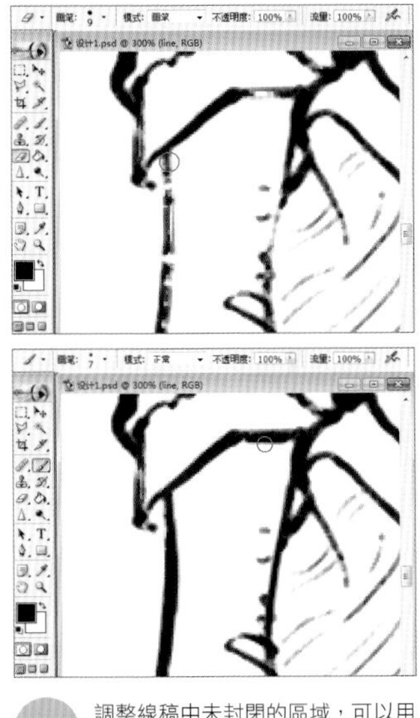

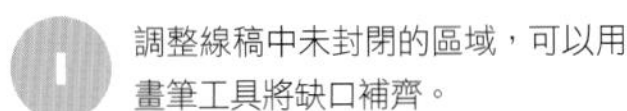

1 調整線稿中未封閉的區域，可以用畫筆工具將缺口補齊。

2 新建"膚色"圖層，並將這一圖層放置在線稿圖層之下。設置"前景色"為較淺的膚色，用油漆桶工具填充臉部等裸露的皮膚部位。

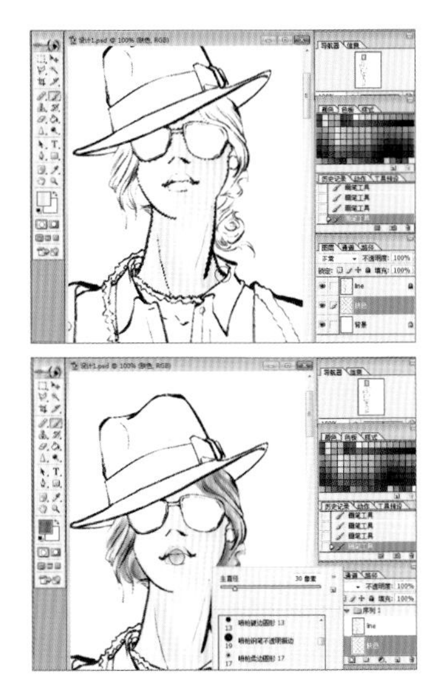

3 按住Ctrl鍵單擊"膚色"圖層縮覽圖，載入膚色選區。然後使用有模糊邊緣的畫筆工具，選擇較深的膚色，繪製人體暗部色彩，此時只能在選區內上色。最後使用相同的方法繪製頭髮及嘴唇的色彩。

3 製作圖案

製作圖案是繪製電腦時裝畫最重要的步驟，將所需的材料用掃描或拍照的方式導入電腦，製作成可在Photoshop中使用的圖片。這樣不但能夠完成當前時裝畫的創作，還能作為素材保存起來反覆使用。

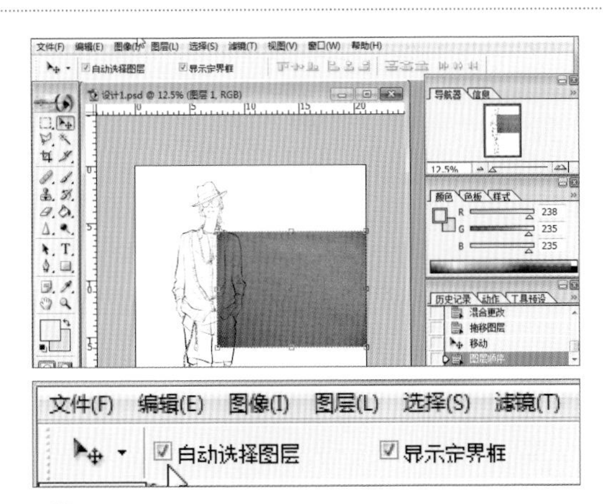

1 在Photoshop中打開所需的材料圖，用移動工具拖入線稿文件中。使用移動工具時需要如圖中所示，勾選該工具屬性欄中的兩個擴展選項。

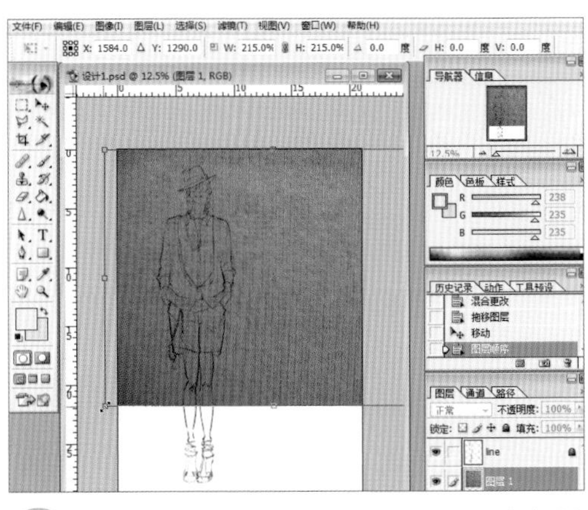

2 將材料圖層放置在線稿圖層下方，選擇移動工具，拖曳圖片邊緣的定界框，根據需要放大材料，以便讓針織紋理的大小適合線稿。拖曳時按住Shift鍵不放可進行等比縮放。

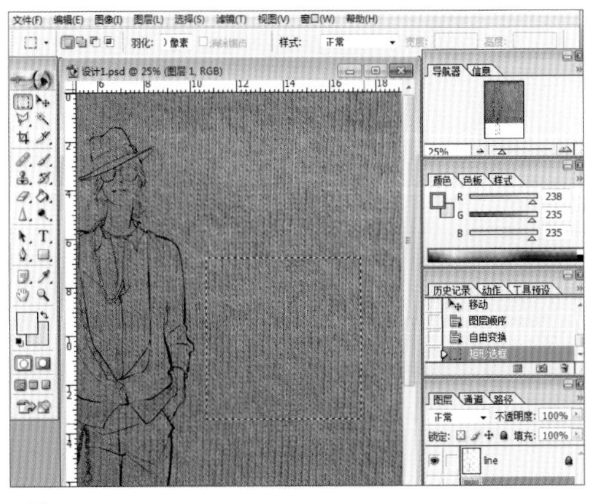

3 待材料紋理大小合適時，按Enter鍵確定。用矩形選框工具在沒有線稿的材料圖層中創建一個正方形的選區。

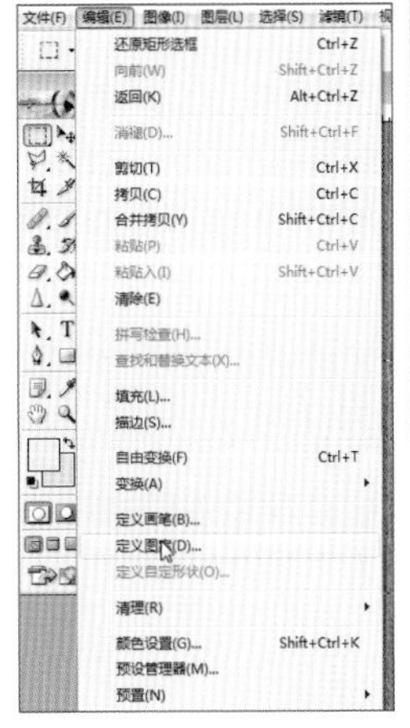

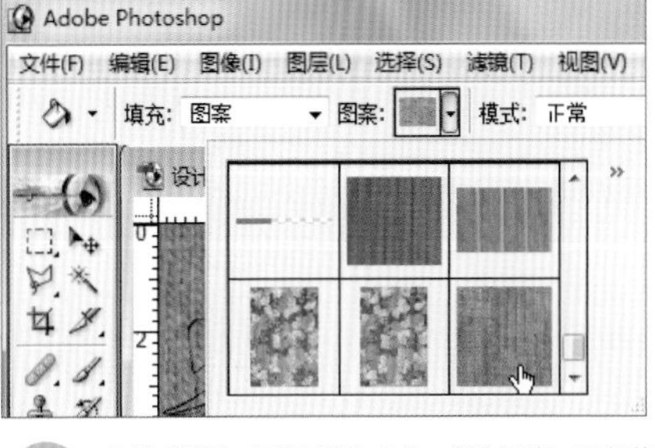

4 執行"編輯>定義圖案"命令，製作圖案。要想使用該圖案則需要選擇油漆桶工具，該工具默認填充前景色，想要進行圖案填充就需要設置"填充"選項為"圖案"。設置好後，可以單擊"圖案"右側的下三角按鈕，就能看到剛剛製作的毛衣圖案，單擊該圖案就可以進行圖案填充了。在繪製時裝畫，尤其是系列時裝畫時，要將所有備用材料都預先製作成為圖案，這樣才會讓後期的填色十分方便。

4 填充主打色彩及材料

新建“主色”圖層，放置在“line”圖層與“膚色”圖層之間。選擇油漆桶工具，選中毛衣圖案，單擊需要填充的部位，毛衣材料填充完畢。

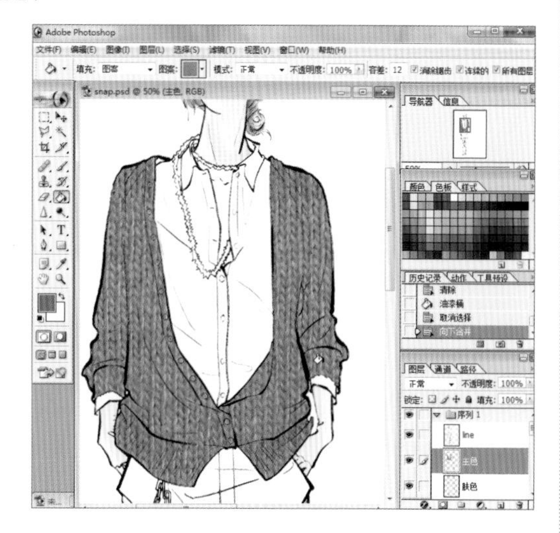

▲ 毛衣材料圖案

5 填充輔助色彩及材料

新建“輔色1褲子”圖層，放置在“主色”圖層下方，選擇馬褲呢格紋材料製作的圖案，單擊填充完成短褲的繪製。按照同樣的方法完成“輔色2襯衫”圖層的繪製。

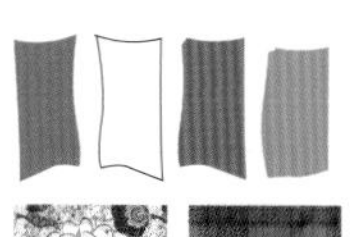

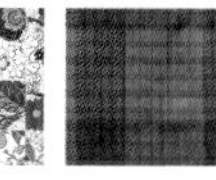

▲ 棉布印花襯衫面料圖案和馬褲呢格紋材料圖案

6 繪製配飾

與繪製時裝的步驟相同，首先製作配飾所需要的圖案，然後根據需要依次填充。針對質感較鮮明的配飾，例如珠寶、眼鏡等，則需要根據不同的質感進行製作。

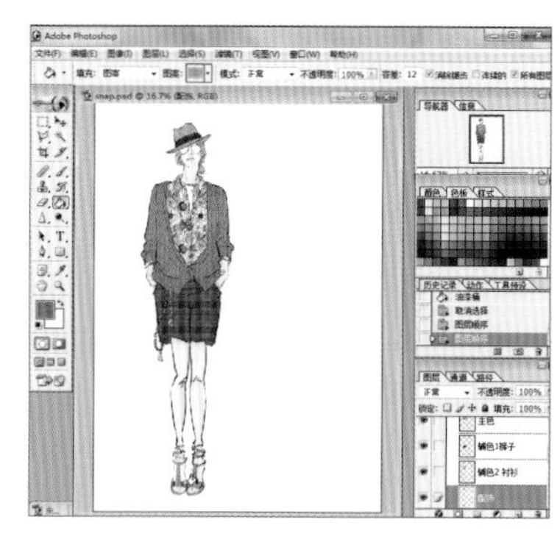

1 新建“配飾”圖層，並放置在“輔色2襯衫”圖層與“膚色”圖層之間，然後依次填充草帽、鞋子、腰鏈的材料與色彩。

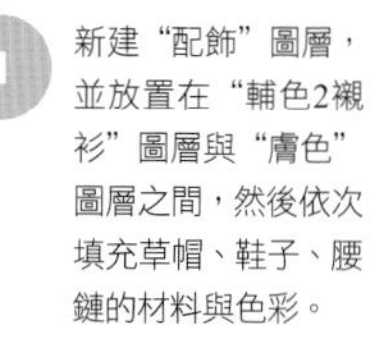

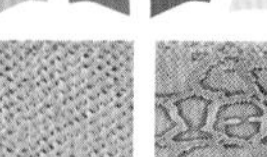

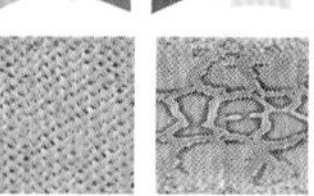

2 用魔棒工具選擇墨鏡區域，分別將前景色和背景色設置為墨鏡需要的兩種顏色。選擇漸變工具，在屬性欄中設置漸變為“前景色到背景色漸變”。然後運用漸變工具填充眼鏡，注意顏色為上深下淺的色彩變化。

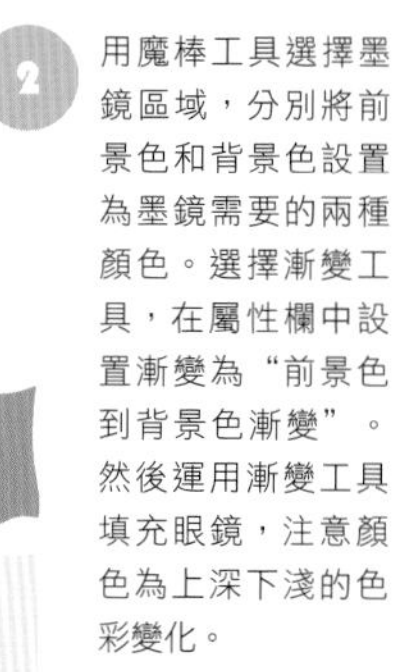

3 選擇邊緣模糊的畫筆工具，選擇深棕色，在屬性欄中將畫筆工具的“不透明度”與“流量”都調低，然後簡單加深墨鏡框架部分的色彩。再用多邊形套索工具選擇鏡片部分，用剛才使用的畫筆工具，選擇白色塗抹，減淡墨鏡下方的色彩。並縮小畫筆，反覆描繪邊緣處，製造出一些反光效果。

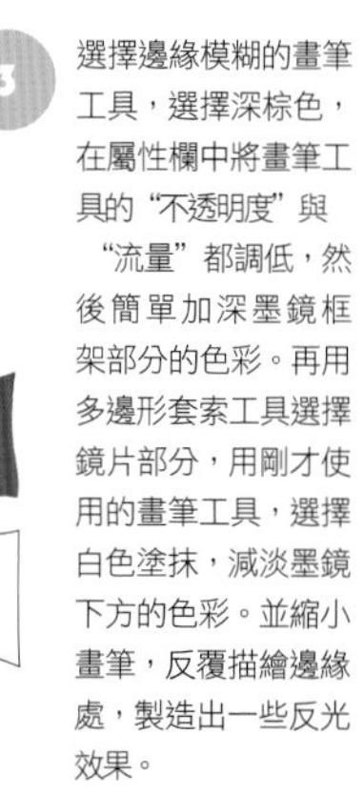

4 繼續在選區中操作。使用柔角畫筆工具，選擇白色，單擊繪製出亮點和反光亮點。

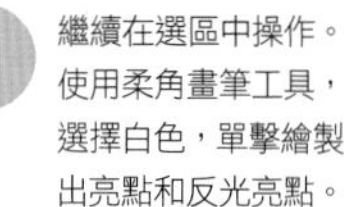

7 表現衣紋的明暗效果

簡單繪製衣紋明暗，表現出輕鬆的畫面感即可，不需要過多地刻畫立體感。

1 新建“衣紋暗部”圖層，放置在“line”圖層之下，並設置圖層混合模式為“線性加深”。
使用邊緣模糊的畫筆工具，選擇30%灰色，簡單塗抹衣紋的暗部即可。注意硬朗的材料可以選用邊緣硬朗一些的畫筆工具並運用大筆觸表現，反之柔和的衣服可以選擇邊緣模糊的畫筆工具，筆觸也要更加細碎。另外還要根據繪製的需要調整畫筆工具的“不透明度”與“流量”，獲得更靈活的效果。

2 與水彩技法不同，電腦時裝畫能夠輕易地繪出“亮點”效果，因而不需要留白。
新建“衣紋亮部”圖層，放置在“line”圖層與“衣紋暗部”圖層之間。首先將需要繪製亮點的部位用多邊形套索工具選中，然後使用邊緣模糊的畫筆工具，選擇30%灰色，快速塗抹，製作亮點。
由於選區本身有形狀，因此這樣繪製的亮點會有乾淨利落的邊緣，非常適於表現硬挺的材料或光澤感較好的材料，例如絲綿、風衣布、絲綢、皮革等。

▶ 完成稿

系列時裝畫電腦著色技法

系列時裝畫電腦著色技法的步驟與基礎著色技法的步驟基本一致。

但是，系列時裝畫中往往有不同的材料種類和造型樣式，如何用巧妙的表現手法來進行區分，是初學者學習的重點。

繪製人體

將一系列的六個人物的線稿分別掃描入電腦進行圖像處理，並按照設計構圖組合在一張A3大小的畫紙上。
繪製每一個人體的色彩，都需要新建一個圖層。因此，需要注意的是，系列時裝畫可能會產生幾十個圖層，有規律的命名和分組，能夠讓工作更有效率。

▲ 繪製膚色時要注意透明材料的表現，凡是預備繪製透明或半透明材料的部位，都應該先繪製膚色

2 填充主色以及主要材料的肌理

使用油漆桶工具填充主色和主要材料，注意新建相對應的圖層。

▲ 預先將5種主要材料製作成可在Photoshop中使用的圖案

3 填充輔色以及輔助材料的肌理

針對規則的連續圖案材料製作圖案填充即可，對於不規則圖案則需要運用另外的方法。例如圖中的鐳射圖案連衣裙的繪製就不能依靠製作圖案來填充完成，需要採用拼貼法。

1. 將圖案元素複製拼接，直到圖案大於連衣裙要用的範圍；
2. 將拼接好的圖案放置在連衣裙的位置上；
3. 執行“自由變換”命令，旋轉圖案到合適的角度；
4. 用魔棒工具在線稿圖層中選中連衣裙區域，選中圖案圖層，將選中區域剪切出來粘貼到新圖層，並刪除裁切剩餘的圖層圖像。

根據這樣的步驟才能成功地繪製不規則圖案的時裝。

▲ 預先將5種輔助材料製作成可在Photoshop中使用的圖案

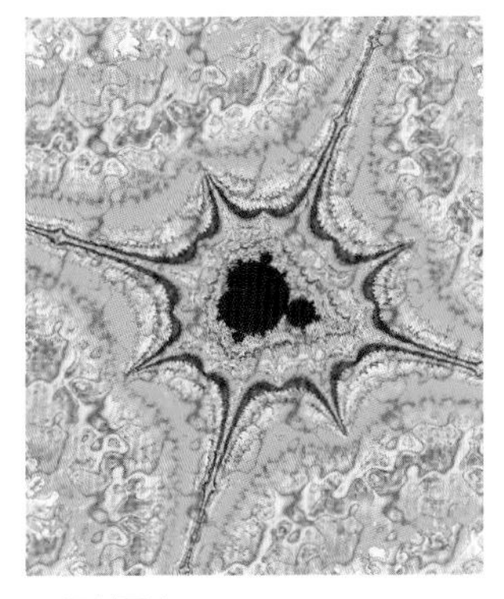

▲ 鐳射圖案

4 繪製配飾色彩與肌理

預先準備好配飾所需要的圖案和色彩，根據設計草圖依次填充即可。

▲ 借鑒主題靈感板的流行色彩進行配色

5 繪製衣紋褶皺，完成稿件

新建“線性加深”混合模式的圖層，根據不同的材料質感和硬度，選擇不同邊緣的畫筆工具進行繪製。

要注意服裝色彩越深，暗部越暗；材料硬度越高，明暗分界越清晰；紗質越透明，明暗對比度越小；服裝越柔軟，褶皺越豐富；材料越厚，褶皺越少越圓滑。

▲ 腰部作為人體最大的運動轉折處，會形成豐富的褶皺，尤其容易形成橫向的提拉褶

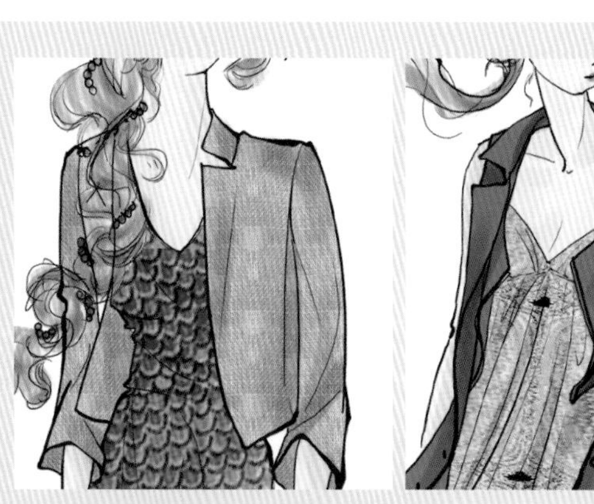

▲ 上衣的主要暗部，形成於領子遮蓋處、軀乾側面和袖子內側這些部位

Chapter

03

時裝系列設計
款式圖表現技法

3.1 系列設計中款式圖的特點

在商業設計中，款式圖往往比時裝畫的使用效率更高，因為平面款式圖能夠表現明確的結構線條、縫紉工藝以及細節構造，而時裝畫更多地是為了展示穿著方式與風格，要想進一步深化細節將時裝做成成衣，就必須依靠款式圖了。時裝系列設計作為時裝商業設計的重要環節，不僅僅由主題靈感和時裝畫組成，還需要大量的款式設計，這些款式圖一方面可以嚴謹地表現時裝畫中服裝款式的結構造型，另一方面可以為主題系列提供更多的可選樣式。

1 對時裝畫進行補充說明

時裝畫的表現具有一定的藝術性，有時對服裝的展現不夠明確，例如某個動態對服裝產生了遮擋，這就需要款式圖來進行補充說明。

2 完善單品的種類

如果一個時裝系列僅僅依靠連衣裙和西裝兩種單品組成，就會顯得十分單調且缺乏實用性。因此，在為系列設計款式時，需要涉及到多個方面的單品，至少要包括三到四款外套、襯衫與上衣、T恤與針織衫；兩到三款褲裝；兩到三款半裙；一兩款連衣裙。

3 確保款式可以相互替換

同樣的款式之間要能夠互相替換，這會帶來更多的穿著搭配方式，因此款式的設計在功能上需要有共同性。但是過於雷同的款式沒有存在的必要，所以款式的設計也需要有相對獨特的亮點。

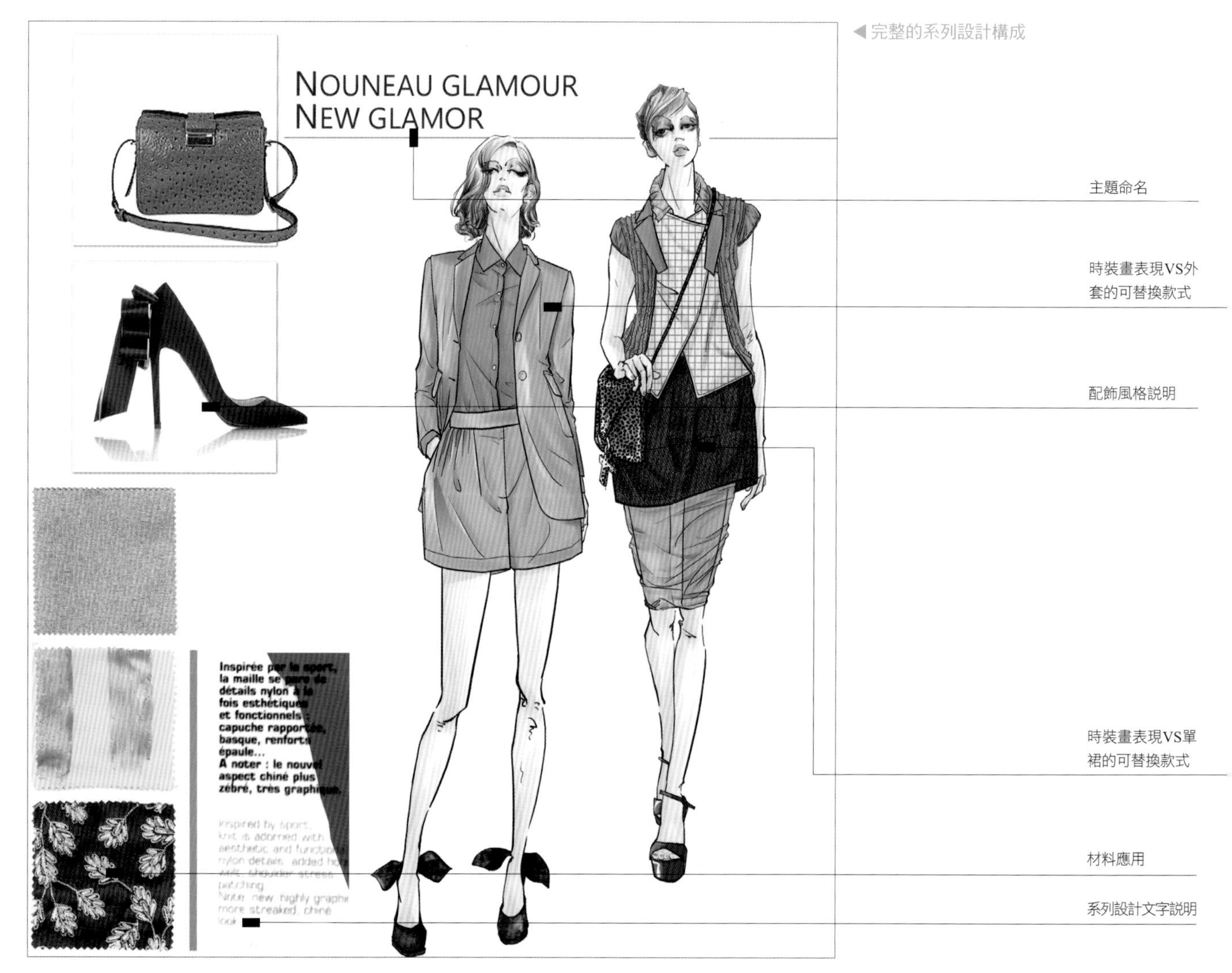

◀ 完整的系列設計構成

4 體現系列感

除了色彩、材料、輪廓，款式細節也可以表現出系列感。如同樣造型的衣身，通過變化領型、袖型、口袋等，體現出既有變化、又有聯繫的系列感。

5 表現款式及工藝細節

衣身的接縫，袖口是否有防寒扣，腋下是否運用排汗材料等，這些細節可以通過款式圖來説明，必要時可以進行放大表現。

6 標注文字，説明材料、色彩以及設計要點

款式圖的表現一般以簡潔明瞭的圖示方法為主，因此需要配合材料小樣、色標以及文字説明來詳細闡述設計。

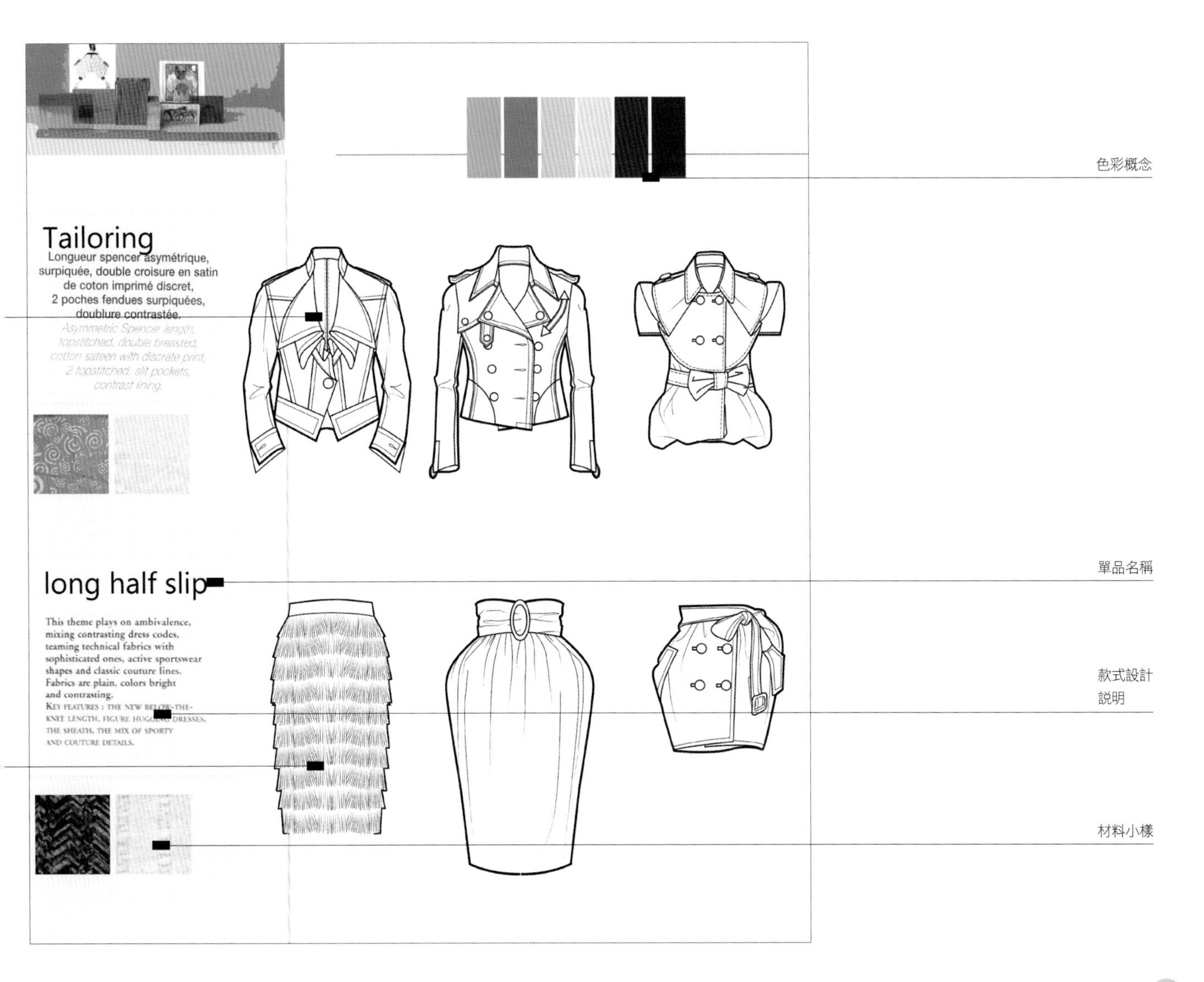

3.2 款式圖手繪技法

使用手繪方式表現款式圖有多重技法可選，例如單線平面圖技法、單線立體效果圖技法、色彩表現技法、材料拼貼法等。但是在商業運用中多採用最簡單的單線平面圖技法，這種技法簡單易學、結構清晰、繪製簡潔快速，是手繪款式圖最常用的技法之一。使用這一技法需要做到以下兩點，第一是學會用線條表現各種結構細節；第二是款式圖必須左右對稱、比例均衡。

3.2.1 款式圖細節結構表現方法

平面款式圖既不同於效果圖的簡約概括，也不可能像照片一樣真實精確，因此設計師在繪製時，更多的應該考慮如何用示意性的線條表現各種細節結構特徵，繪圖盡可能簡潔、精準，以便與觀看者進行視覺化的溝通。

1 材料厚度表現

用線條表現材料的厚度是繪製款式圖時最基本的表現技法，按照一般的工藝規律而言，越厚實的材料其轉折處越圓潤、褶皺越稀少挺括、邊角越柔和、材料拼縫處有凹陷，薄材料則與之相反。

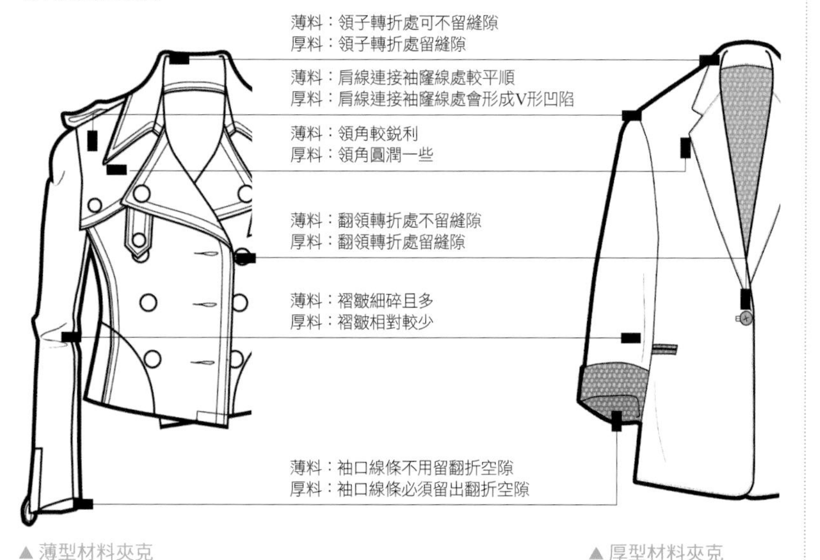

▲ 薄型材料夾克　　▲ 厚型材料夾克

2 褶皺表現

在款式圖中，褶皺表現不需要完全寫實，只需根據褶皺規律繪製示意性線條即可。

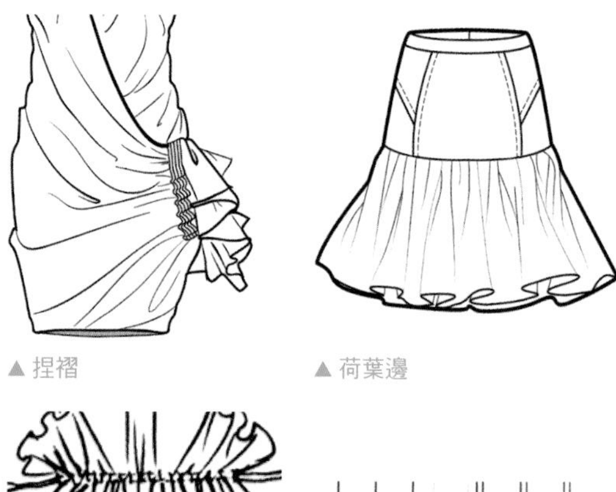

▲ 捏褶　　▲ 荷葉邊

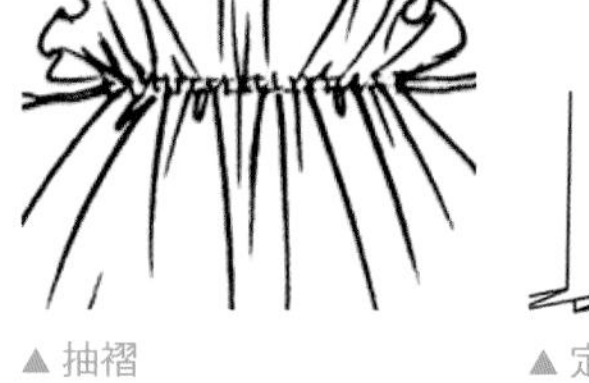

▲ 抽褶　　▲ 定褶（百褶、普利茲褶）

3 工藝細節表現

款式圖的工藝細節包括結構線、縫紉線以及時裝上的各種配件輔料，例如鈕扣、滾邊、羅紋、皮筋縮縫、腰帶等。

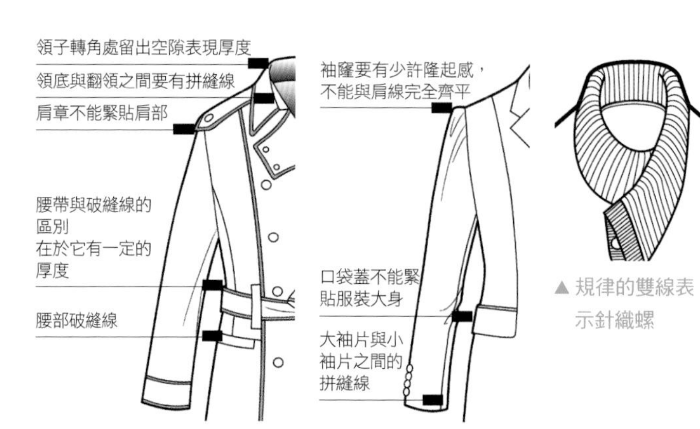

▲ 規律的雙線表示針織螺　　▲ 虛線表示縫紉線跡　　▲ 細碎褶皺表現縮縫

3.2.2 款式圖手繪表現技法

精細線條表現技法是手繪款式圖最常用的技法之一，其精緻的線條、準確的結構、詳盡的細節是最大的優勢，這種技法只用線條表現服裝的平面效果，排除了色彩與材料的干擾，能夠最大限度地體現時裝的結構造型。

繪製款式圖需要盡可能地表現左右對稱、結構精準的服裝平面效果。歪斜、袖子一長一短、口袋高低不同都會產生歧義，屬於不正確的款式圖。

為了更好地表現服裝結構，款式圖需要使用三種不同粗細的線條，最粗的是外輪廓線；其次是材料接縫、省道、門襟、滾邊、口袋、結構線等；最細的是虛線，表現縫紉線跡、羅紋等特殊材料示意，以及拉鏈、鈕扣等小配件。

1 繪製縱橫兩條直線，在畫紙上鎖定位置。

2 根據夾克比例，繪製肩線、領線、前中線、下擺的位置，這一步驟要求找準夾克的長寬比例。

▲參考圖片

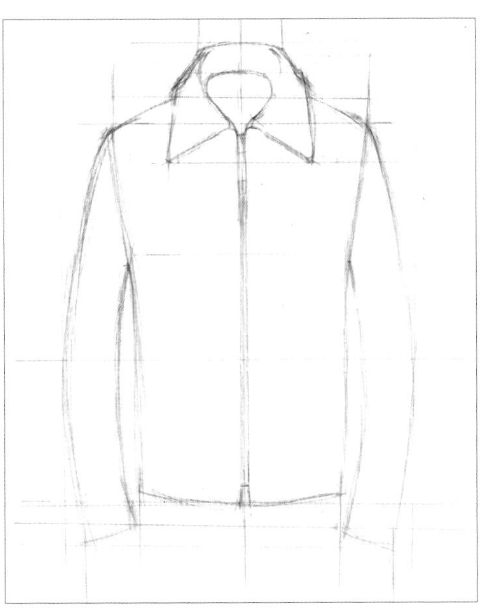

3 根據款式勾勒服裝，大致繪製出服裝的輪廓，繪製這一步驟時可以借助帶刻度的直尺找準左右位置，以保證款式圖的對稱效果。

4 繪製破縫、口袋等細節結構線時，不僅需要找準位置和比例，還要注意結構樣式。
另外要注意，所有的圓角，例如領角、衣擺角、圓角口袋等，都需要先繪製直角作為參照，然後再繪製成圓角。

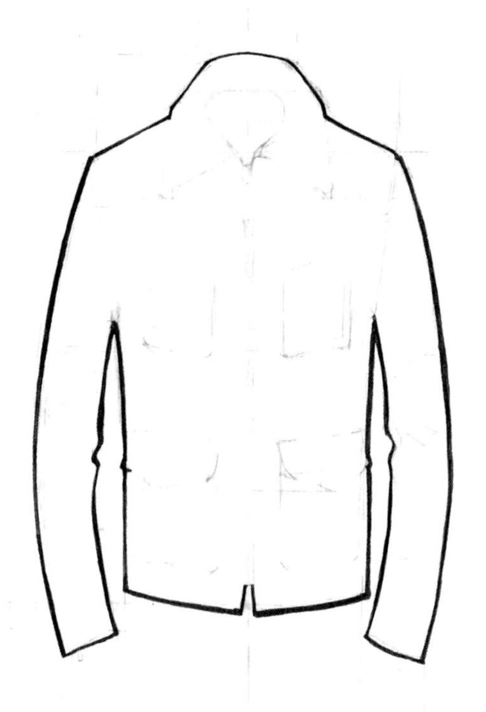

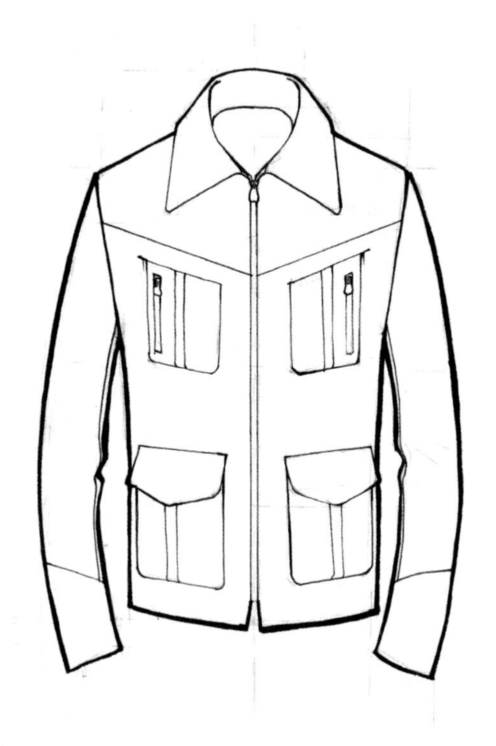

5 擦掉多餘的鉛灰，保留一點痕跡即可。
用較粗的扁嘴鋼筆勾勒外輪廓，注意口袋蓋向外凸起這一細節。

6 用0.5mm粗的勾線筆勾勒結構線。中縫拉鏈等較長的直線部位可以借助直尺來繪製。

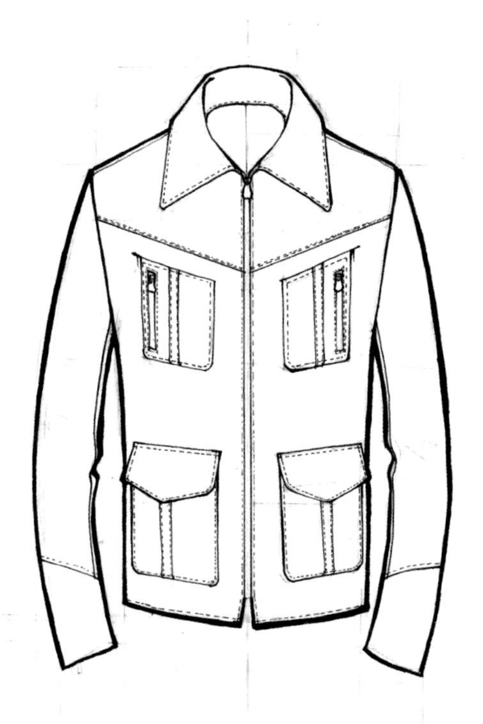

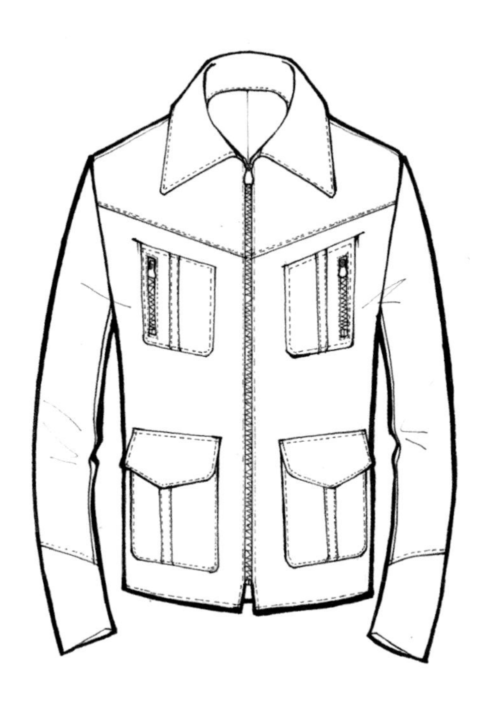

7 換用0.03mm粗的勾線筆，繪製縫紉明線，注意並不是所有的材料拼縫處都有明線，要根據設計來繪製。

8 繪製拉鏈等配件，並在肘彎、腋下等處添加簡潔的示意性褶皺。

▼ 細節注意事項

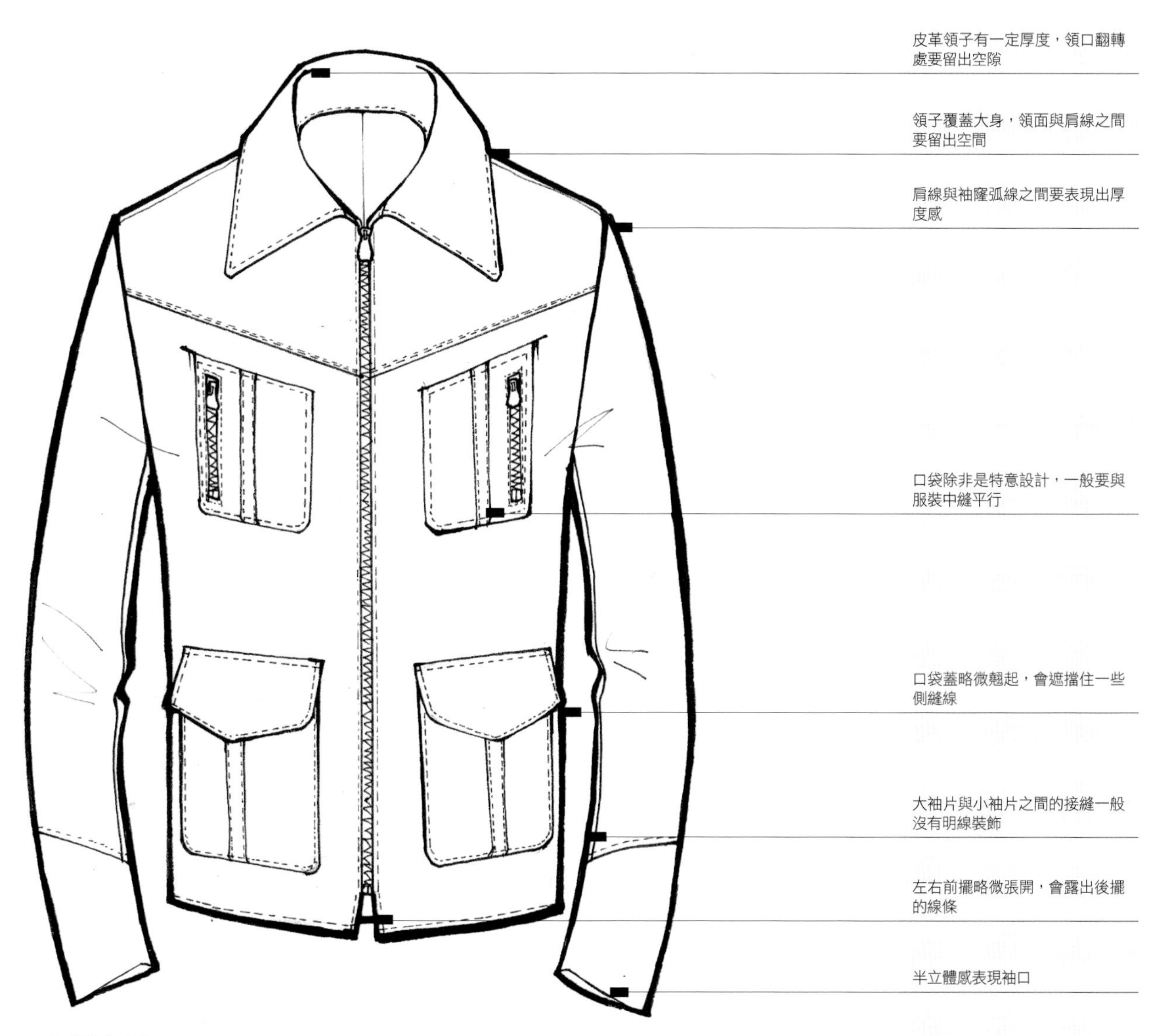

▲ 款式圖完成稿

▼ 繪製細節方法

用Z字折線表現拉鏈，不要忘記繪畫拉鏈頭和拉鏈尾。

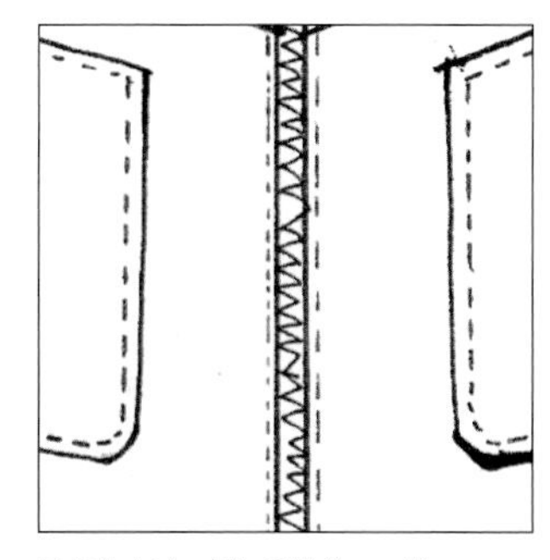

較長的直線，例如門襟線、口袋邊線等，可以用直尺繪畫。

示意性褶皺不要繪畫太多，簡單的兩道折線即可。

肩線與袖窿弧線之間要留出縫合的厚度感。

3.3 款式圖的電腦繪製技法

基於款式圖的嚴謹特性，更多的設計師喜歡用電腦軟件進行款式圖的繪製。電腦繪製的款式圖能夠讓服裝的左右片結構完全對稱，且輕鬆擁有流暢圓滑的線條、豐富的色彩以及真實的材料質感。在現代商業設計中，這種快捷、簡便且容易修改的表現技法受到大量設計師的青睞。

3.3.1 精細線條款式圖表現技法

精細線條表現技法不僅是手繪款式圖最常用的技法之一，也是使用電腦繪製款式圖的重要表現手法，這種表現手法著重強調準確的比例、精緻的線條和完善的細節。使用電腦繪製精細線條款式圖一般使用矢量繪圖軟件，這一類電腦軟件不僅能夠繪出圓滑、流暢的線條，還能夠運用不同的工具協助設計師更加高效地工作。

工具

1 繪製草圖並掃描

簡單繪製服裝的輪廓草稿，並將草稿掃描導入電腦中。

▲ 手繪西裝款式圖草稿

2 新建AI文件並將草稿置入文件

通過這一步驟將草稿置入軟件，作為後期繪圖的參考。

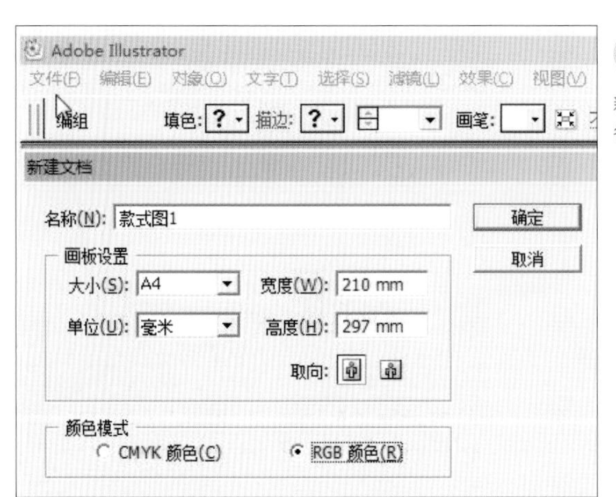

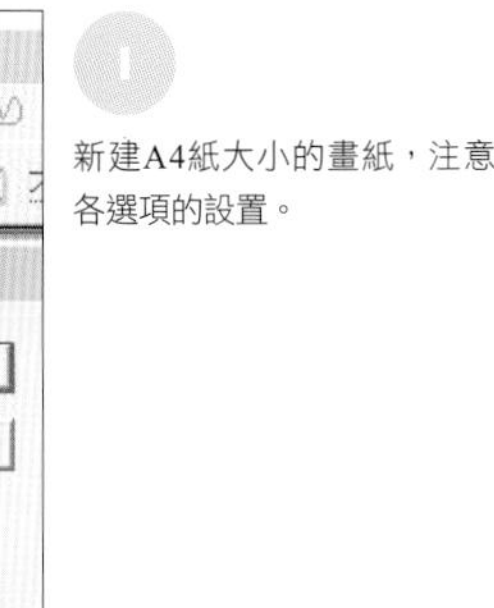

1 新建A4紙大小的畫紙，注意各選項的設置。

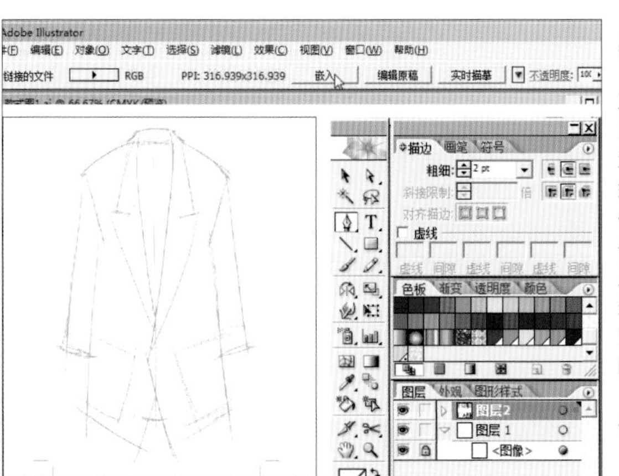

2 直接從文件夾中將掃描的草圖拖入新建的文件中。調整位置與大小，在選項欄中將“不透明度”選項調低，以免後期作畫時草稿色彩太深，影響工作。設置完成後，可以單擊“嵌入”按鈕，將草稿置入AI文件。最後在“圖層”面板中找到剛剛置入的草稿圖像，單擊左側的“切換鎖定”圖標，鎖定圖像。

3 運用鋼筆工具按照線稿繪製矢量線條

Adobe Illustrator是矢量繪圖軟件，與Photoshop等位圖軟件不同，矢量工具繪製的圖像線條圓滑、沒有噪點，且可以無限制地放大與縮小。使用這種矢量繪圖軟件繪製款式圖時，最常用的工具是繪製線條的鋼筆工具，因此學會應用這種工具，就基本能夠應對時裝款式圖的繪製了。

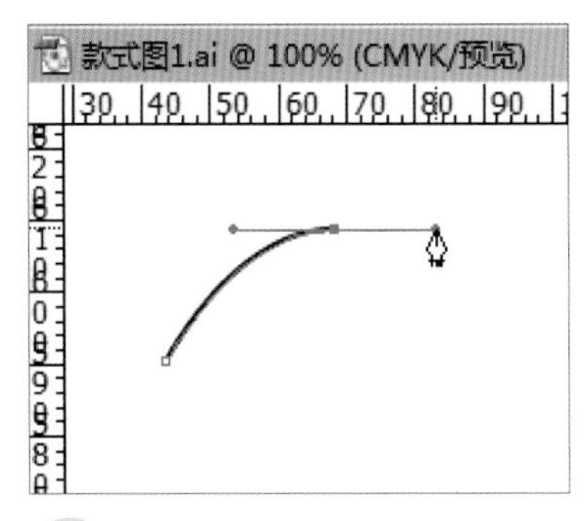

1 繪製矢量線條並不是依靠控制鼠標，而是控製圖中的控制手柄。具體操作過程是：首先單擊創建初始錨點，然後在需要的部位單擊創建第二個錨點並拖移鼠標拉出控制手柄，這時兩點之間就會形成圓滑的弧線。

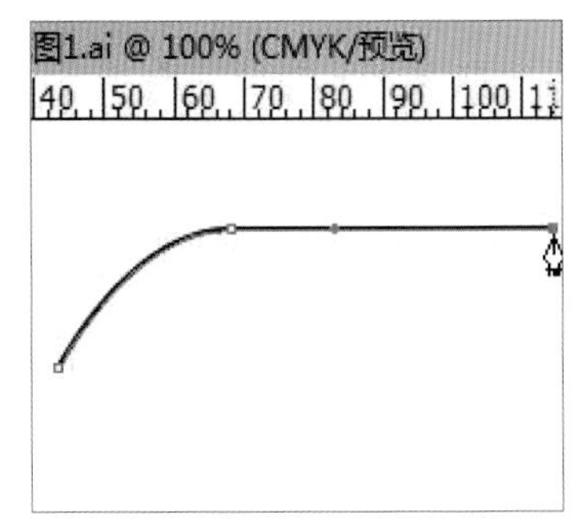

2 想要繪製直線更加簡單，直接單擊創建錨點，不拖移控制手柄即可。如果想要繪製橫平豎直的直線，可以按住Shift鍵不放，同時單擊創建錨點。

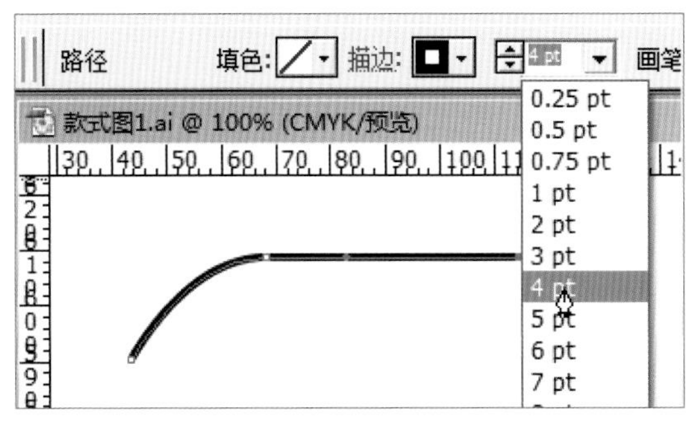

3 繪製好的線條可以隨時調整粗細，在界面上方的鋼筆工具選項欄中，有“描邊粗細”選項。首先用選擇工具選中線條，再在“描邊粗細”下拉列表中選擇想要的粗細值即可。

4 根據草圖繪製服裝左側的結構線條

選擇鋼筆工具，以服裝前中心線為界，按照草圖繪製出服裝左側的結構線條。

1 選擇鋼筆工具，用2pt的描邊粗細繪製服裝左側的整個外輪廓。

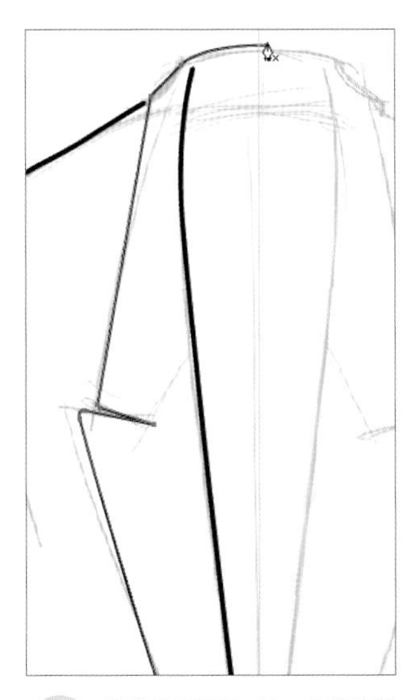

2 選擇鋼筆工具，用1pt的描邊粗細繪製出駁領輪廓。

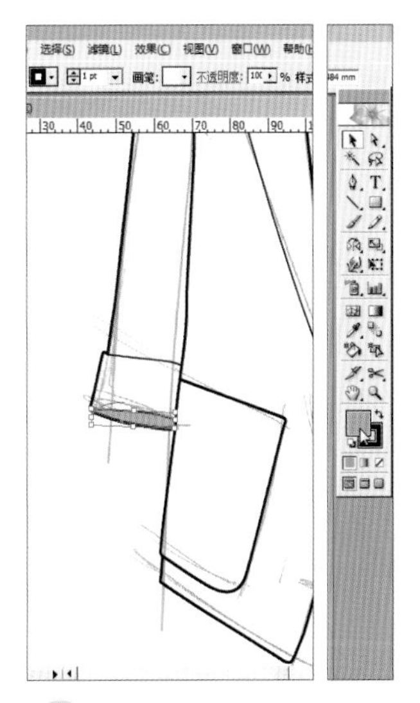

3 用鋼筆工具繪製袖口。
選擇鋼筆工具繪製時，當光標靠近起始錨點時，光標會自動出現一個小圈，此時單擊就會形成一個閉合的區間。
在工具箱下端有兩個色彩圖標，實心的圖標是“填充”選項，空心的是“描邊”選項。單擊其中一個就會顯示在上方；雙擊則打開對話框以供選擇色彩。例如圖中的設置是灰色填充、黑色描邊。

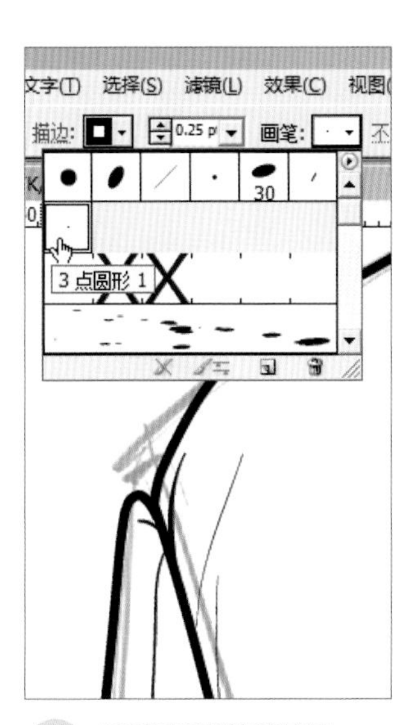

4 用畫筆工具繪製肩部衣褶。
選擇畫筆工具，在選項欄中單擊打開“畫筆”面板，選擇最細的圓形筆尖，然後單擊並拖曳，就能夠繪製線條，軟件會自動將繪製出的彎折線條修復得圓滑。

5 使用鋼筆工具繪製縫紉線

在精細線條款式圖中，一般採用較粗的實線表現外輪廓以及材料的接縫、拼接結構，而用較細的虛線表現製作服裝形成的縫紉機車縫明線。

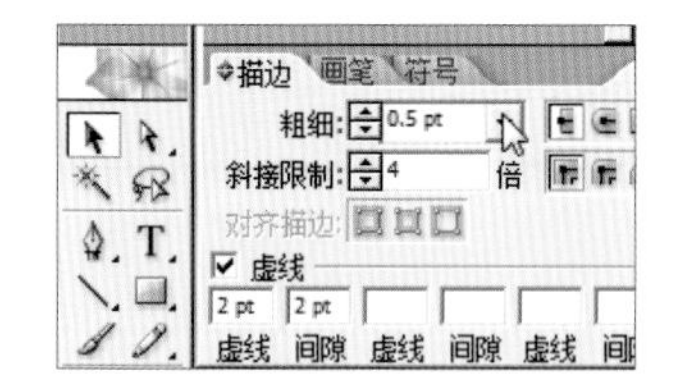

1 設置虛線。
打開“描邊”面板，設置描邊粗細為0.5pt，勾選“虛線”復選框，並在第一個和第二個選框中設置虛線距離為2pt，這樣就能畫出最簡單的等距虛線。

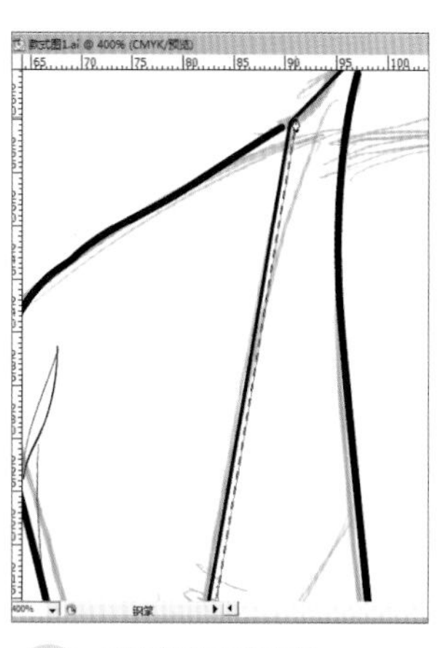

2 繪製駁領的滾邊車縫線。
這裡注意，只有在材料的邊緣、接縫處才會有可能產生車縫明線。

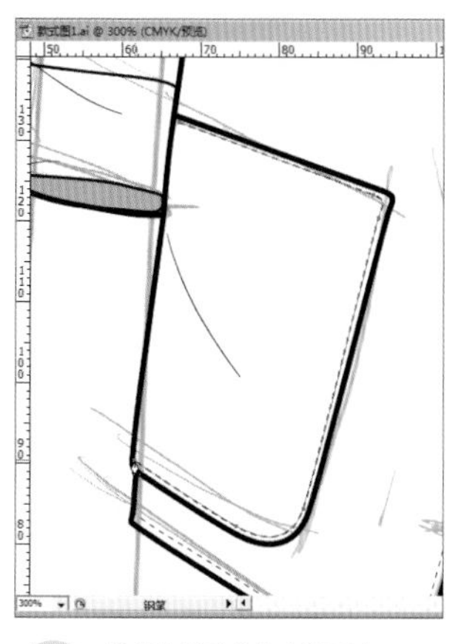

3 繼續繪製貼袋的車縫明線。

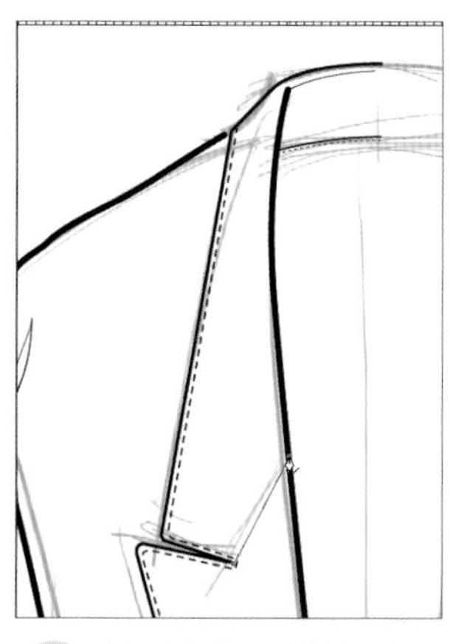

4 接下來繪製駁頭的接縫細節，注意這裡的接縫沒有車縫明線，因此用一根較細的實線來表示細節部位的材料銜接。

6 運用鏡像工具創建時裝右側的線條

鏡像工具能夠將左邊繪製完畢的時裝款式線條完全複製到右邊，這就讓款式圖左右絕對對稱。但是門襟處的款式並不是左右對稱，而是互相疊壓的，因此需要進一步調整門襟細節，才能形成完整的款式圖。

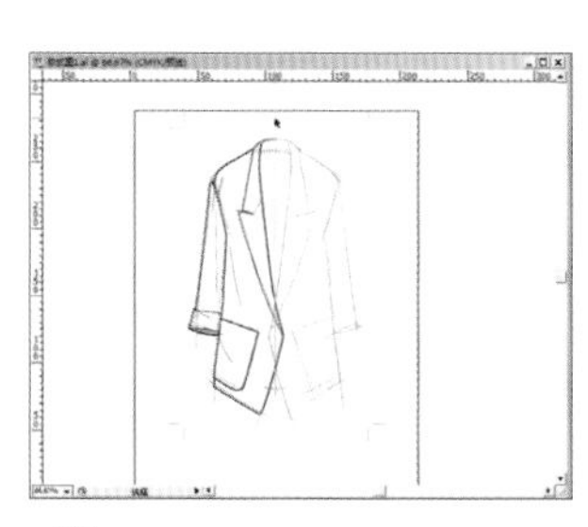

1 從左側標尺中可以拖曳出一條參考線，然後將參考線拖曳到服裝的前中心線處。

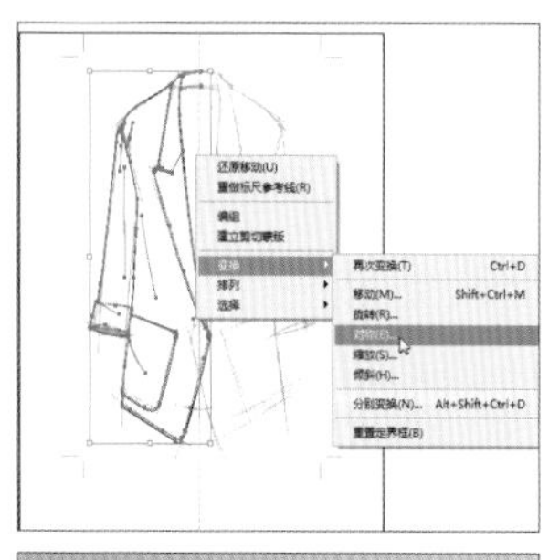

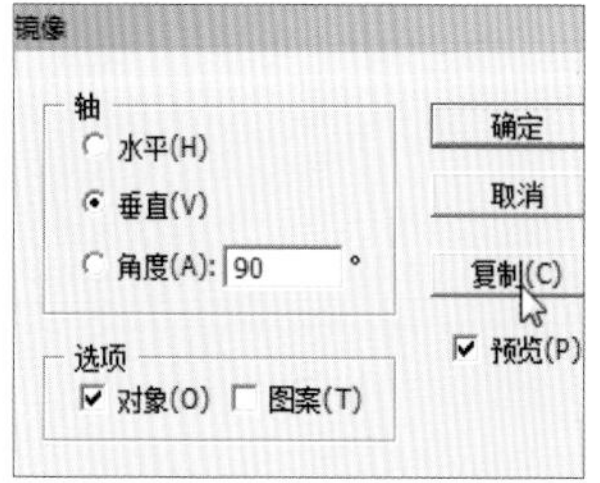

2 用選擇工具框選所有線條，並單擊鼠標右鍵，選擇“變換>對稱”選項打開“鏡像”對話框，選擇“垂直”對稱並單擊“複製”按鈕。

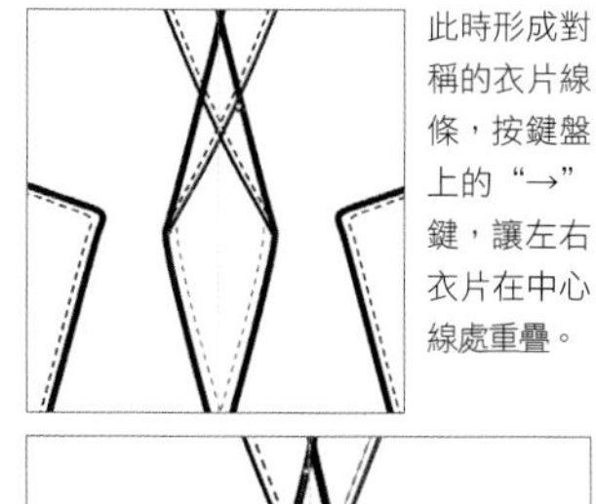

此時形成對稱的衣片線條，按鍵盤上的“→”鍵，讓左右衣片在中心線處重疊。

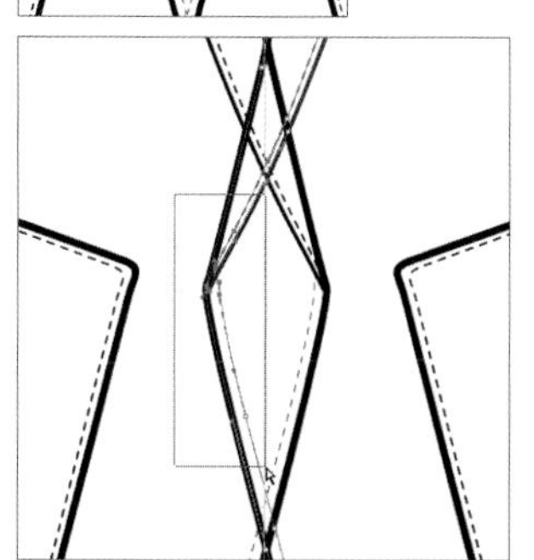

3 用選擇工具選中重疊處的右衣片線條，選擇鋼筆工具並懸停在左右衣片交接處，等光標變成帶+號的鋼筆時單擊，即可添加錨點。用這一方法為所有交接處的右衣片線條添加錨點。用直接選擇工具選中右邊衣片被遮擋住的部分，並依次按Delete鍵刪除，形成左衣片疊壓右衣片的效果。

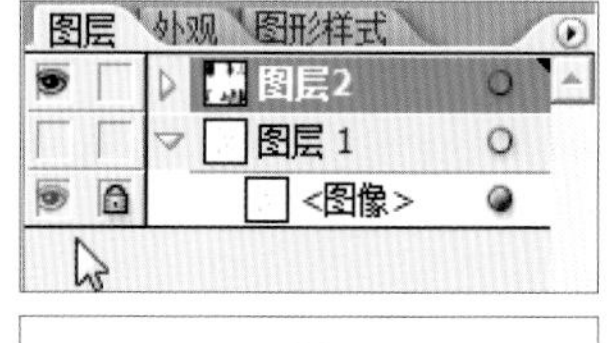

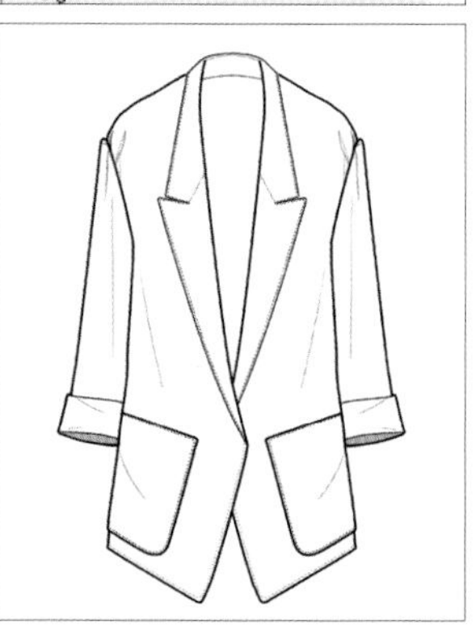

4 在“圖層”面板中找到被鎖定的草稿圖像，取消鎖定並刪除圖像。

7 完善線稿

繪製鈕扣、後擺、內襯等細節，完善線稿。

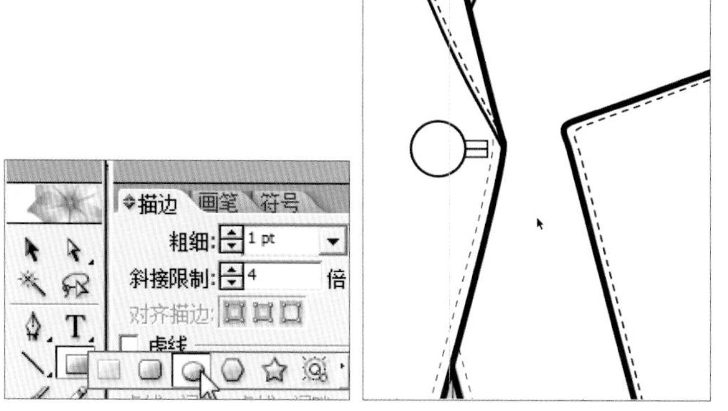

1. 單擊並按住矩形工具按鈕不放，找到橢圓工具，單擊選中該工具。
在鈕扣位置單擊並拖曳，可以繪製出圓形鈕扣樣式。如果按住Shift鍵的同時拖曳繪製，可以繪製出正圓形。

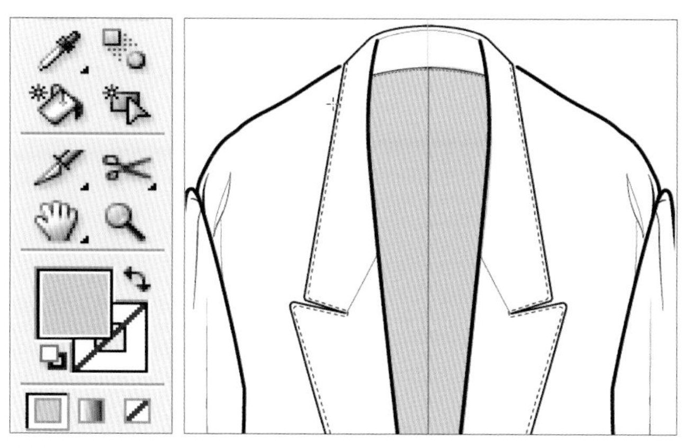

2. 選擇鋼筆工具，先單擊空心的“描邊”圖標按鈕，再單擊右下方的“無”按鈕，最後單擊“填色”按鈕選擇淺灰色。這樣就能夠繪製只有色塊而沒有描邊的部位，例如服裝的裡子。反之則可以繪製只有描邊，沒有色塊內容的樣式。

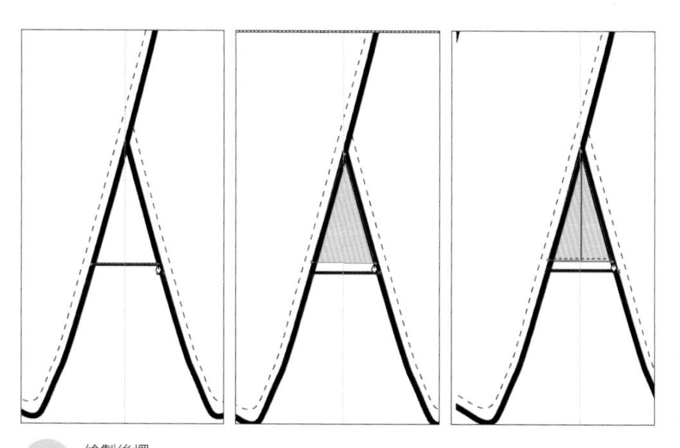

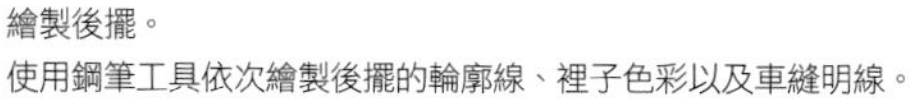

3. 繪製後擺。
使用鋼筆工具依次繪製後擺的輪廓線、裡子色彩以及車縫明線。

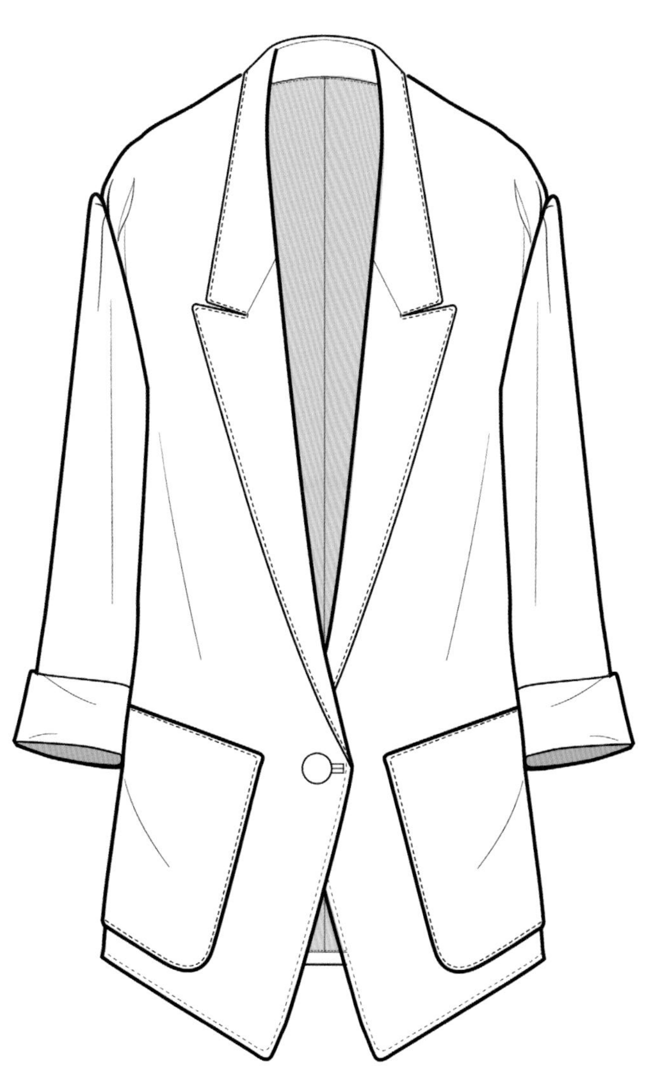

▲ 款式圖完成稿

3.3.2 添加材料的款式圖表現技法

材料質感表現技法在商業設計中幾乎可以取代時裝畫，這種平面款式圖既有嚴謹的結構線條，也能表現時裝所使用的具體材料，最後還可以加上一些簡單的褶皺明暗以表現質感。

這種技法運用起來非常簡單，只需在線稿的基礎上運用Photoshop填充材料，並用手寫筆或鼠標繪製一些明暗變化即可。

工具

Photoshop 7

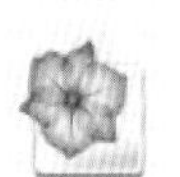

掃描儀或 Illustrator CS2

Wacom手寫板或鼠標

繪製線稿

使用電腦軟件繪製材料質感款式圖，首先需要準備線稿，有兩種繪製方法可供初學者選擇。其一是上節中講述的運用Adobe Illustrator軟件繪製精細線條款式圖；第二種是手繪平面線條款式圖。

需要注意的是，無論運用哪一種技法，都需要用精準的線條形成封閉區間，因為在後期的材料填充中，需要使用油漆桶工具。

手繪款式圖線稿

手繪款式圖線稿可以先用鉛筆勾勒草圖，再用鋼筆描邊。因為鋼筆勾線能夠形成清晰銳利的線條，以便後期掃描入電腦並用軟件進行圖像處理。

使用Adobe Illustrator工具繪製款式圖線稿

使用電腦繪製款式圖線稿的具體步驟見上一章節："精細線條款式圖表現技法"。

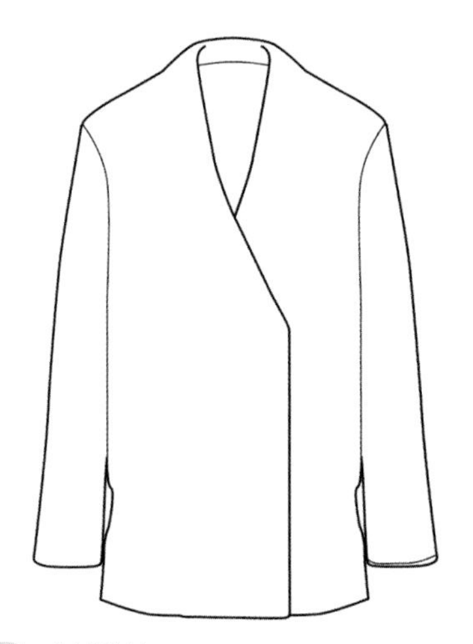

1 繪製外輪廓。
使用2pt描邊粗細的線條繪製左衣片外輪廓，用鏡像工具將其複製到右邊，刪除被遮蓋部位的線條，形成完整的款式外輪廓。

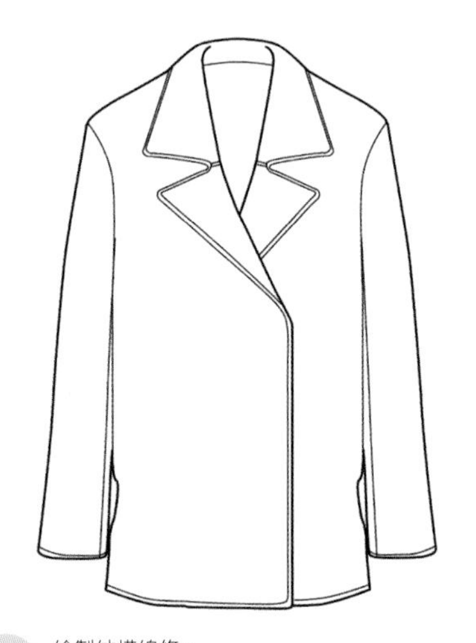

2 繪製結構線條。
用1pt描邊粗細的線條繪製滾邊線條以及袖子的分割線。

3 添加腰帶細節。

4 添加其他細節，完成畫稿。
繪製左衣片的鈕扣、拉鏈、口袋等細節，並用鏡像工具將其複製到右衣片。

2 新建Photoshop文件並導入線稿

將Adobe Illustrator中的線稿圖片用“選擇工具”選中，按快捷鍵Ctrl+C複製。打開Photoshop軟件，新建A4紙大小的文件，按快捷鍵Ctrl+V粘貼，會彈出“粘貼”對話框，選擇“像素”選項並單擊“好”按鈕，將完整的矢量線稿置入Photoshop中。這種圖像線條乾淨圓滑、不帶背景色，易於後期編輯。

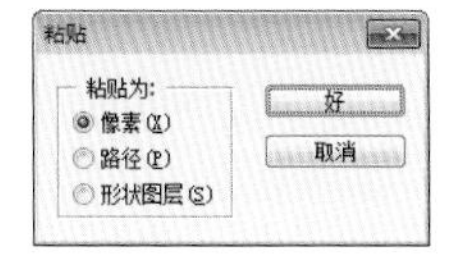

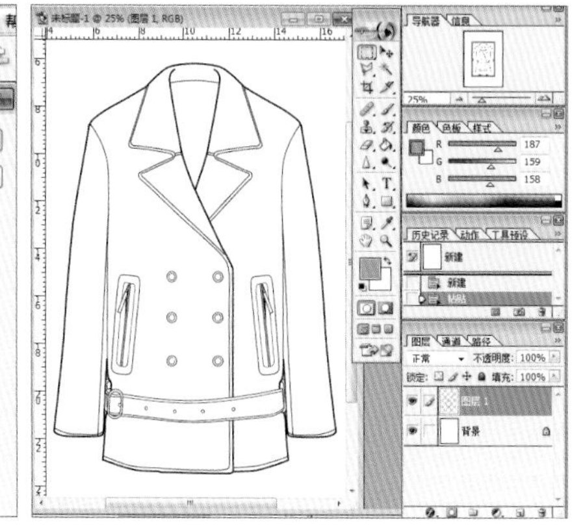

3 製作材料圖案

與使用Photoshop軟件繪製時裝畫一樣，想要將規律圖案的材料應用到線稿中，首先需要將材料製作成“圖案”。

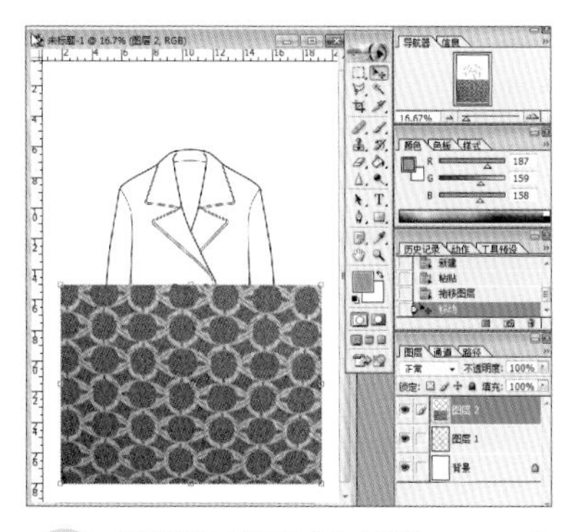

1 將掃描的材料圖像拖入新建的Photoshop文件。

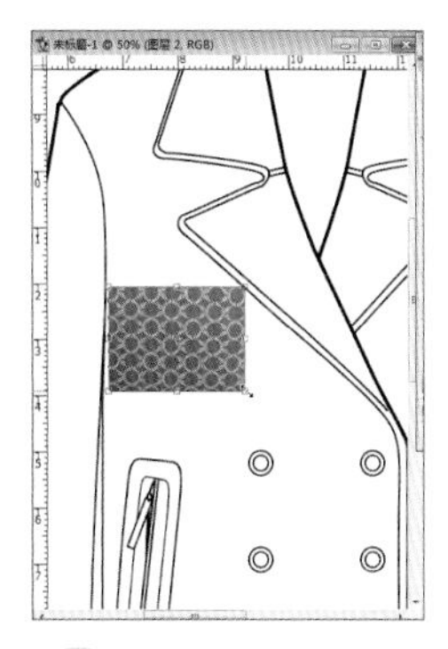

2 縮放材料圖像到適合的大小。

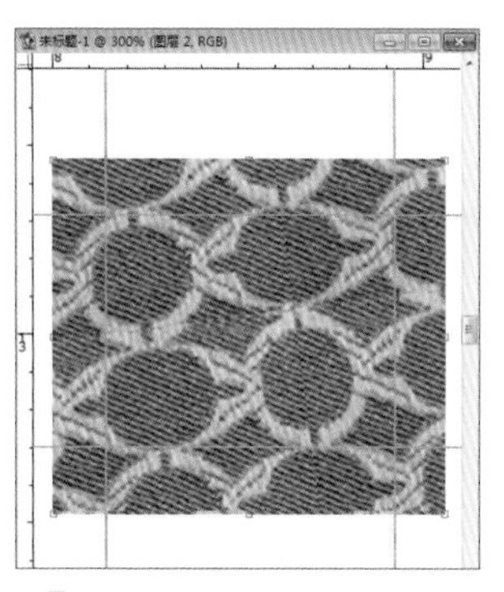

3 從左側標尺中拖出參考線，放置在圖案循環的左右起始點和終點。從上方標尺中拖出參考線，放置在圖案循環的上下起點和終點，此時會發現材料圖案有少許傾斜。

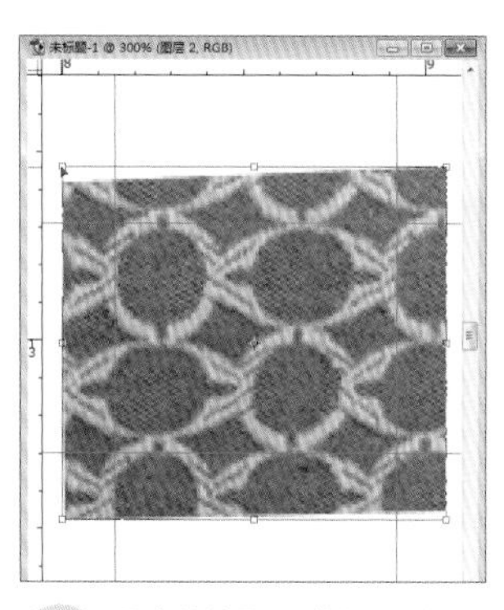

4 選中材料圖層，執行“編輯>自由變換”命令，圖像四周會出現自由變換控制框，按住Ctrl鍵的同時拖動控制框可進行不規則變換。依次拖動控制框，讓循環圖像與參考線水平對齊。

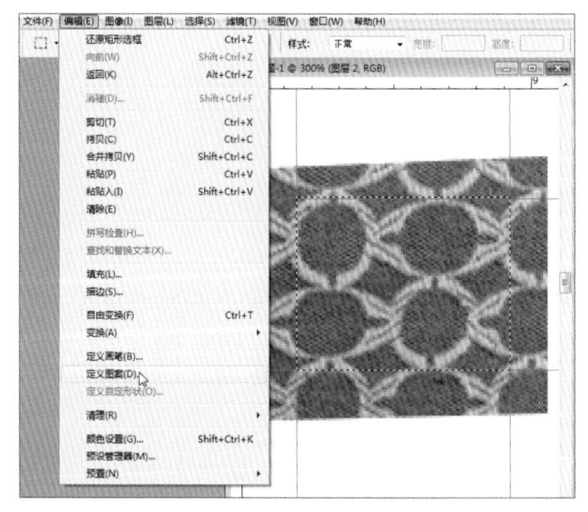

5 用矩形選框工具選中參考線內部的圖案，執行“編輯>定義圖案”命令，就能夠將調整好的材料設置為Photoshop軟件中的“圖案”了。

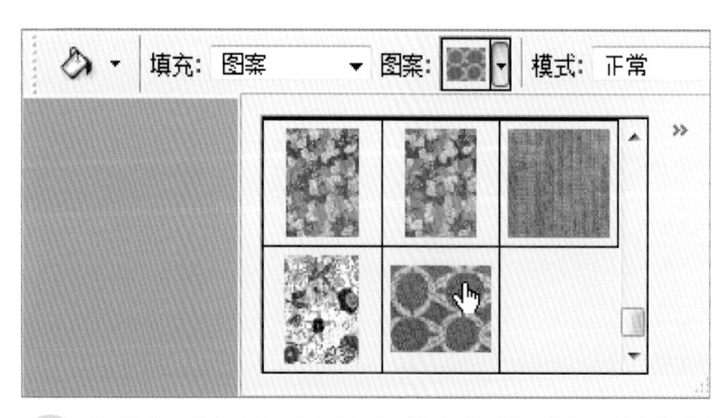

6 選擇油漆桶工具，在屬性欄中設置“填充”為“圖案”，然後單擊右側的“圖案”下三角按鈕，在彈出的面板中就可以找到剛剛製作好的圖案了。

4 填充材料圖案

使用油漆桶工具進行圖案填充。

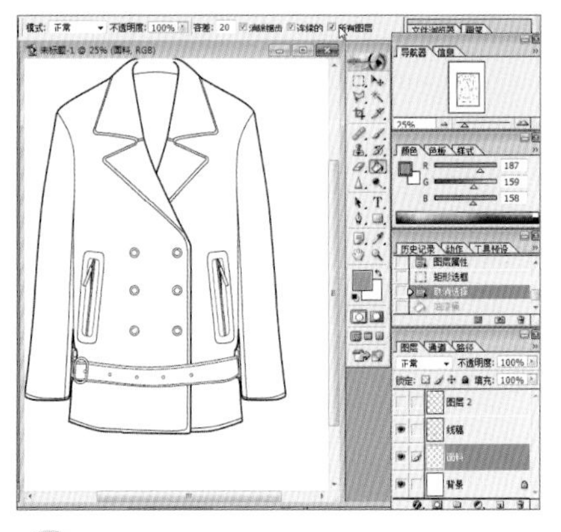

1 新建“材料”圖層，放置在“線稿”圖層與“背景”圖層之間。

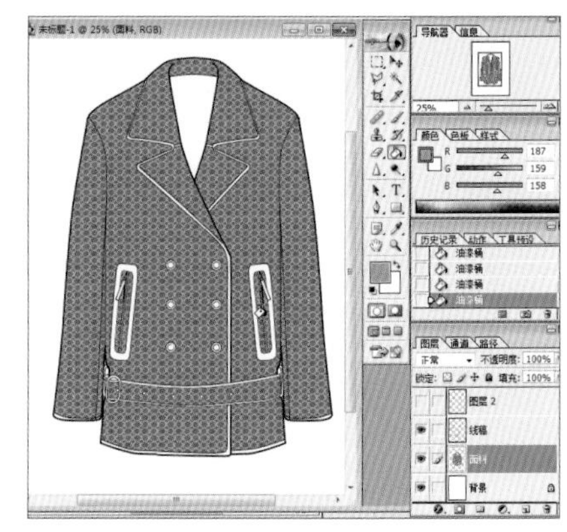

2 選擇製作好的材料圖案，用油漆桶工具分別單擊袖子、大身、領子、腰帶等處進行填充。注意滾邊處不要填充。

5 填充滾邊色彩

根據設計填充大衣滾邊部分的色彩。

1 新建“滾邊”圖層，放置在“線稿”圖層與“材料”圖層之間。

2 單擊“前景色”按鈕，選擇比材料顏色略深的色彩作為滾邊的填充色。

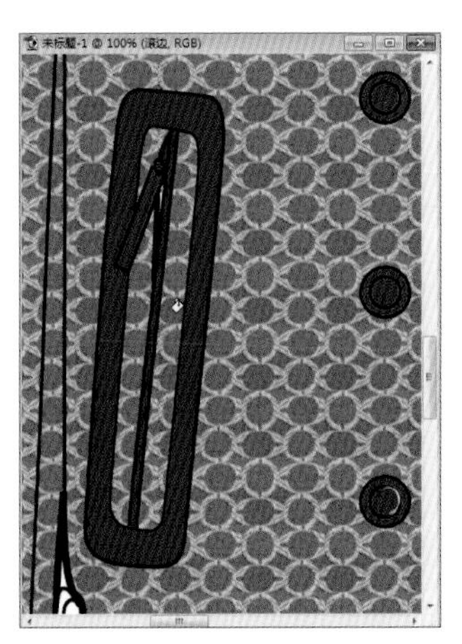

3 選擇油漆桶工具，在屬性欄中選擇用前景色進行填充，單擊滾邊部位，填充色彩。
可以將圖像放大一些，以便填充細節部位。

4 繼續選用油漆桶工具，選擇60%灰作為前景色，然後單擊填充。

6 填充裡子色彩

選擇比材料略深的色彩，填充裡子部分。

1 新建“大衣裡子”圖層，放置在“滾邊”圖層的下方。

2 使用油漆桶工具將衣領、衣擺、腰帶、鈕扣等細節，全部填充完畢。

7 繪製衣褶暗部

繪製款式圖的衣褶暗部與繪製時裝畫衣褶一樣，都需要注意使用不同邊緣的畫筆樣式、不同大小的筆觸以及不同的流量與透明度，來表現不同的材料質感。

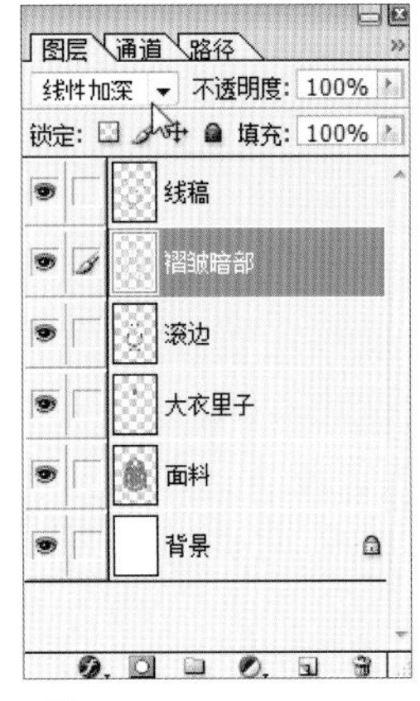

1 新建“褶皺暗部”圖層，放置在“線稿”圖層下方，並將圖層混合模式設置為“線性加深”。

2 在“畫筆”面板中選擇邊緣模糊的畫筆工具。

3 用20%灰來繪製衣袖內側、門襟、腰帶遮擋處等暗部，並用大筆觸繪製以表現毛呢材料的厚實感。

8 繪製亮部

毛呢材料不會在受光面形成明顯的高光，但是滾邊所用的皮革材料則會形成較亮的高光。

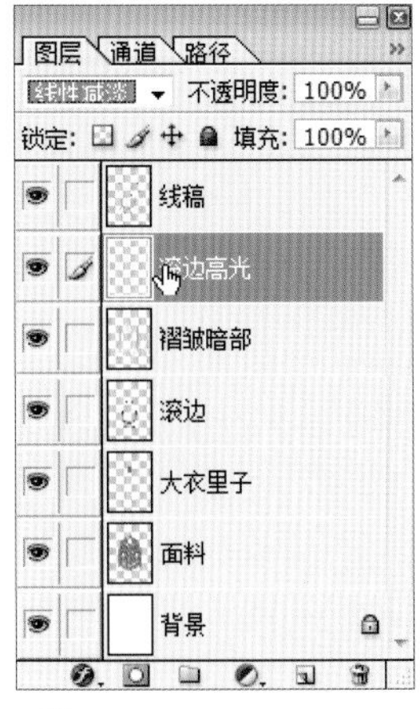

1 新建“滾邊高光”圖層，放置在“線稿”圖層的下方，並將圖層混合模式設置為“線性減淡”。

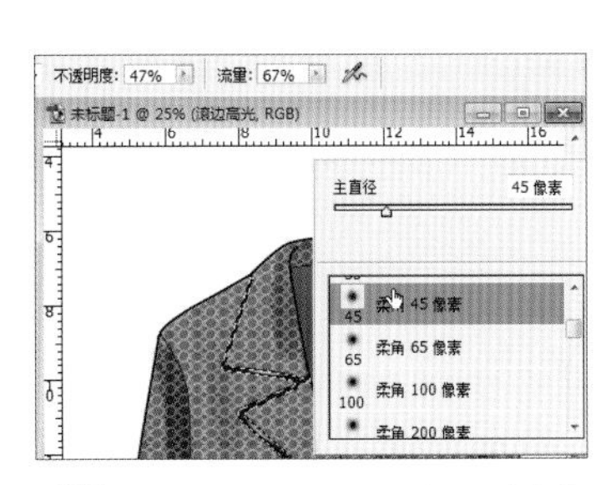

2 使用柔角畫筆工具，選擇10%灰色作為前景色。

3 按住Ctrl鍵的同時單擊“滾邊”圖層縮覽圖，將深色的滾邊整個載入選區。選擇畫筆工具，在“滾邊高光”圖層塗抹繪製，形成皮革的高亮效果。

▲ 款式圖完成稿

3.3.3 添加色彩與圖案的款式圖表現技法

電腦繪製款式圖的第三種常用技法是添加色彩與圖案的款式圖表現技法，這種方法重點表現款式的色彩分割和圖案設計，而材料肌理及褶皺明暗等細節處理基本不予詳述。

這種技法是將手繪線稿或者是使用Adobe Illustrator工具繪製的線稿，置入到Photoshop軟件中進行填充著色。

工具

Photoshop 7

掃描儀或Illustrator CS2

Wacom手寫板或鼠標

繪製線稿

使用Adobe Illustrator工具繪製夾克線稿。

1 選擇鋼筆工具，用2pt粗細的描邊線條繪製左衣片外輪廓。

2 換用1pt粗細的描邊線條，繪製袖子的分割線與扣袢細節。

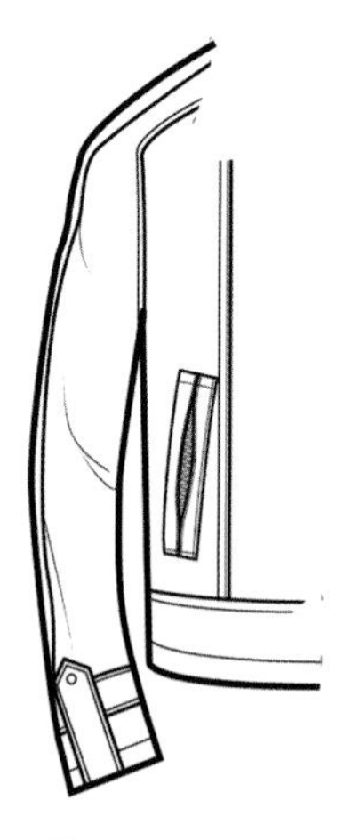

3 繼續繪製夾克省道分割線、拉鏈口袋以及底擺拼縫線。

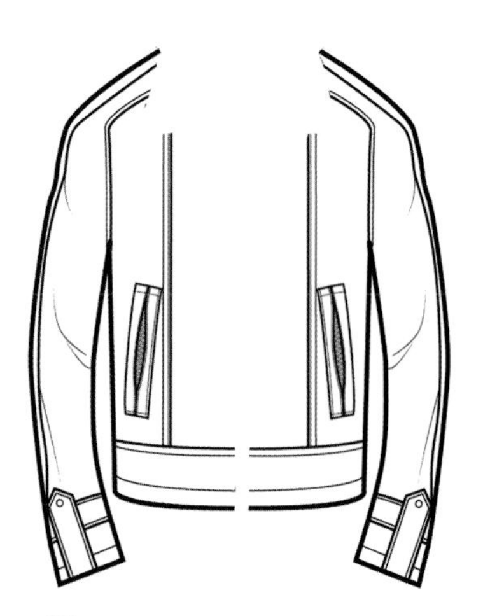

4 使用鏡像工具將左衣片複製到右側，形成完整的夾克衣片。

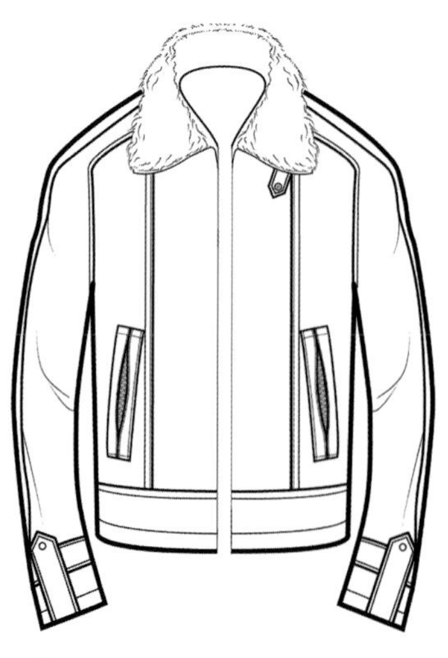

5 繪製毛領樣式以及門襟拉鏈外輪廓。

6 細緻刻畫拉鏈頭和拉鏈齒咬。可以用簡單的填色表現拉鏈齒咬，也可以像本案例中所做的，製作一個二方連續畫筆圖案。

2 新建Photoshop文件並導入線稿

方法一：將Adobe Illustrator中的線稿圖片用選擇工具選中，按快捷鍵Ctrl+C複製。打開Photoshop軟件，新建文件，按快捷鍵Ctrl+V粘貼，彈出“粘貼”對話框，選擇“像素”後單擊“好”按鈕，將完整的矢量線稿置入Photoshop軟件。（3.3.2章節的案例採用這種方式）

方法二：在Adobe Illustrator中，執行“文件>導出”命令，將繪製好的款式線稿存儲為JPEG格式。打開Photoshop軟件，新建文件，找到剛保存的線稿並拖入Photoshop軟件，再用移動工具將圖片拖入新建文件中，然後用魔棒工具選中線稿周圍的白色稿紙，按Delete鍵刪除背景，只保留線稿。

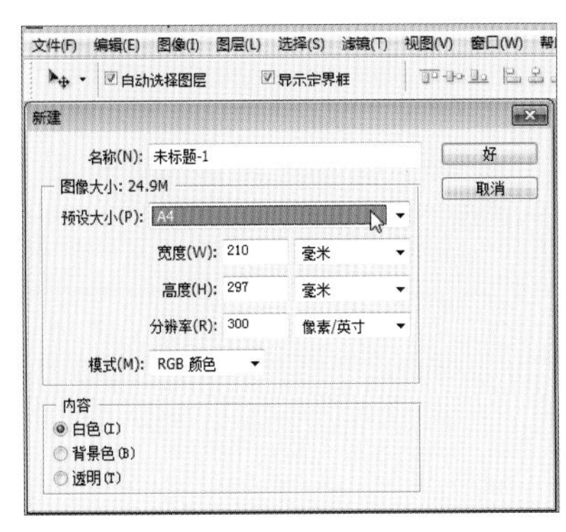

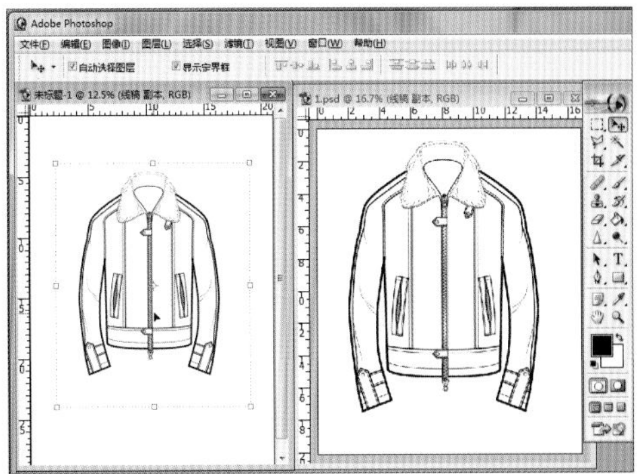

▲ 方法二

3 如何將色彩導入色板

為了繪圖方便，可先將待用的色彩參考圖片拖入Photoshop軟件，將色彩提取至“色板”面板中，若想長期使用，還可保存色板文件。

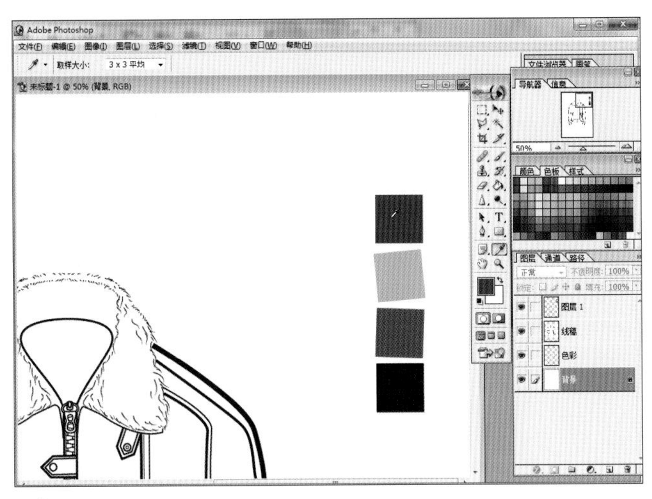

1 將帶有色彩的圖片文件拖入Photoshop軟件。應用吸管工具單擊待用的色塊。

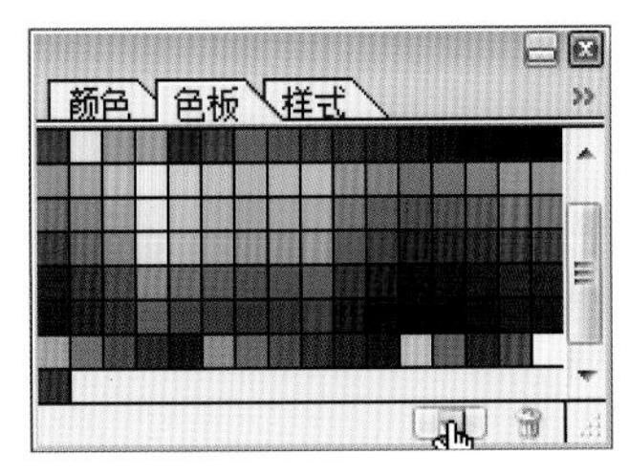

2 單擊“色板”面板右下角的“新建色板”按鈕，色彩就被儲存在“色板”面板中了。取用時單擊“色板”面板中的顏色將其設置為前景色。

4 填充主色

新建“色彩”圖層，並用油漆桶工具填充色彩。

1 新建“色彩” ，放置在“ 稿” 之下。

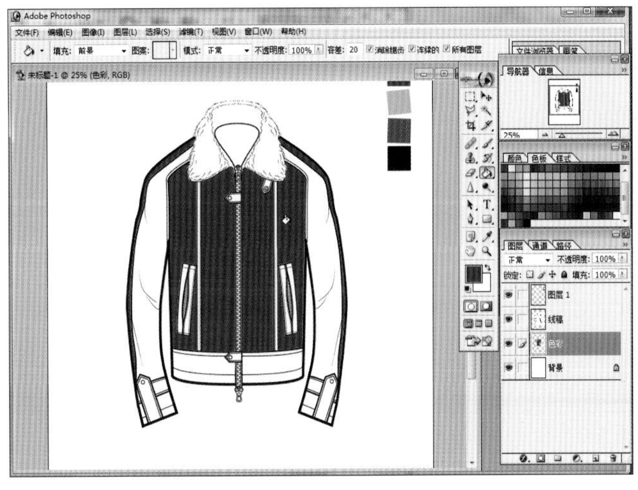

2 在“色板”面板中選擇色彩，用油漆桶工具單擊需要填色的部位，填充色彩。

5 填充輔色

繼續新建圖層並填充色彩。每填充一種新的色彩最好新建一個對應的圖層。
填充細節部分時，可以將圖像進行放大，以方便操作。

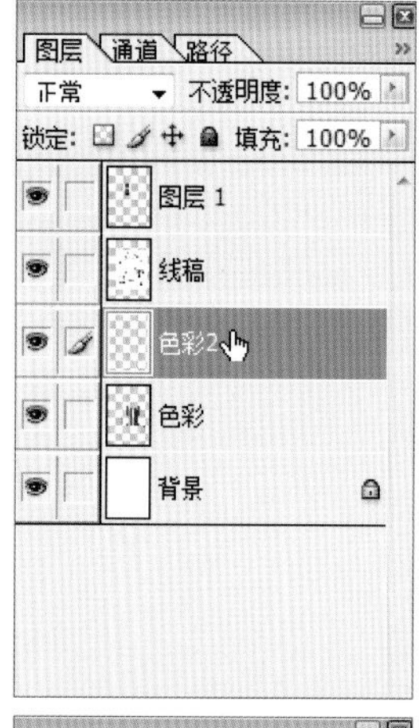

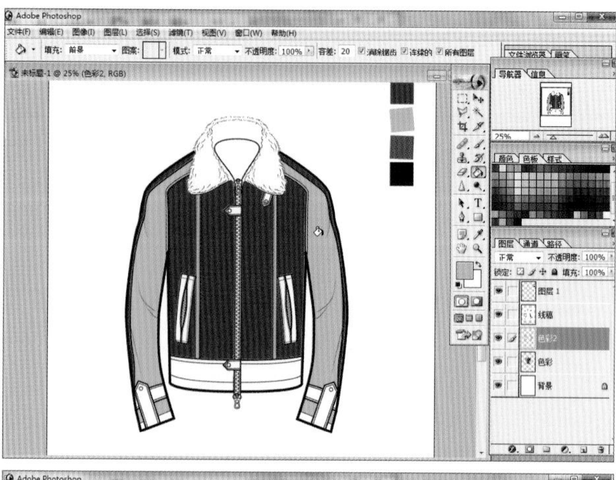

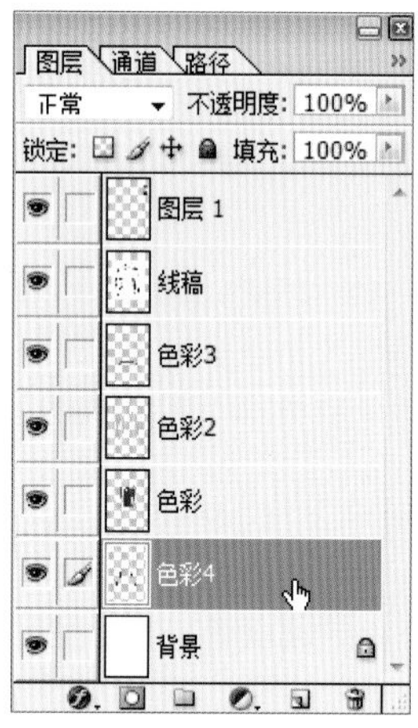

6 補充填色

補充領子部分的色彩，包括領子和裡子。

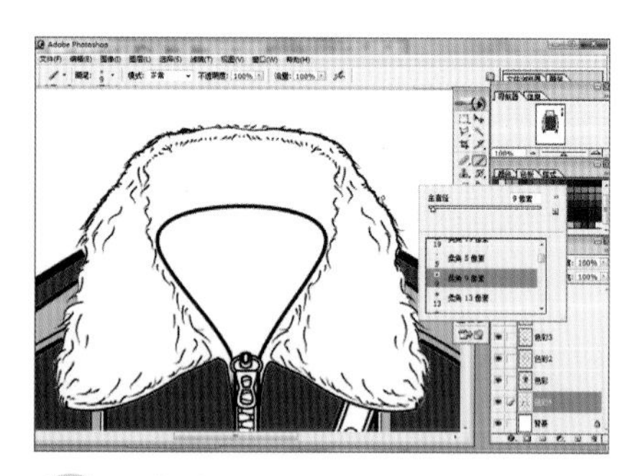

1 繪製毛領時可能會形成不封閉的邊緣，這時填充會將色彩鋪設到領子區域外。
最好先選擇畫筆工具，用較細的筆尖大小，沿著毛領部分不封閉的外輪廓整個畫一圈，形成封閉的區間。

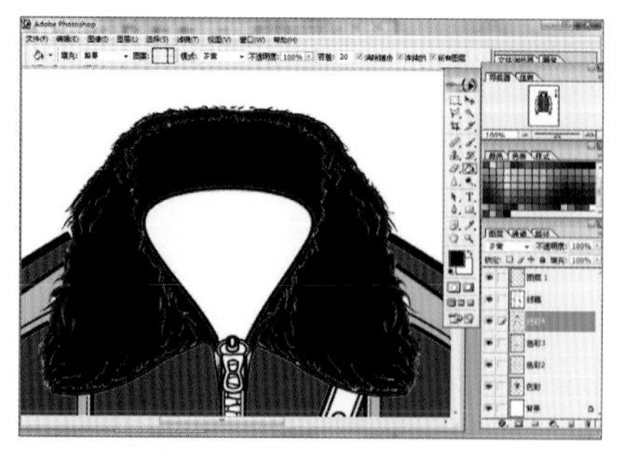

2 選擇油漆桶工具，選中毛領色彩並單擊填色。因為屬性欄上的"容差"值設置為較小的20號，毛領線條周圍會有一些發白的邊緣填充不了顏色，可以保留這種自然的效果。

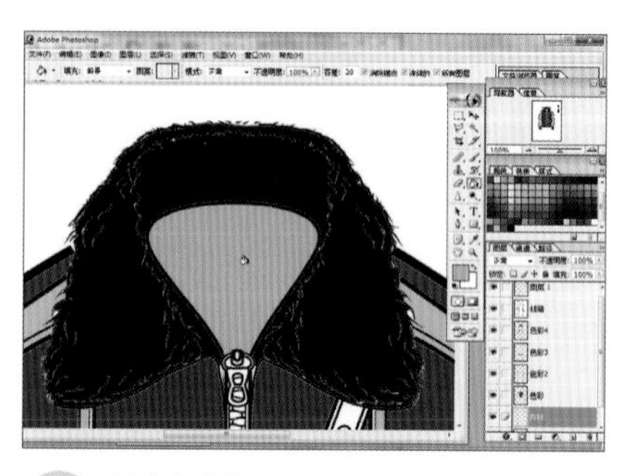

3 新建"內襯"圖層，使用油漆桶工具填充色彩。

7 繪製示意性褶皺

這種示意性褶皺並不能很好地體現材料的肌理、厚薄與材質特徵，繪製它僅僅是為了豐富畫面感，可以用簡略的手法來表現。

1 新建"褶皺"圖層並放置在"線稿"圖層上方，將圖層混合模式設置為"線性加深"。

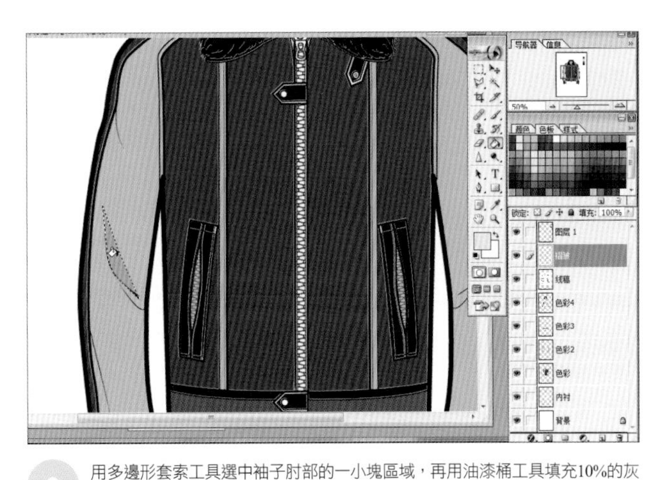

2 用多邊形套索工具選中袖子肘部的一小塊區域，再用油漆桶工具填充10%的灰色，就能夠形成肘彎的褶皺樣式了。
要注意，這種示意性褶皺不用太多，尤其是在圖案豐富的款式圖中，過多的褶皺會影響圖案的整體效果。

▲ 款式圖完成稿

3.4 如何創作系列款式圖

學習如何創作系列設計款式圖首先需要學習設計一個成功的款式，然後再進一步通過細節系列化和風格系列化等方法，根據主題需求創作多樣化的款式圖。

想要設計成功的款式圖必須先瞭解款式的構成，這要求設計師對時裝的基本構成要素、女裝及男裝基本款非常熟悉，在此基礎之上才能靈活運用，乃至進行設計創新。

3.4.1 款式結構基礎

現代時裝經過多年的變化發展，形成了一些基本款式結構，包括各種領型、袖型、口袋、門襟、腰頭、省道變化等構成時裝的基本要素，還包括女裝與男裝各自的一些特點。只有充分瞭解了基礎要素，才能在設計時擁有更多可供使用的元素，才能進行更好的組合與創新，例如將機車夾克的領子樣式用在針織毛衣上，或是運用雪紡紗來製作一件傳統款式的駁領西裝。

時裝基本構成要素

想要設計創新，首先要學習基本構成要素。現代時裝的基本構成要素可以歸納為7個要素：領型、袖口、上衣口袋、褲裝口袋、門襟、腰頭以及省道。這些常用的款式造型有一些是沿襲自古典的時裝形制，也有一些是當代的創意結構，但是共同形成了大眾認可的基本樣式。可以説儘管流行在不斷變化，但是這些基礎要素卻是穩定不變的設計基石。

領型

領型包括領子和領口弧線兩部分，從視覺習慣上來看，是上衣設計的重點之一。
好的領型設計不但能夠修飾頸部造型，還能夠形成設計創新的焦點。

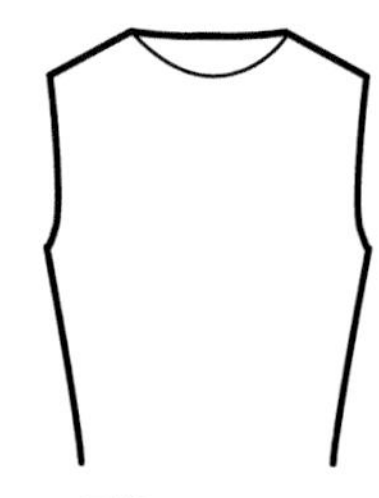
▲ 圓領

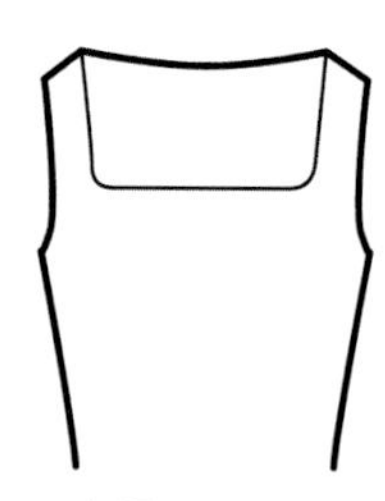
▲ 方領

▲ V領

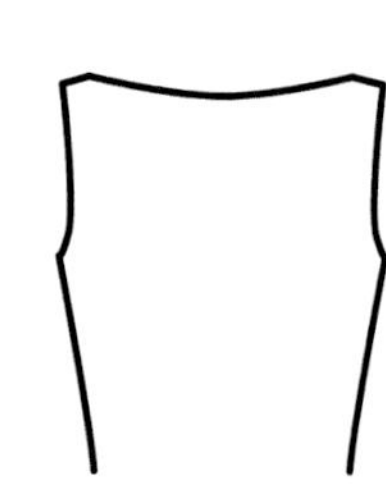
▲ 一字領

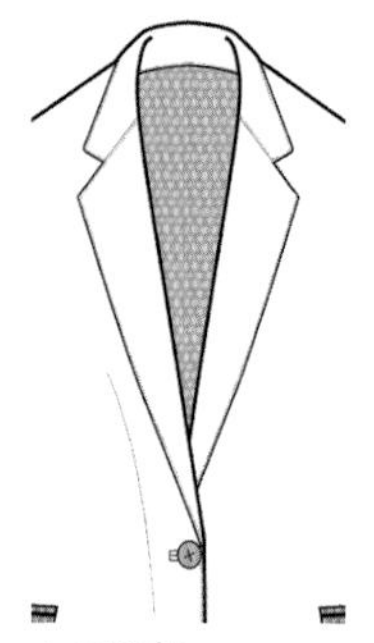
▲ 平駁領

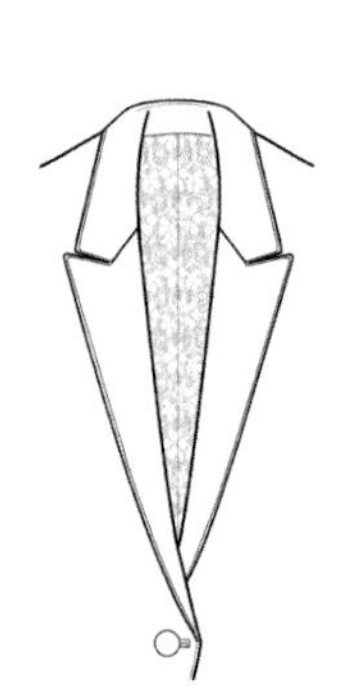
▲ 戧駁領

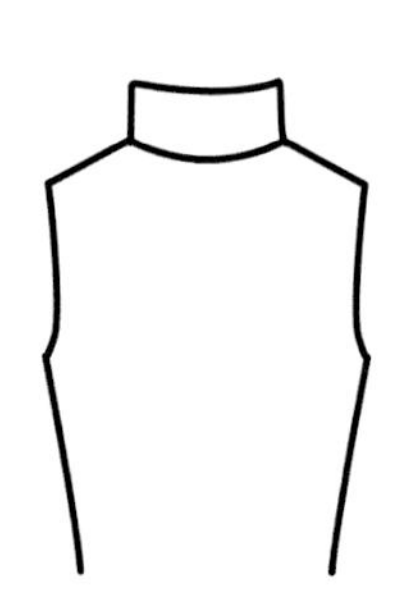
▲ 高立領

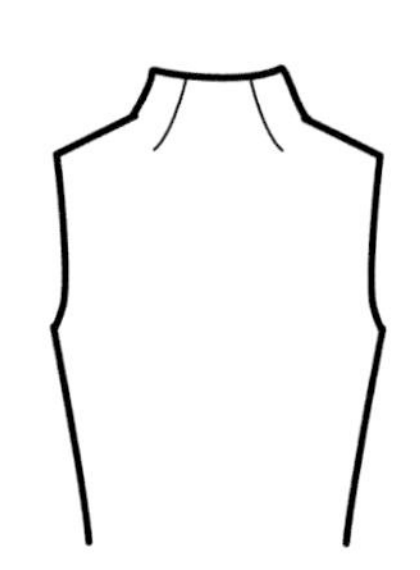
▲ 漏斗型領

▲ 鑰匙孔領

▲ 中式立領

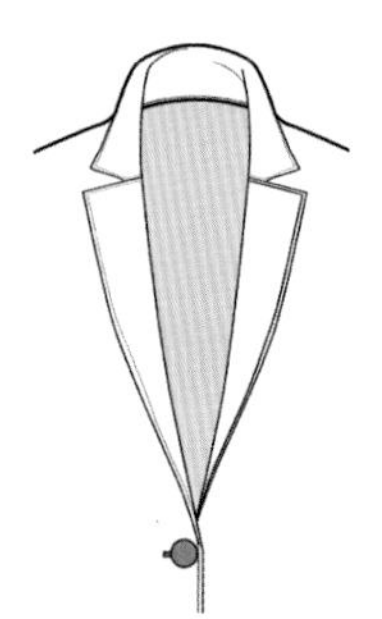
▲ 鑲邊領

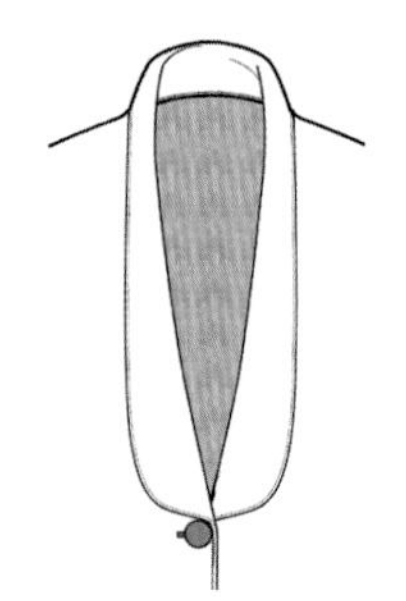
▲ 青果領

▲ Polo領

▲ 大企領

▲ 小企領

▲ 雙翼領

2 袖口

袖口，尤其是男裝袖口有著嚴格的標準樣式。袖扣的位置、大小、扣型，以及袖口的工藝樣式也都有相應的標準。

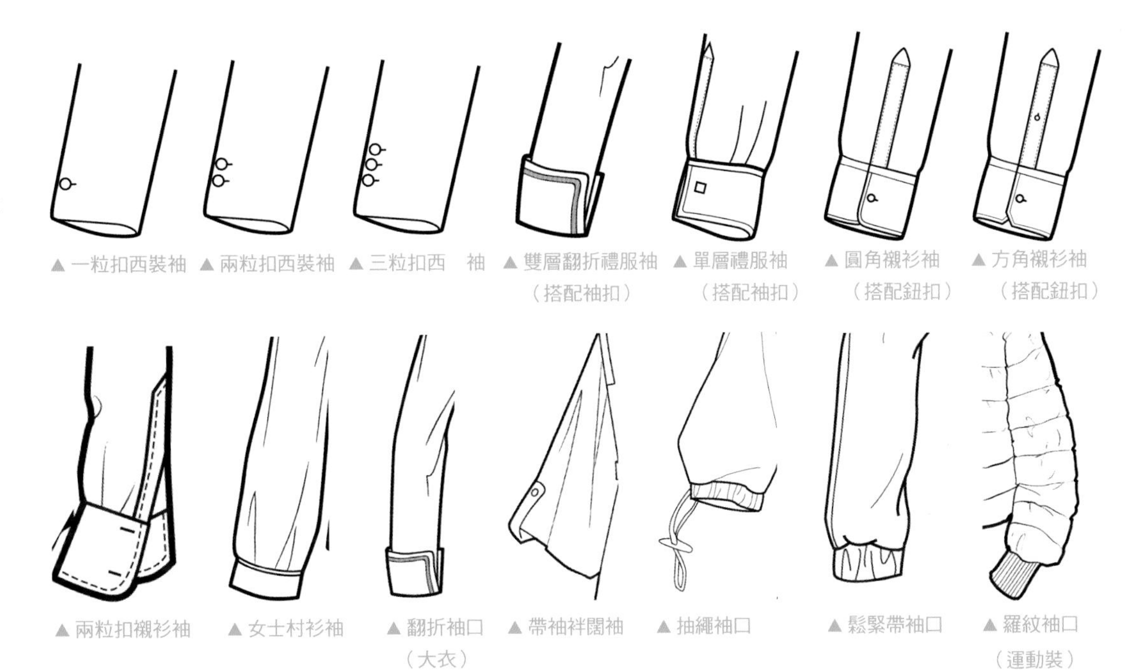

▲ 一粒扣西裝袖　▲ 兩粒扣西裝袖　▲ 三粒扣西　袖　▲ 雙層翻折禮服袖（搭配袖扣）　▲ 單層禮服袖（搭配袖扣）　▲ 圓角襯衫袖（搭配鈕扣）　▲ 方角襯衫袖（搭配鈕扣）

▲ 兩粒扣襯衫袖　▲ 女士村衫袖　▲ 翻折袖口（大衣）　▲ 帶袖袢閣袖　▲ 抽繩袖口　▲ 鬆緊帶袖口　▲ 羅紋袖口（運動裝）

3 上衣口袋

上衣口袋從功能性上可分為胸袋和兜袋兩種，偶爾也會在兜袋上方設計一個更小的零錢袋。從工藝上可分為單開線口袋、雙開線口袋、帶蓋口袋、貼袋以及隱形口袋五大類，各種款式設計均由不同的功能性和製作工藝延伸而來。

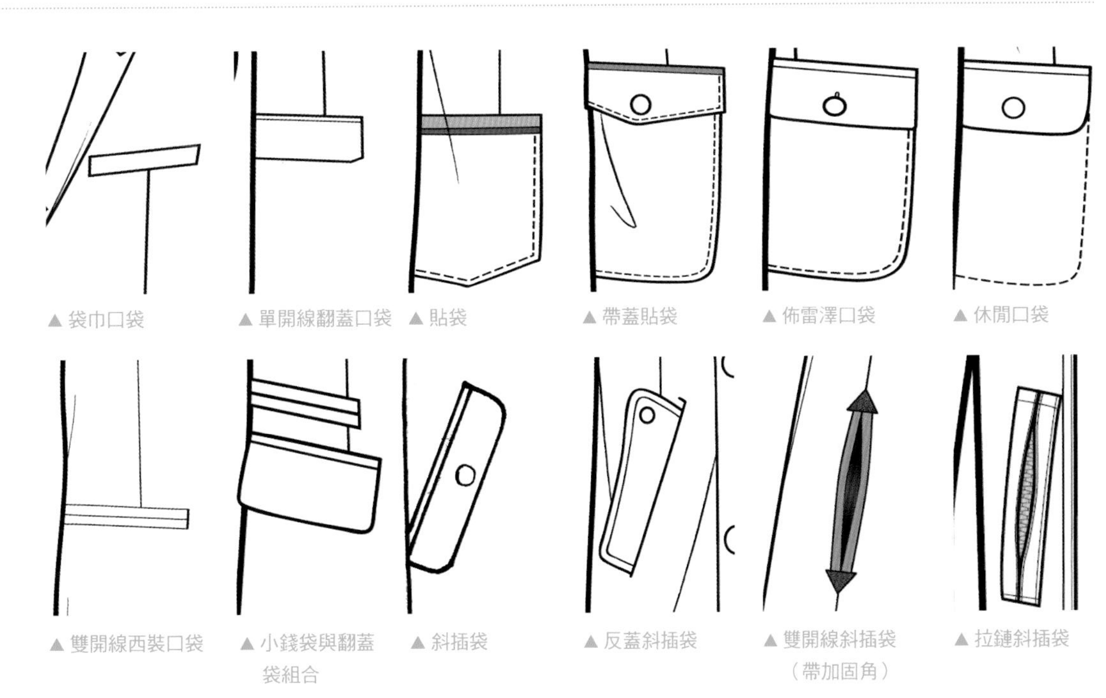

▲ 袋巾口袋　▲ 單開線翻蓋口袋　▲ 貼袋　▲ 帶蓋貼袋　▲ 佈雷澤口袋　▲ 休閒口袋

▲ 雙開線西裝口袋　▲ 小錢袋與翻蓋袋組合　▲ 斜插袋　▲ 反蓋斜插袋　▲ 雙開線斜插袋（帶加固角）　▲ 拉鏈斜插袋

4 褲裝口袋

不同品類的褲裝有特定的口袋樣式要求，例如西裝褲要求口袋具有隱藏性，並很少在口袋中放置過多的物品；工裝褲則要求口袋大且多，且有一定的強度等。

▲ 斜插袋

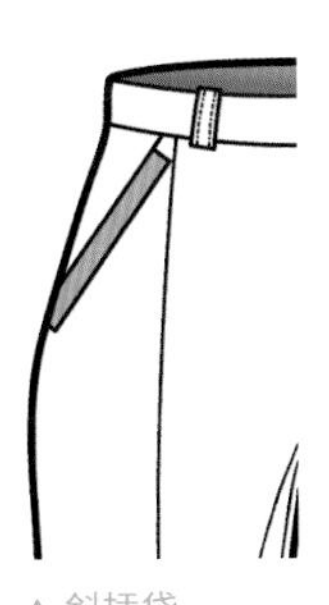

▲ 鈕扣斜插袋

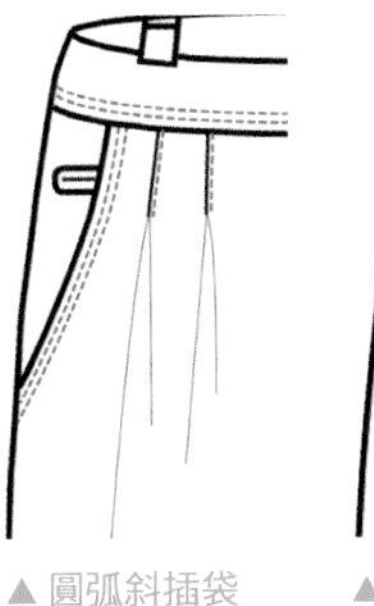

▲ 圓弧斜插袋

▲ 雙層小錢袋（牛仔褲口袋）

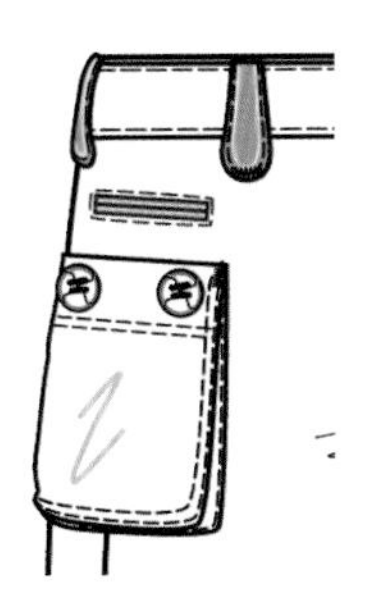

▲ 立體貼袋

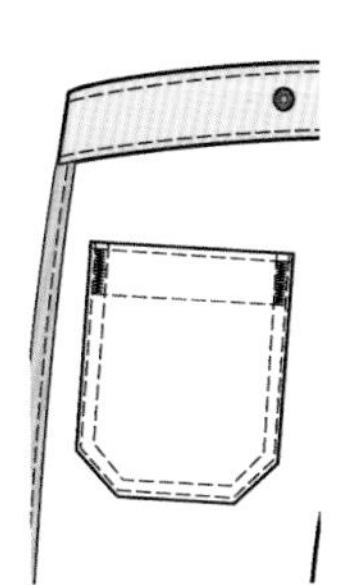

▲ 貼袋（褲裝後袋）

5 門襟

門襟的設計與領型息息相關，時常會結合在一起進行設計。
關於門襟有一個必須遵循的設計常識：男裝門襟左片覆蓋右片，女裝門襟右片覆蓋左片。設計男裝必須遵循這一要點，而在設計非正式場合穿著的女裝時可以放鬆這一要求。

▲青果領一粒扣門襟

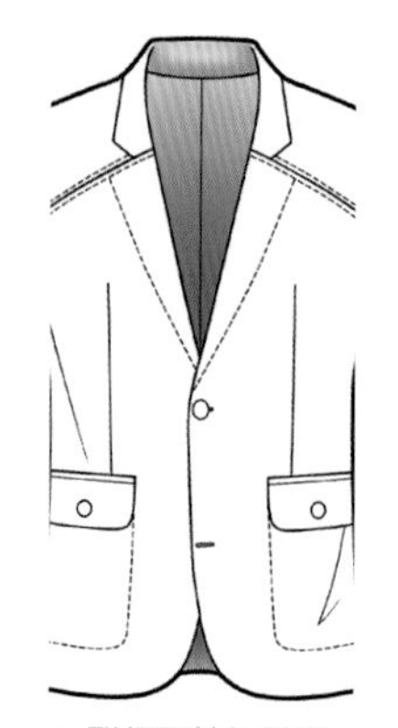
▲駁領兩粒扣門襟

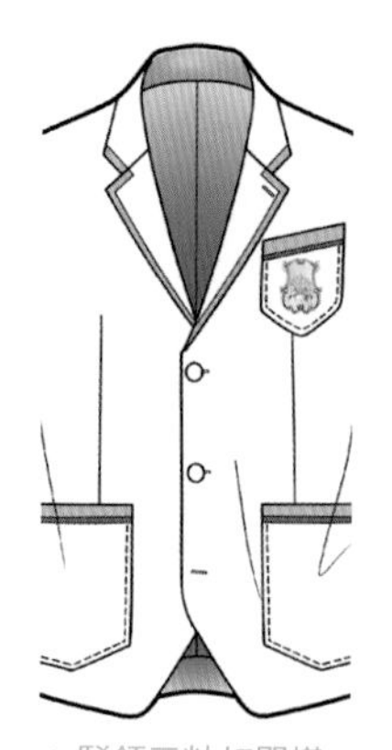
▲駁領三粒扣門襟

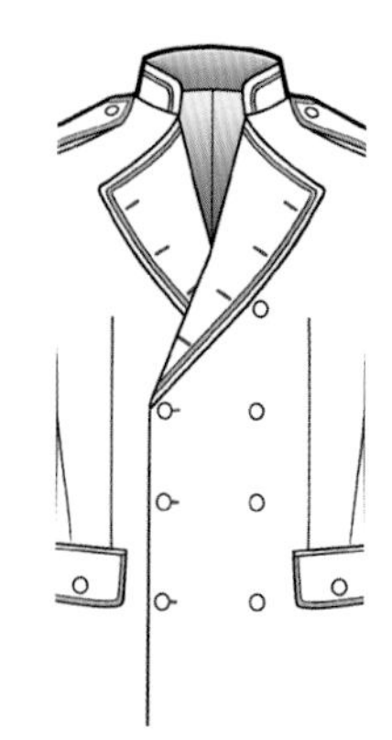
▲雙排扣門襟

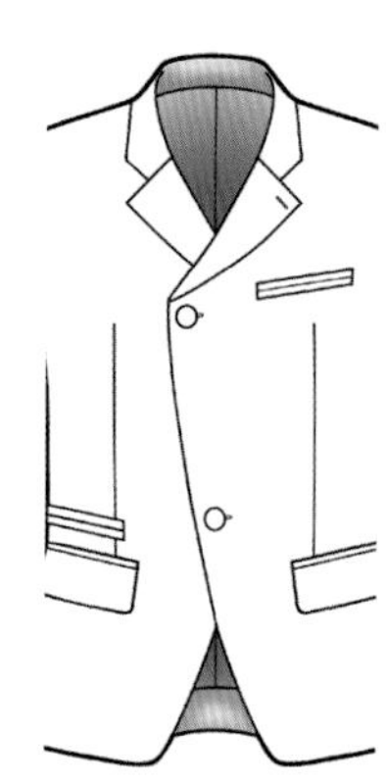
▲斜門襟

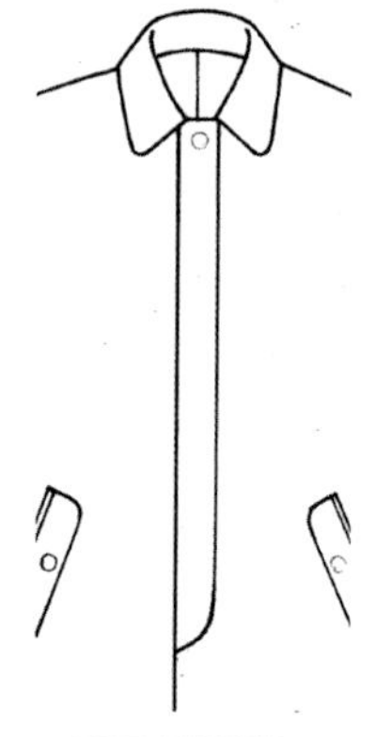
▲巴爾瑪領門襟

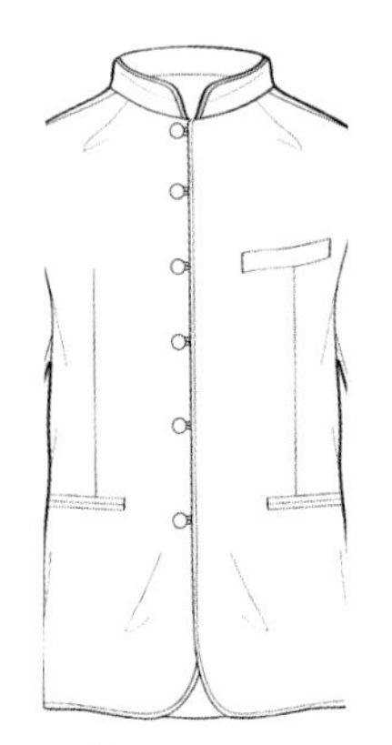
▲對襟

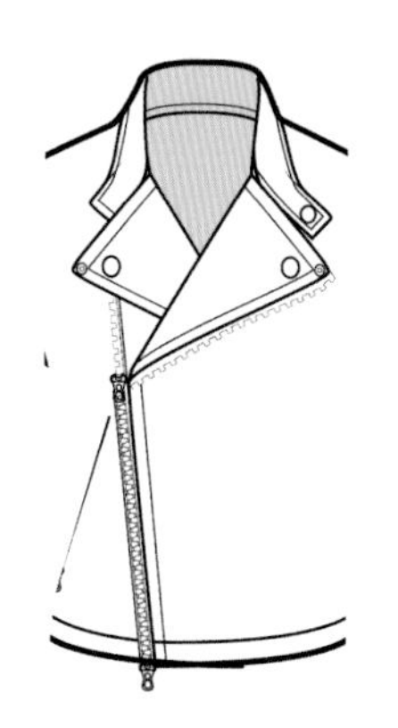
▲機車夾克防風門襟

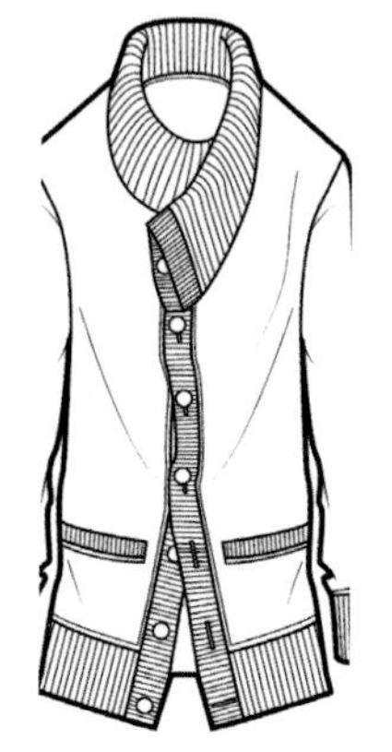
▲羅紋門襟

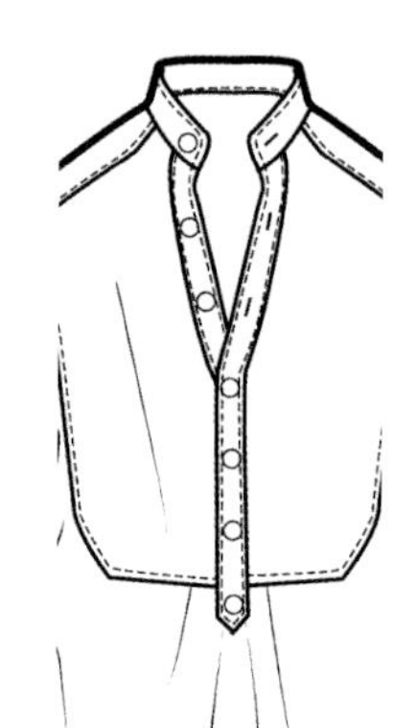
▲長門襟

6 肩袖

肩袖的設計重點在於袖窿的深度、位置以及袖片的形狀。除了運用裁剪方式進行設計之外，還可以運用襯墊等工藝進行造型。

▲裝袖

▲插肩袖

▲蝙蝠袖

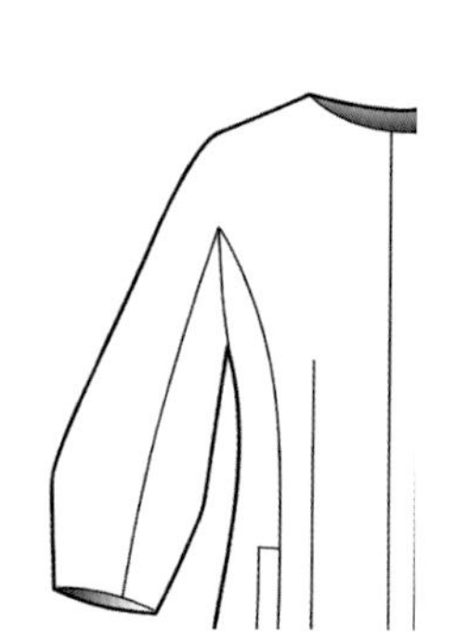
▲插角袖

▲打褶袖窿

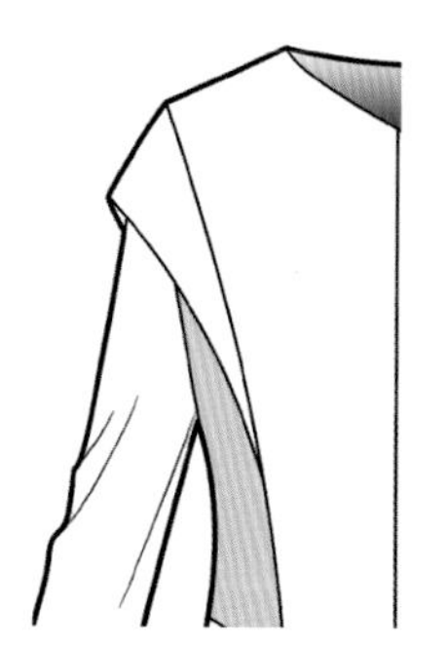
▲過肩袖

▲落肩袖

▲小羊腿袖

7 褲裝腰頭

褲裝腰頭是下裝設計的重點之一，腰頭的設計包括腰頭、腰帶、扣袢、褲褶、省道、口袋、褲門襟以及鈕扣等細節。其中褲門襟與上衣門襟一樣，男女裝有明顯的區別：男裝褲門襟左片覆蓋右片，女裝褲門襟右片覆蓋左片。男裝設計必須嚴格遵循這一原則，女裝設計則可以放鬆，例如左片覆蓋右片的牛仔褲設計，既可以用於男裝也可以用於女裝。

▲ 無褶腰頭（一般運用於彈性材料）

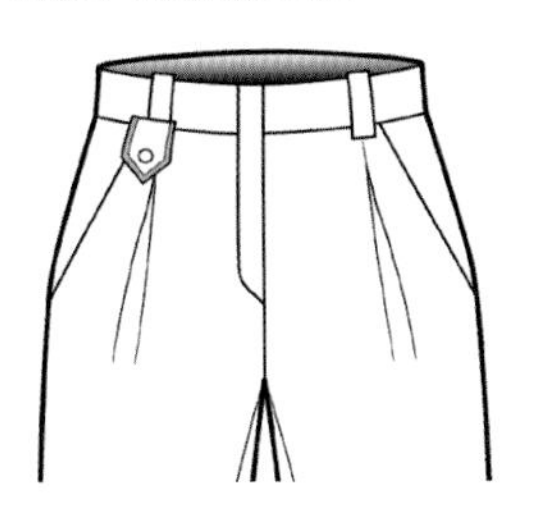
▲ 單褶腰頭

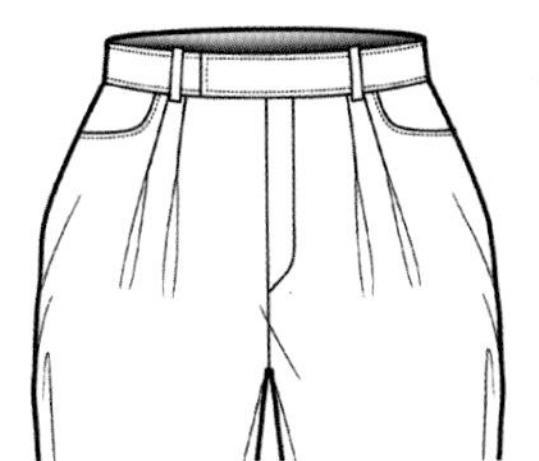
▲ 雙褶腰頭

▲ 雙腰省、褲中線設計

▲ 寬鬆翻折腰頭

8 女上衣省道變化

省道是時裝設計的重要結構要點，是為了讓平面的材料更符合曲線的人體而進行的裁剪分割手段。

很多時裝設計師經常將省道變化作為設計的焦點，但是省道的設計並不是隨心所欲的，而是要根據人體結構的變化，進行合理的設計。省道通常指向人體凸起的部位，例如胸省、腋下省，而通斷衣片的省道就形成了時裝的結構線（也稱為造型線或破縫線）。

▲ 胸省

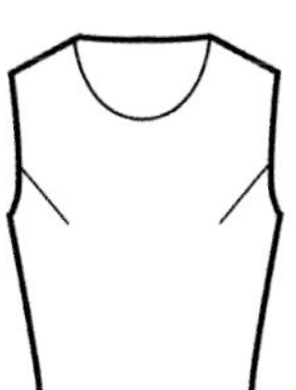
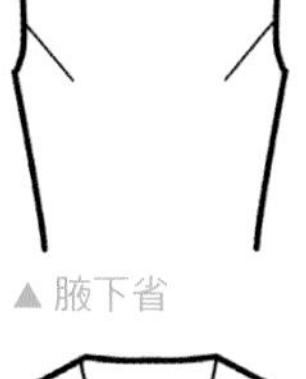
▲ 腋下省

▲ 肩領分割線

▲ 腰省

▲ 胸、腰省

▲ 公主線

▲ 肩省

▲ 肩、腰省

▲ 刀背縫

▲ T型省

▲ 倒Y型省

▲ 扇形組合省

9 男上衣省道變化

與女裝相同，男裝也需要省道來讓材料符合人體造型。但是，與女裝不同的是男裝的省道設計相對固定，沒有太多的變化，也不會形成過於緊身的造型。

在男裝設計，尤其是男士正裝設計中，省道讓男上衣能夠形成不同的輪廓，以達到修身的目的。

H型

▲ 胸省

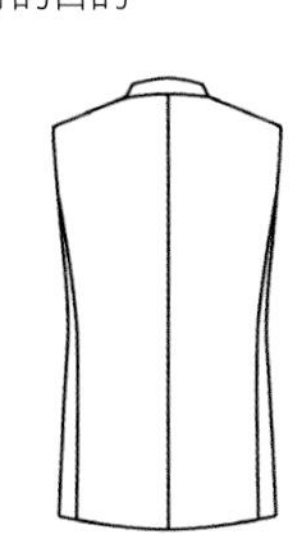
▲ 刀背縫

X型

▲ 胸省、側縫收省

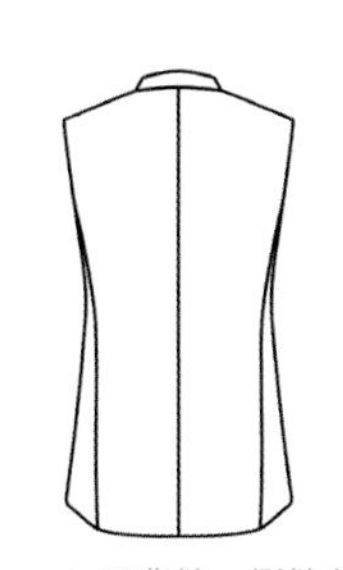
▲ 刀背縫、側縫收省

Y型（常用造型）

▲ 胸省

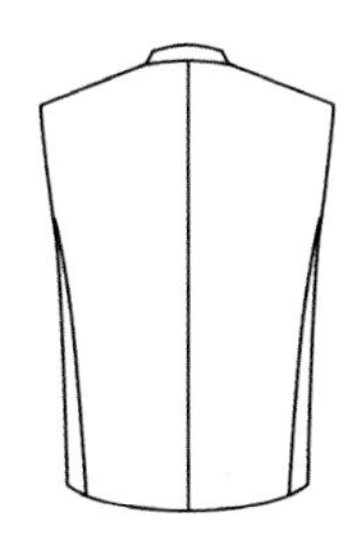
▲ 刀背

女裝基本輪廓

女裝設計與男裝設計最大的區別就是女裝可以有千變萬化的輪廓。常見的女裝輪廓有符合女性人體結構的X型、S型、鞘型；表現寬鬆樣式的H型、A型、鬥篷型、O型；帶有創意感的甲 型、菱型、雙菱型等。當然，輪廓結構也是時裝設計師發揮創意的重要手段，隨著流行趨勢的不斷變化，產生了更多的新樣式輪廓，例如吊鐘型、魚鰭型、傘型、異形等。

1 上衣基本輪廓

女上衣的輪廓十分多樣，常用的有五種基本輪廓樣式。在設計中儘管特殊的輪廓能夠帶來較強的時尚感，但也要考慮舒適性和輪廓的實現方式。要知道，越是遠離人體的輪廓就越難實現，往往需要加入各種襯墊物，這種刻意的襯墊或多或少都會影響時裝的穿著舒適感。

▲X型

▲繭型

▲H型

▲A型

▲斗篷型

2 褲裝基本輪廓

褲裝的輪廓有兩種設計方法，一種是設計整體時裝的輪廓，褲裝作為陪襯單品，這時一般使用較為樸素的H型、合體型、緊身型；另一種是褲裝作為整體時裝的設計重點，此時的褲裝輪廓可以使用各種誇張的設計方法，例如燈籠型、低襠門洞型、寬鬆型、傘型等等。

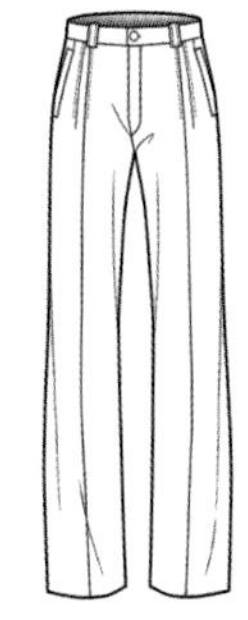
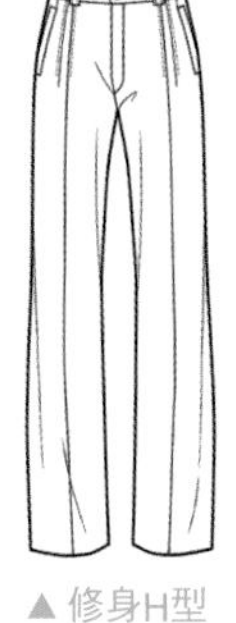
▲修身H型

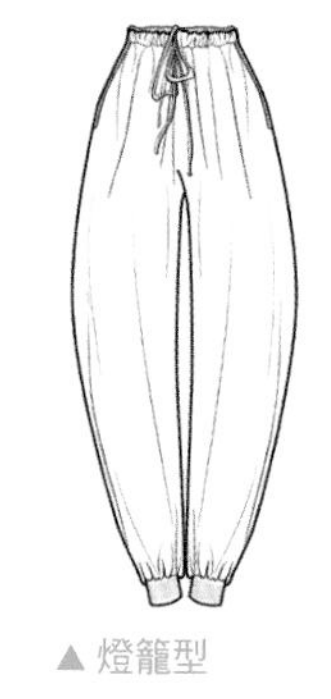
▲燈籠型

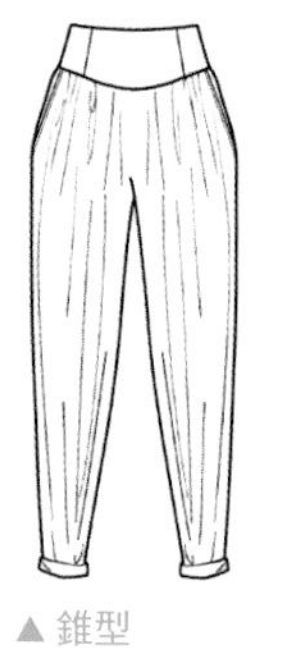
▲錐型

▲緊身型

▲合体型

▲寬鬆型

3 裙裝基本輪廓

裙裝基本可以分為連衣裙與半裙，考慮到裙子的穿著方式與結構造型，常用輪廓可分為兩種，一種是緊身的X型、鞘型；另一種是寬鬆的A型、H型。

▲花苞型　▲小A型　▲H型

▲鞘型

▲緊身型

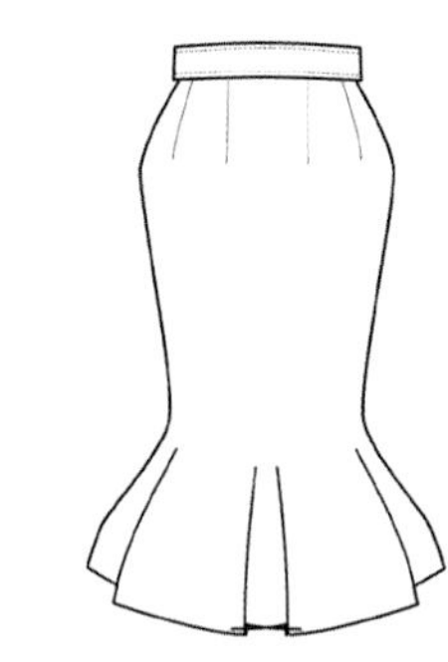
▲魚尾型

▲A型

▲扇型

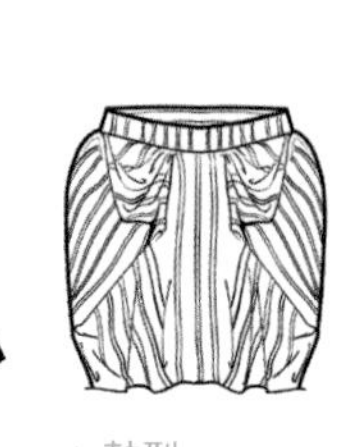
▲鼓型

男裝款式解析

相較於女裝來説，男裝在款式設計上相對保守，其更多的設計要點在於結構、細節和工藝。近百年來，女裝的款式出現了極大的變化，但是男裝的穿衣形制，尤其是男士正式服裝的穿衣形制變化卻很小。因此瞭解男裝的基本款式，更重要地是瞭解男裝的程式化和技術性。

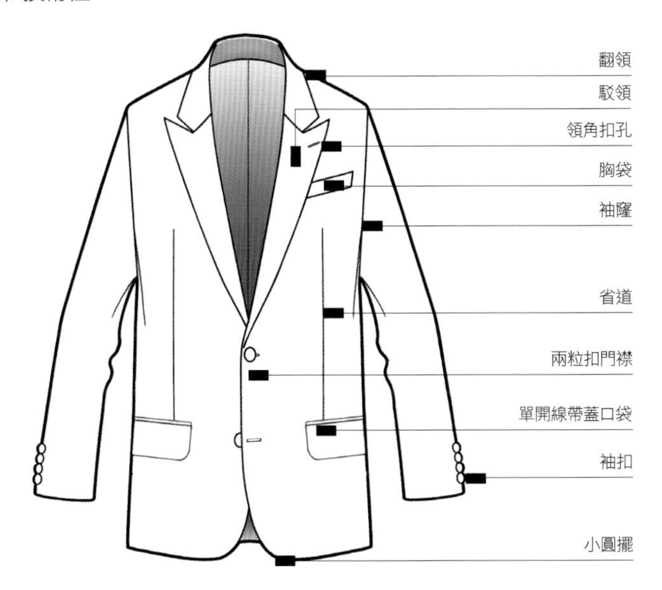

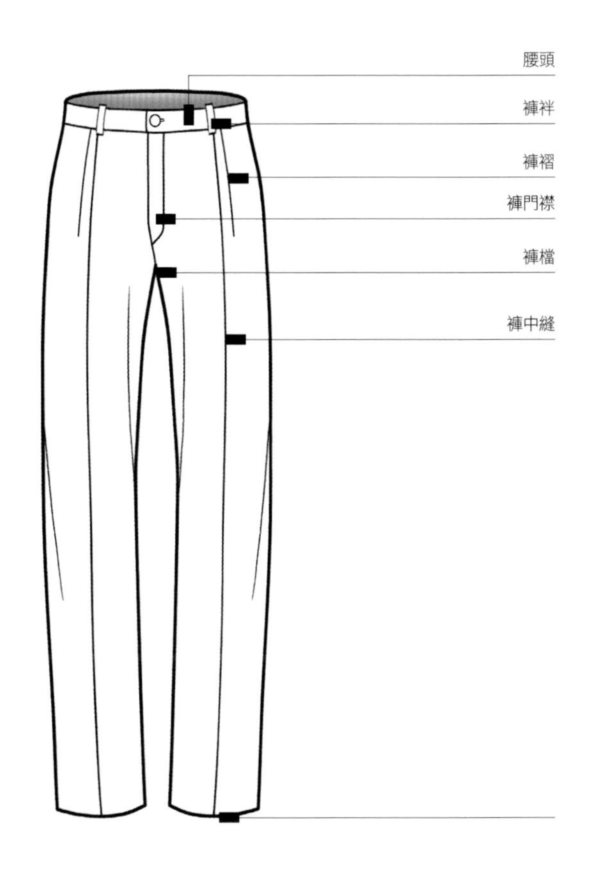

3.4.2 款式系列化

在熟悉款式結構基礎並能夠熟練設計款式後，就可以開始嘗試進行系列款式圖的設計了。

所謂系列款式圖是指具有統一的風格特徵、多樣化的單品種類，並針對同類消費群體的多種款式組合。同一主題的系列設計，要求款式之間可以靈活搭配、互相替換，並具有家族化的系列性。有一些簡單的技術性手段可以幫助初學者學習如何體現系列感。

細節系列化

運用同樣的細節元素，讓整體系列設計的每一套時裝都擁有一些共同的小元素，以便體現家族感。應用細節系列化手段首先要區分同樣細節結構的不同表現風格，然後選定符合主題要求的細節結構。第二步是將選定的細節結構妥善引用到款式設計中。

1 確定應用細節結構

同樣的細節元素可以有不同的風格特徵，例如同樣是拉鏈元素，採用不同的材質、大小就能夠展現出不同的設計風格。

▶ 拉鏈細節

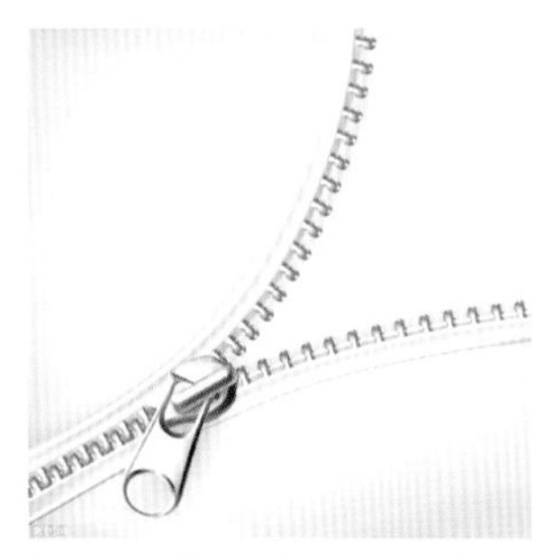

普通拉鏈頭樣式、大小適中的齒咬，讓這款簡潔的拉鏈適用於各種風格

細小齒咬的金屬拉鏈，適用於英式風格的系列設計

較大的金屬齒咬，拉鏈頭裝飾皮革綁帶，適用於牛仔風格

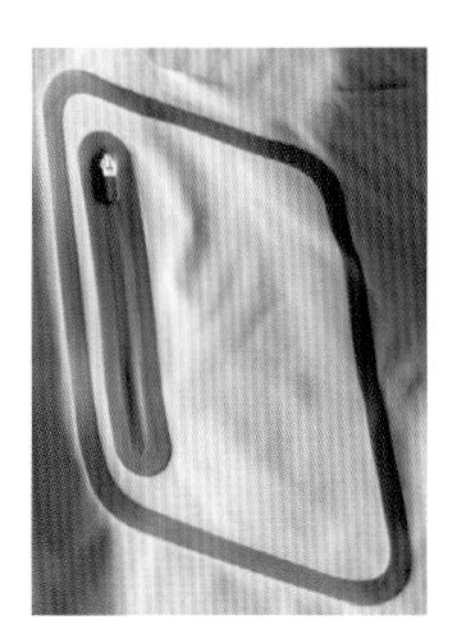

塑料隱形拉鏈搭配同色細小拉鏈頭，適用於運動風格

2 系列拓展設計

根據主題風格選擇較粗齒咬的金屬拉鏈元素作為系列設計的重點細節結構，以表現街頭機車風格。

▶ 拉鏈細節款式設計拓展

麂皮夾克

將拉鏈元素集中應用在門襟和左右胸袋上。

短款薄呢大衣

同樣在門襟處使用長拉鏈，另外在左右胸蓋布上和腰線位置增加拉鏈口袋。

拉絨針織夾克

採用較厚的拉絨針織布，除門襟外，胸袋、左右斜插袋處使用較細齒咬的金屬拉鏈，還將這種明裝拉鏈運用於手臂與袖口，形成裝飾效果。

羊毛針織衫

針織衫的門襟一般使用鈕扣，該款設計根據系列化要求，用金屬拉鏈替代鈕扣，形成新穎樣式。由於拉鏈需要固定在服裝上，而羊毛織物過於柔軟，因此在門襟處另外設計了梭織材料滾邊，以保證工藝要求。

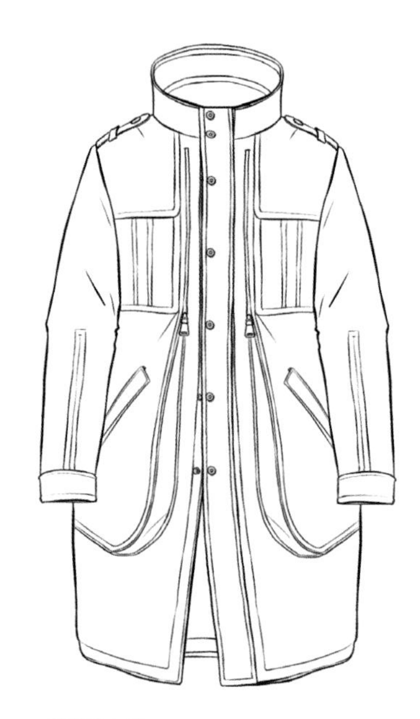

薄型尼克服

該款設計的重點在於胸前左右兩側的拉鏈擴展細節，另外在袖口也做了隱形拉鏈裝飾。

風格系列化

風格作為主題的重要特徵，是系列化設計最常見的表現形式。學習運用風格系列化的手段進行創作，首先要瞭解風格並不是虛無飄渺的概念，而是通過代表性特徵展現出的一種表象。因而在設計中，首先需要確定代表風格特徵的結構要素，然後將這些結構特徵運用到系列設計中。

1 確定代表風格特徵的結構

時裝流行的風格往往來自已有的概念，例如哥特風格、軍裝風格、洛可可風格、太空風格、20年代風格等，這些既有概念中的代表性元素，就是形成風格的特徵。

▼ 軍裝風格

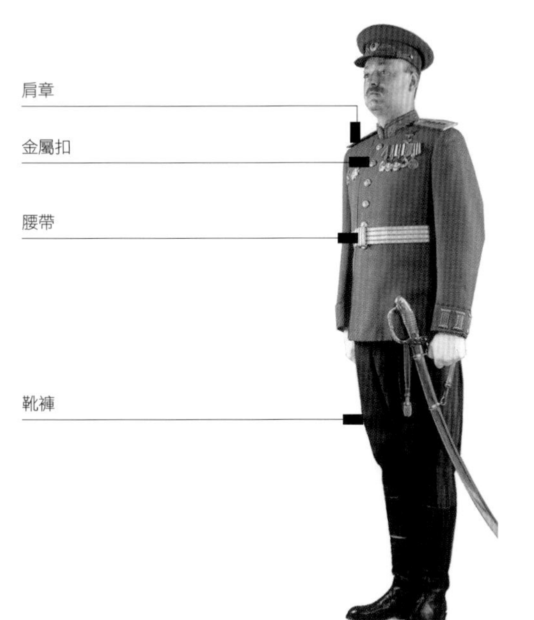

2 根據基本風格元素進行系列拓展

找準代表性的元素後，就可以進行系列款式設計了，注意在應用過程中，應該加入一些新鮮的創意，否則就不是風格性的系列設計，而是角色扮演了。

▼ 軍裝風格款式設計拓展

雙排扣大衣

不再使用常見的大衣領或拿破侖領，而是用中式立領搭配雙排扣翻領。

水手短外套

設計肩章搭配落肩袖，口袋也採用雙層翻折蓋袋，表現出一種更為輕鬆的軍裝風格。

細帶薄風衣

借鑒傳統戰壕外套的樣式，但是在肩線、 腰帶處設計得更為休閒。

薄呢大衣

借鑒軍裝元素中的皮革扣袢和超大貼袋，但通過變形表現出一種更為時尚的概念。

Chapter 04

時裝系列設計
效果圖表現

4.1 女裝分類表現

女裝通常可以分為四類，包括職業裝、休閒裝、禮服與度假系列，這四個品類的時裝在穿著時間和穿著場合上有著較大的差別。

初學者在學習系列設計時首先要學會區分時裝品類，因為不同類別的時裝在材料應用、色彩流行、款式應用以及常見風格等方面有著很大的區別。初學者必須分別掌握不同類別女裝系列的基本款式搭配、常用設計元素及常用款式設計三個方面的內容，才能更好地掌握系列設計表現手法。

4.1.1 職業裝系列設計

職業裝也可以稱作通勤裝，一般用於滿足上班、會客等較正式的職場需求。職業裝不僅有傳統的精紡毛料褲套裝、裙套裝，在近年來的時尚趨勢中，針織套裝、連衣裙、花式襯衫等設計感較強的款式也被應用到這一分類。

職業裝的基本款式搭配

款式設計以修身為主，不需要過於修飾身材曲線，但也不能過於輕鬆休閒，應在精緻、嚴謹的著裝風格中表現出女性特有的魅力。

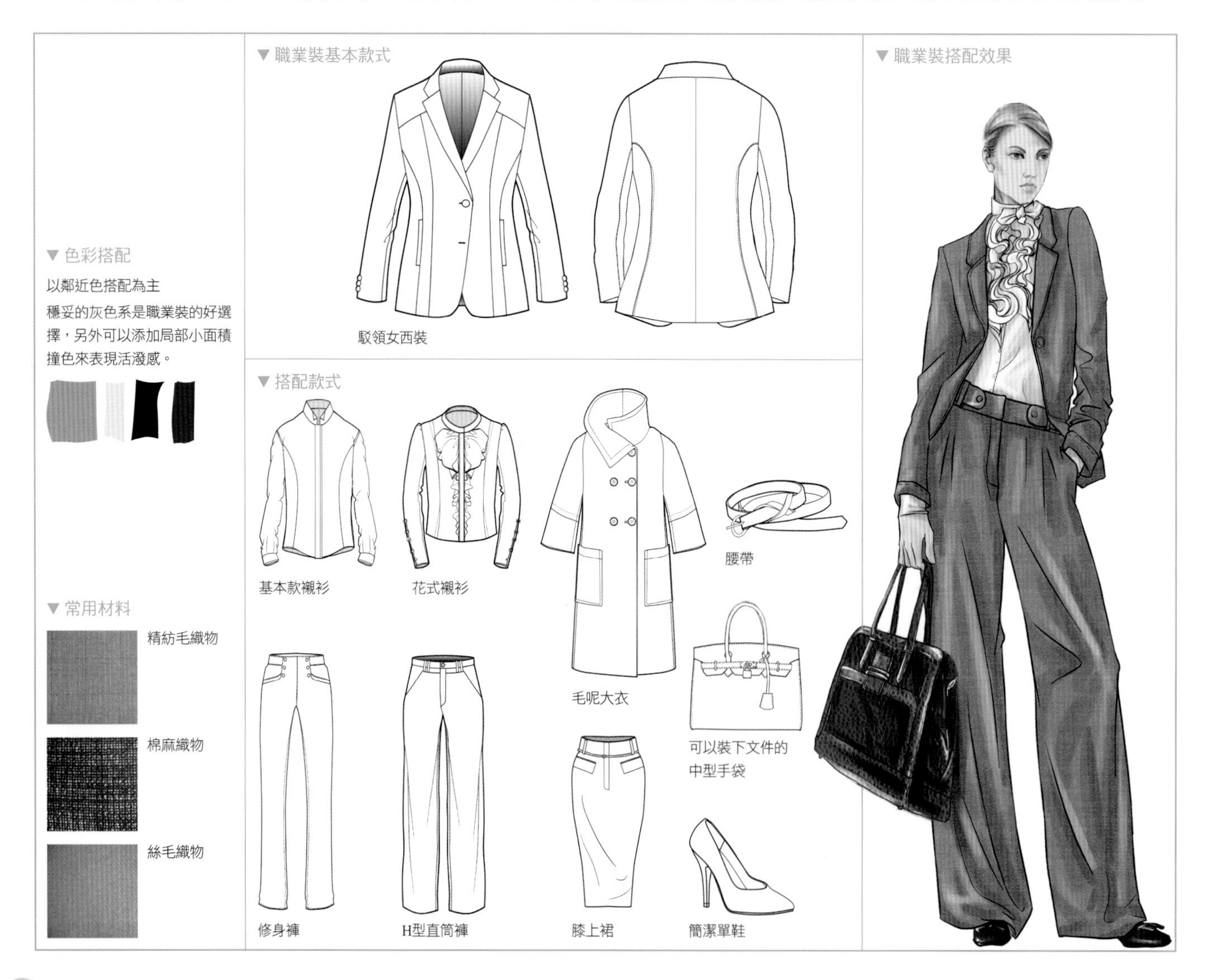

職業裝常用設計元素

職業裝的款式變化相對其他的女裝品類來說比較少，更多的是在剪裁結構和款式細節上設計一些創新變化，因此在設計時要將重點放在領型、袖口、腰頭、衣擺等處。

1 駁領樣式變化

駁領西裝作為女性職業裝的主要單品，必須不斷地推陳出新。在設計時可以變換駁領長度、駁頭位置與角度、滾邊工藝等。

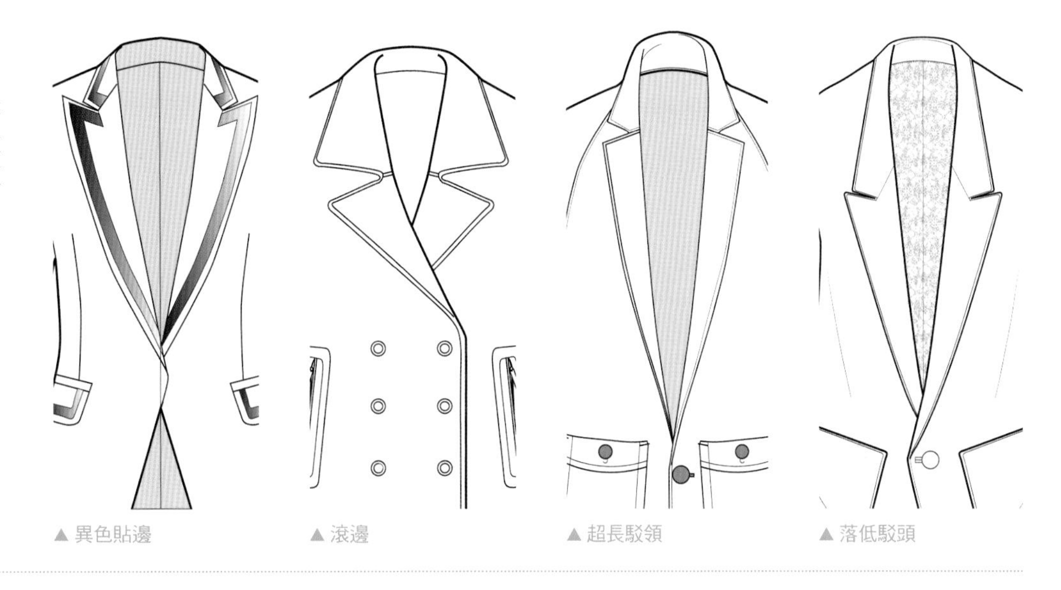

▲ 異色貼邊　▲ 滾邊　▲ 超長駁領　▲ 落低駁頭

2 袖口變化

在人際交流中，手部是僅次於臉部的第二表情部位，因此在設計中，袖口也成為設計師關注的重點之一。袖口的大小、長短、袖扣、折邊等細節都可以作為展開設計的要點。

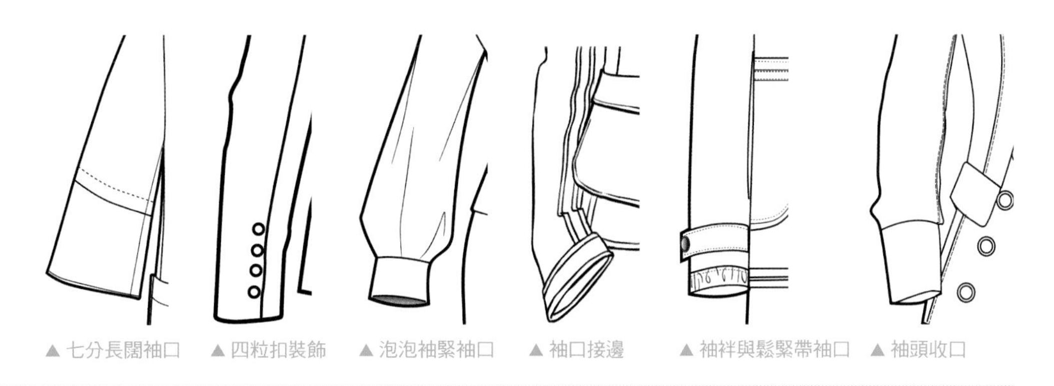

▲ 七分長闊袖口　▲ 四粒扣裝飾　▲ 泡泡袖緊袖口　▲ 袖口接邊　▲ 袖袢與鬆緊帶袖口　▲ 袖頭收口

3 下擺變化

時裝的下擺部位一般遠離人體，因而不會因人體曲線的要求而產生太多的結構設計限制。下擺設計可以在長度、工藝、輪廓等方面進行設計創新。

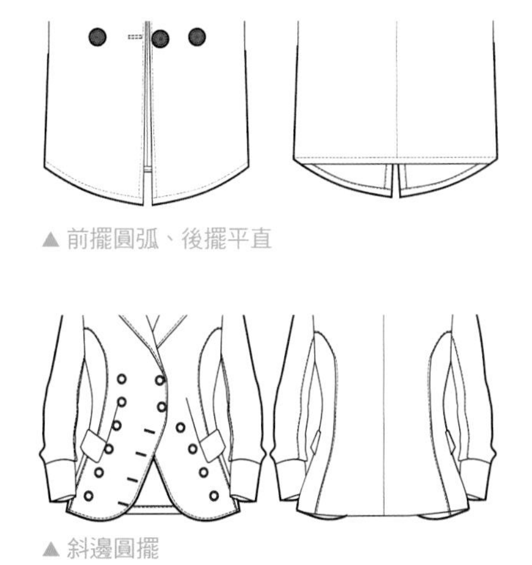

▲ 前擺圓弧、後擺平直

▲ 斜邊圓擺

▲ 衣擺滾邊設計

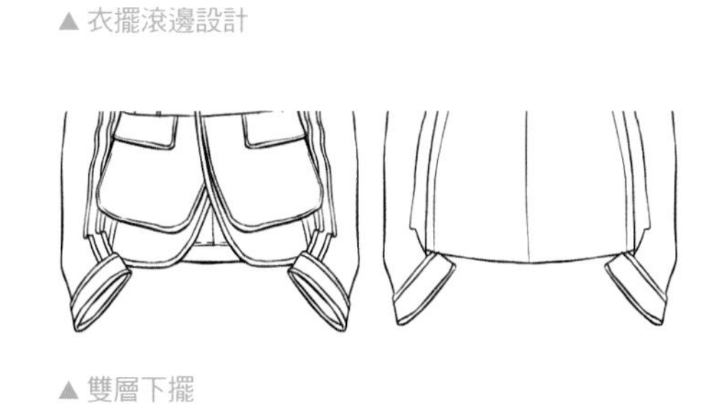

▲ 雙層下擺

職業裝常用款式設計

外套、大衣、襯衫、連衣裙、膝上裙和褲裝這六類單品是女性職業裝常用的設計款式。職業裝的單品種類相對較少，這些款式在一年四季都有相應的市場需求。因此設計師要注重用色彩、材料以及造型來區分季節，以免讓人產生設計過時的感覺。

1 外套

外套的設計要講究時裝輪廓、省道分割位置、袖長、衣長、領型以及門襟等元素。

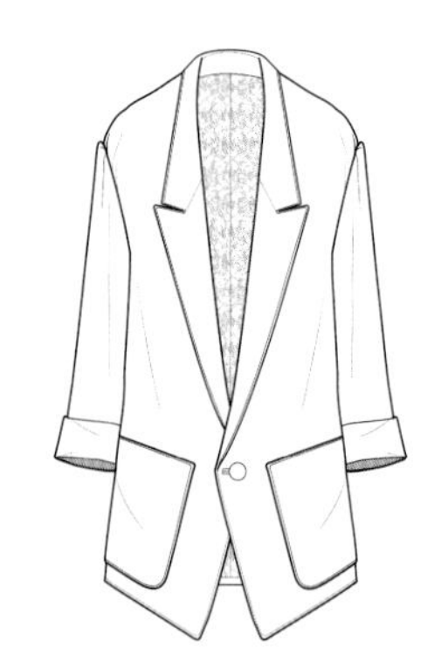

▲ H型；折邊袖；一粒扣；低駁頭

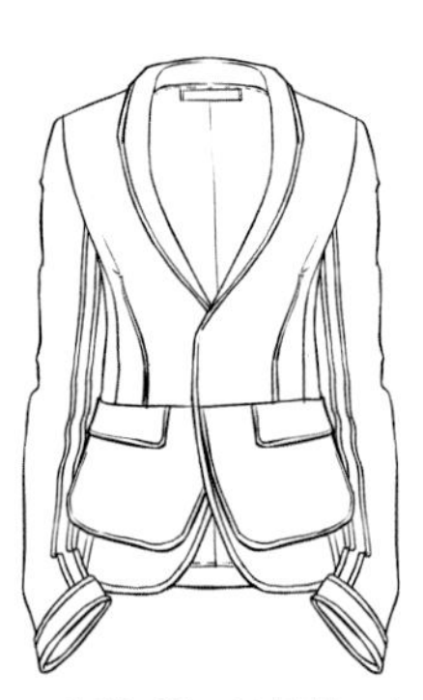

▲ 收腰X型；三片袖；小青果領；腰部分割線；雙層下擺

▲ 合體型；駁領貼邊；合體袖；細腰帶

▲ 高腰線；五分袖；袖頭收口；打褶花苞型衣擺

2 大衣

大衣是職業裝秋冬季節的重要款式，精緻的三件套會用與套裝材料相同的材質製作大衣，而單品大衣則有更多的材料選擇。大衣的款式按照長度大致可以分為短款、中長款、長款；按照輪廓可以分為H型寬鬆大衣、X型緊身大衣以及A型門篷大衣三種。

▲ H型大衣；雙排扣；七分闊袖；超大貼袋

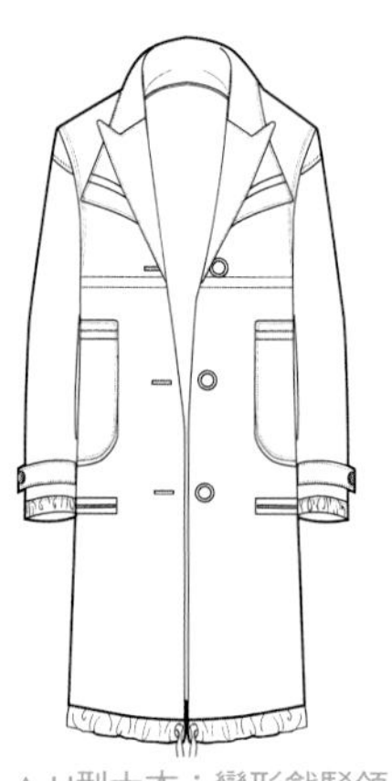

▲ H型大衣；變形戧駁領；袖口底擺收口

▲ X型包臀大衣；戧駁領；胸腰省變形

▲ 繭型大衣；一片袖；寬門襟雙排扣；大翻領；腰帶

3 襯衫

作為較正式的女式上衣，女式襯衫有一些約定俗成的代表性元素，例如企領、門襟、袖頭等。女式襯衫的設計款式多樣、細節豐富，大致可以分為兩類設計風格，一是仿男性襯衫，二是女式襯衫。

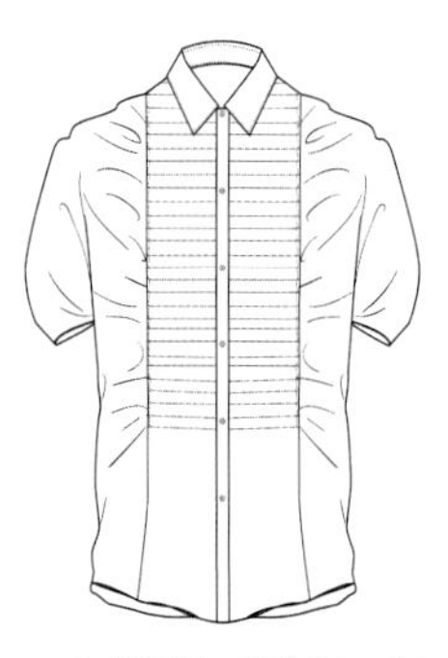

▲ 女式襯衫；泡泡袖；胸前打褶；自然收身

▲ 女式襯衫；泡泡袖；荷葉邊門襟；自然收身

▲ 蝴蝶結領口；裝飾門襟；合體輪廓

▲ 領口打褶；泡泡袖；略微寬鬆的造型

4 連衣裙

職業裝常用的連衣裙樣式與其他品類不同，這一類單品的設計講究材料考究、工藝精緻、裁剪合理貼身、款式雅致大方。

▲ 短袖及膝連衣裙；公主線；腰帶

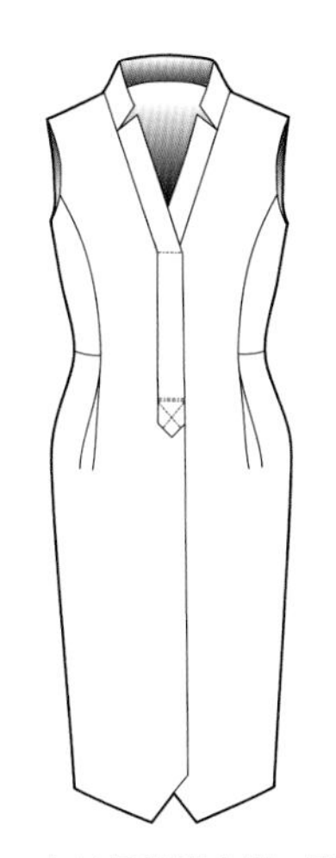
▲ 無袖及膝連衣裙；變化款襯衫門襟；腰部單褶

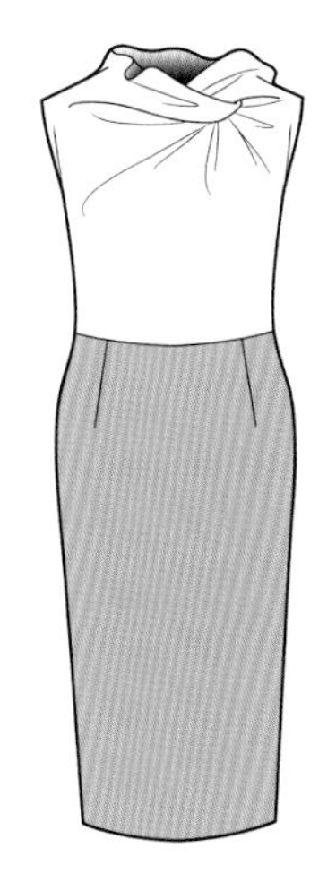
▲ 纏裹領；無袖及膝連衣裙

▲ 收腰背心裙，需要另搭襯衫

5 膝上裙

職業裝設計中，膝上裙常用來搭配西裝上衣或襯衣。與西裝上衣搭配時，這一類膝上裙設計常用與上衣相同的材料，以形成兩件套式的搭配，且裙長設計在膝蓋上下，風格則講究優雅大方、簡潔自然。

▲ 腰頭打褶A型裙

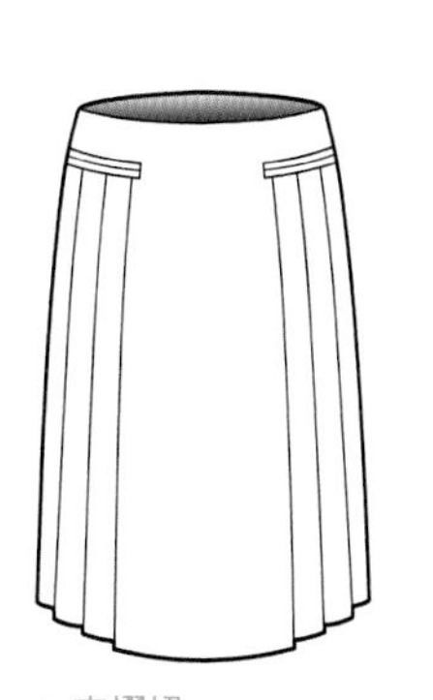
▲ 定褶裙

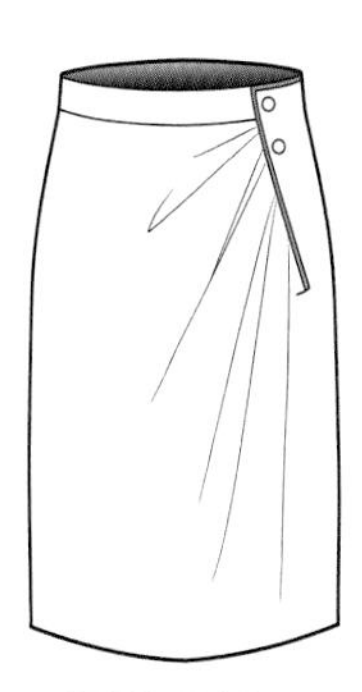
▲ 捏褶包臀裙

▲ 搭片鉛筆裙

6 褲裝

職業裝常用的褲裝設計在輪廓上變化較小，較保守的職業裝一般採用修身形、H型、錐型或寬鬆H型的長褲和九分褲；潮流一些的設計樣式也會採用七分褲、捲腿褲、短褲等樣式。總體而言，職業裝的褲裝設計傾向於傳統、中性化的知性風格。

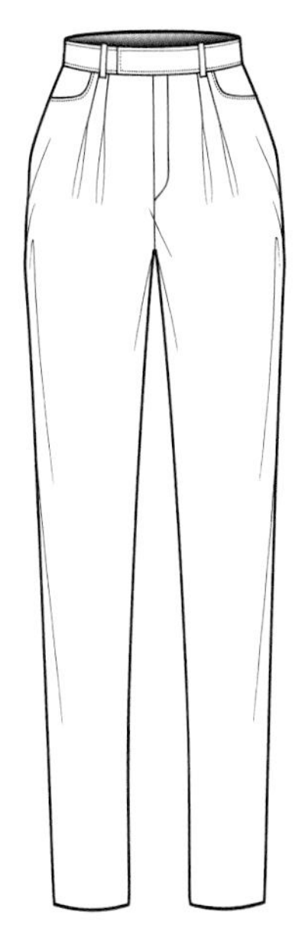
▲ 錐型褲

▲ 修身褲

▲ H型直筒褲

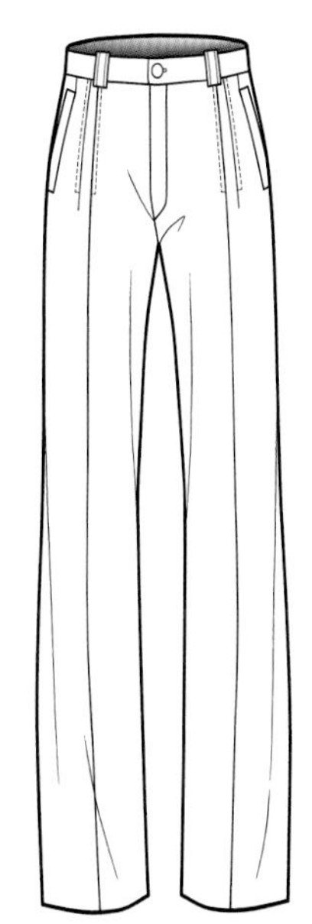
▲ 寬鬆直筒褲

職業裝系列設計表現技法

瞭解了職業裝的基本款式搭配、常用設計元素和常用款式之後，就可以開始著手進行系列設計了。首先確定系列主題風格和色彩，再根據風格特徵進行調查研究並確定設計應用元素，最後就可以開始著手繪製系列時裝畫了。注意這一類別的系列設計要著重表現成熟、優雅的風格，針對的目標人群大致是28歲以上的職業女性。

1 確定系列主題

職業裝的穿著場合一般以較正式的公共場合為主，尤其很多女性上位者希望用中性陽剛的款式來強調自己擁有和男性角色一樣的專業能力和決斷力。因此風格優雅、概念簡潔和帶有一些經典元素的主題，會成為這一類目標人群所喜歡的風格。

▶ 新都市

以米色、灰藍、灰紫、灰綠等淡彩灰色作為主題色彩，強調一種懷舊的工業時代流行樣式。

2 確定應用元素並繪製線稿

根據主題進行調查研究，並確定職業裝的應用元素。
職業裝的款式變化較少，因而需要設計師將目光放置在材料、配飾以及結構細節上，最重要的是同樣單品的不同穿著方式和搭配手法。在時裝畫的構思過程中，要將這些潮流元素應用到設計中。

▼ 借鑒要素　　▼ 款式設計

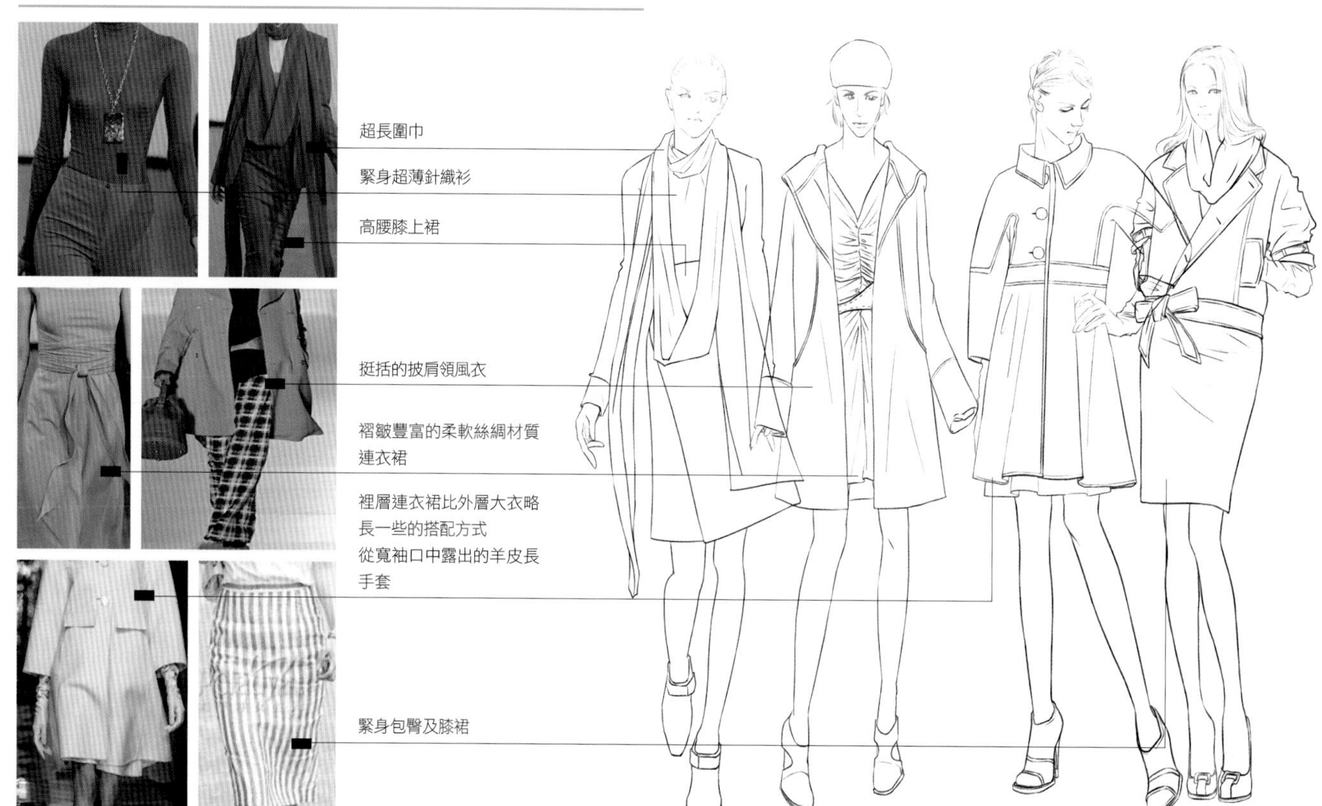

3 繪製人體色彩

本系列用Photoshop軟件進行著色。
考慮到主題色彩並不明艷，因此可以選擇自然的裸色系繪製人體色彩。
自然的膚色搭配微粉的腮紅和唇彩，髮色則選用端莊的棕黃色系。

▲ 膚色、髮色　　▲ 彩妝用色

4 填充主色以及主要材料肌理

在Photoshop軟件中製作材料圖案，用油漆桶工具填充主要款式的主色及材料肌理。

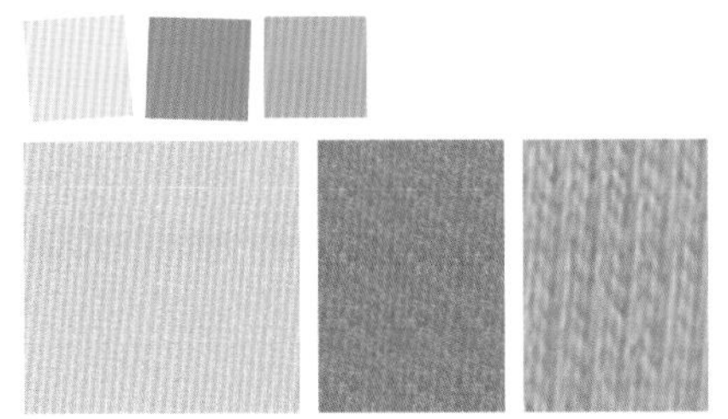

▲ 米黃羊駝呢、灰色毛氈布、灰紫色平紋針織

5 搭配輔色以及輔助材料肌理

在主題靈感色中選擇灰綠色作為輔助色。灰綠色一方面與灰紫色形成弱對比，另一方面能夠襯托米黃色，使其顯得更加明亮。
選擇略帶光澤的絲質材料作為輔助材料，這樣能夠稍微提亮整體服裝，形成“透氣”感。

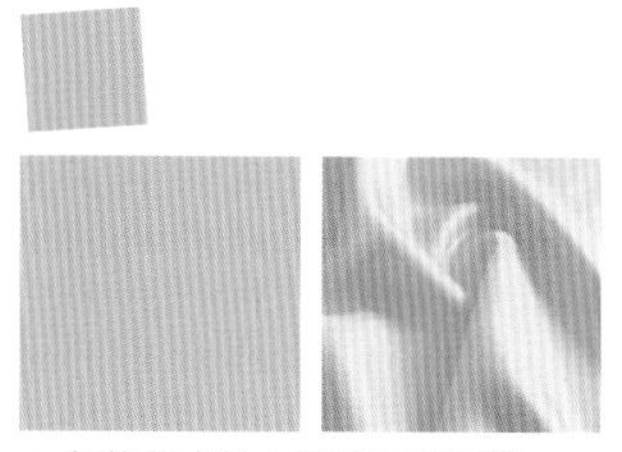

▲ 灰綠色麻紗；灰綠色重磅緞

6 繪製配飾色彩與肌理

這一系列更多地是想表現混搭實用與低調優雅，因而配飾和皮鞋的色彩選用比較百搭的褐色系，帽子則採用靠近輔色的棕綠色，整體色彩搭配展現出協調感。

▲ 用略深的灰色系表現絲襪、單鞋、腰帶等配飾

7 繪製衣紋褶皺,完成稿件

根據不同的材料肌理繪製褶皺明暗。羊駝毛、針織及毛氈用粗糙的噴槍硬邊鋼筆工具繪製暗部，亮部可以不用繪製。尤其是挺括的毛氈膝上裙，可以不用繪製褶皺，以顯示其平展的感覺。

灰綠色麻紗圍巾和連衣裙則可以稍微提亮；灰綠色重磅緞則需要用柔角畫筆繪製亮面和高光，以表現其光滑的肌理。

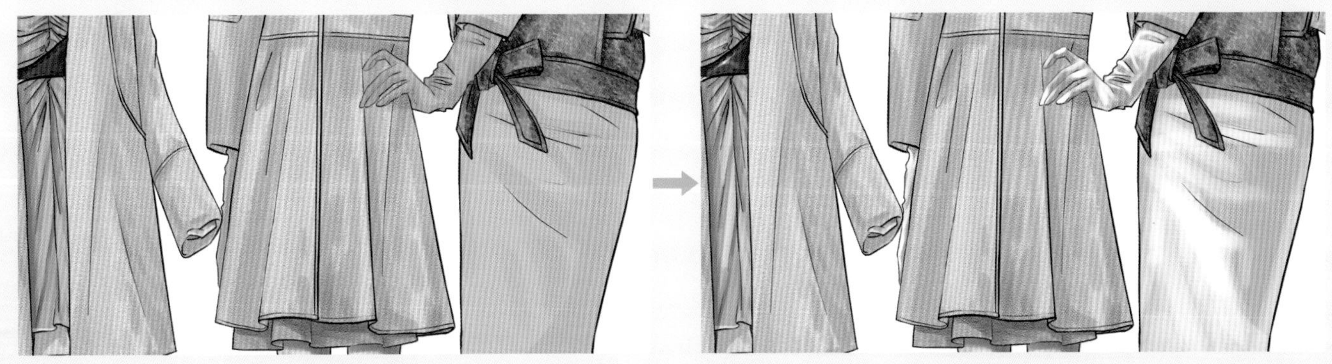

▲ 繪製暗部

▲ 繪製亮部

1 2

4.1.2 休閒裝系列設計

休閒裝可能是女裝中應用最廣的分類，幾乎所有的女性消費者都會購買休閒裝這一類別。在創作時裝系列時，要根據消費者的年齡層和風格需求進行針對性的設計。

休閒裝的基本款式搭配

休閒裝追求“混搭風格”，消費者不僅會根據系列設計的指導來進行著裝搭配，還會根據自己對時尚的理解來混搭各種款式及配飾。這種“混搭”的要求，讓休閒裝的設計涵蓋外套、大衣、夾克、裙裝、褲裝、戶外服、設計師時裝等豐富多樣的單品。

休閒裝常用設計元素

休閒裝的設計變化十分豐富，從輪廓、材質到細節、風格，都是設計師表達靈感的範疇。考慮到人的視覺觀察習慣，可以更多地關注門襟、口袋、腰帶等部位的設計變化，個性度極強的風格性設計也是休閒裝系列設計的重點表達方式。

1 設計感門襟

休閒裝的門襟設計可以運用諸如鈕扣、滾邊、褶皺、撞色、拉鏈、抽繩、拼布、珠繡等眾多手法，這是時裝正面最大的設計部位，很容易成為視覺的關注點。

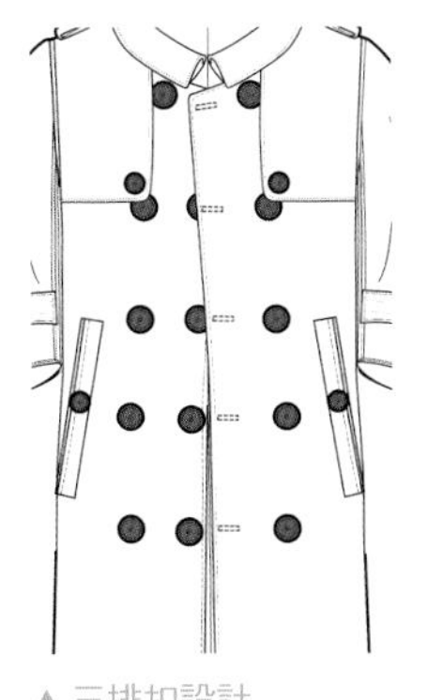

▲ 三排扣設計

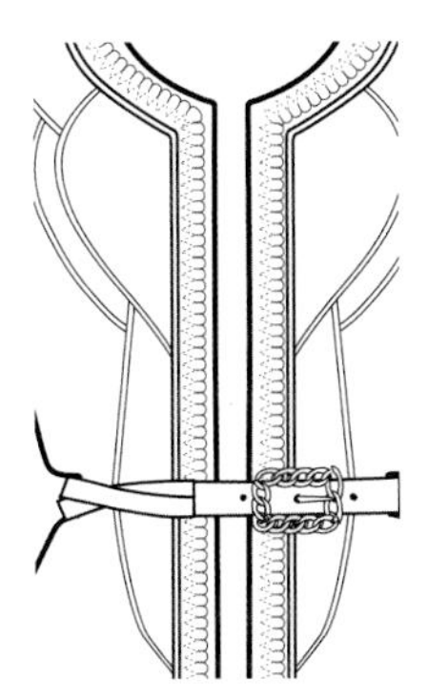

▲ 滾邊與繡花

▲ 立體扭曲門襟

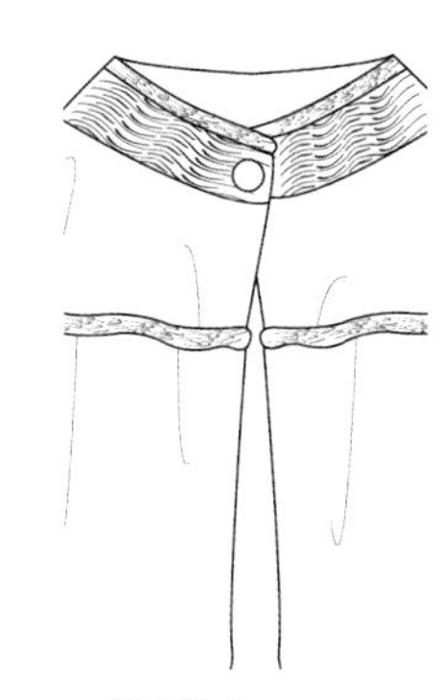

▲ 領扣樣式

2 口袋

休閒裝口袋的設計可以通過改變口袋形狀、厚度、材質、色彩、加固工藝、扣合工藝、軋花工藝等方面，來進行創新。

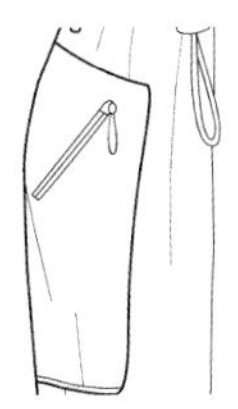

▲ 斜插貼袋

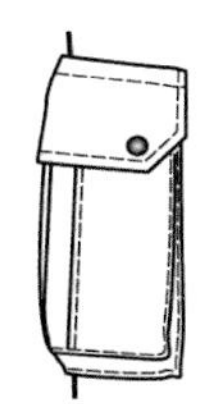

▲ 立體口袋

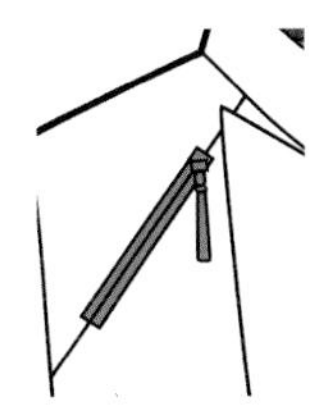

▲ 拉鏈口袋

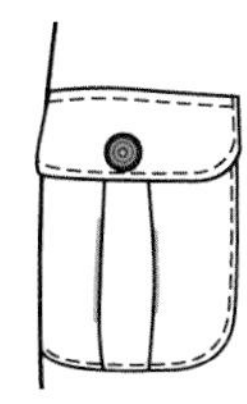

▲ 工裝貼袋

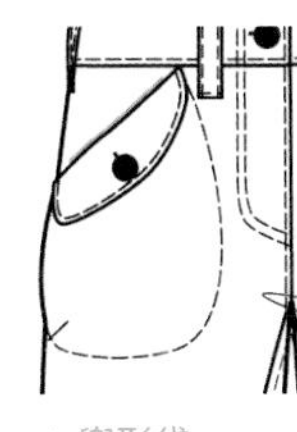

▲ 兜形袋

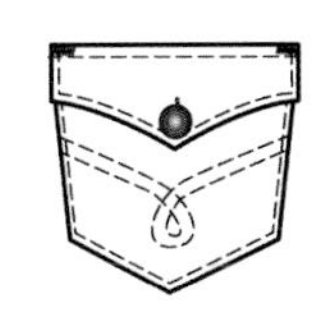

▲ 口袋軋花

3 腰

腰帶在休閒裝中的用途非常得廣泛，裙裝、褲裝、外套、風衣等都可以運用到這一設計元素。其設計重點在材質、帶扣以及系扎方式這三個方面。

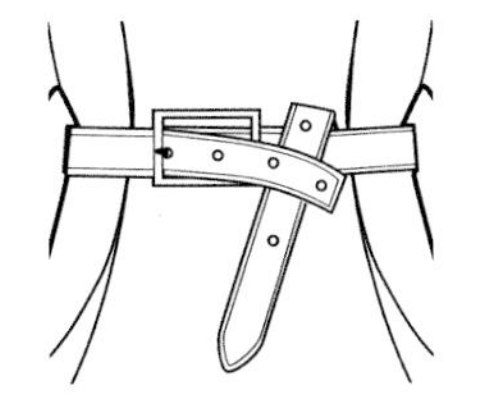

▲ 皮質腰帶，折疊系扎

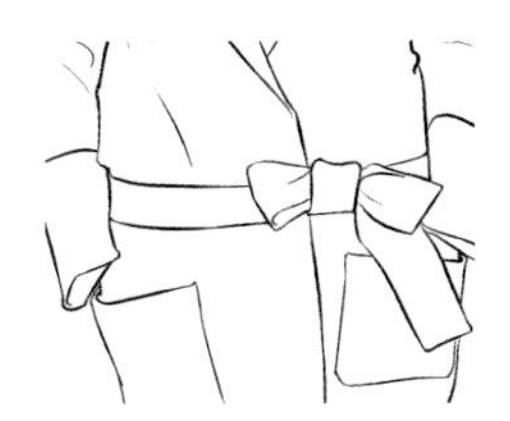

▲ 同料針織腰帶

▲ 雙腰帶

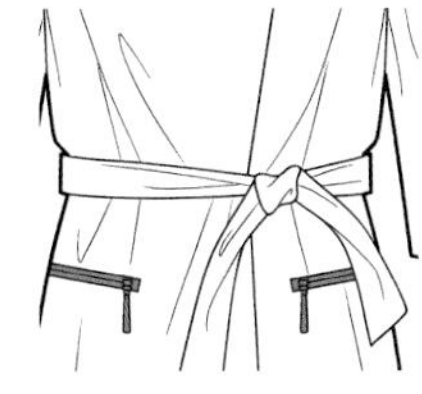

▲ 布制薄腰帶

4 風格流行元素

休閒裝的設計沒有太多的規範，因而其風格的流行也更加靈活多變。不同的風格會帶來不同的細節元素，例如將東方風格融入休閒裝的設計，可以借鑒圍裹式右衽門襟、系扎、纏裹、燈籠褲、低襠褲等具有東方國度所特有的傳統樣式。

▲ 柔軟褶皺　▲ 纏裹式腰帶

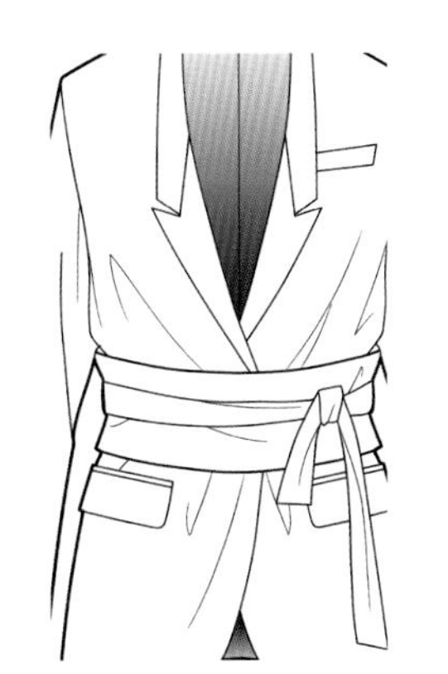

▲ 和服式腰封

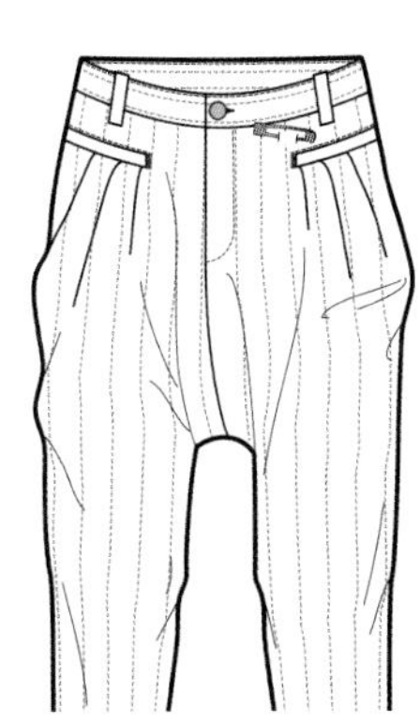

▲ 寬鬆低襠褲

休閒裝常用款式設計

休閒裝的款式品類繁多，其中外套、大衣、上衣、裙裝、T恤和褲裝是系列設計中常用的六種單品。

1 外套

外套是休閒裝中穿著時間最長的單品，包括較薄的西裝外套、夾克外套、鬥篷外套；中等厚度的針織外套、毛呢外套、皮夾克外套，以及較厚的戶外服、防寒服、棉外套等。

▲夾克外套 ▲鬥篷外套 ▲填充棉服、羽絨服 ▲填充棉背心

2 大衣

休閒裝類別的大衣設計款式比職業裝類別的大衣設計款式具有更多的變化，包括款式結構上的變化和細節裝飾上的變化等。

▲鬥篷短大衣 ▲小立領套頭大衣 ▲帽兜大衣（背面） ▲短袖大衣

3 上衣

休閒類女裝上衣包括襯衫、T恤以及其他個性款式。在材質上常選用薄型棉麻織物、針織汗布、薄呢、萊卡織物等。

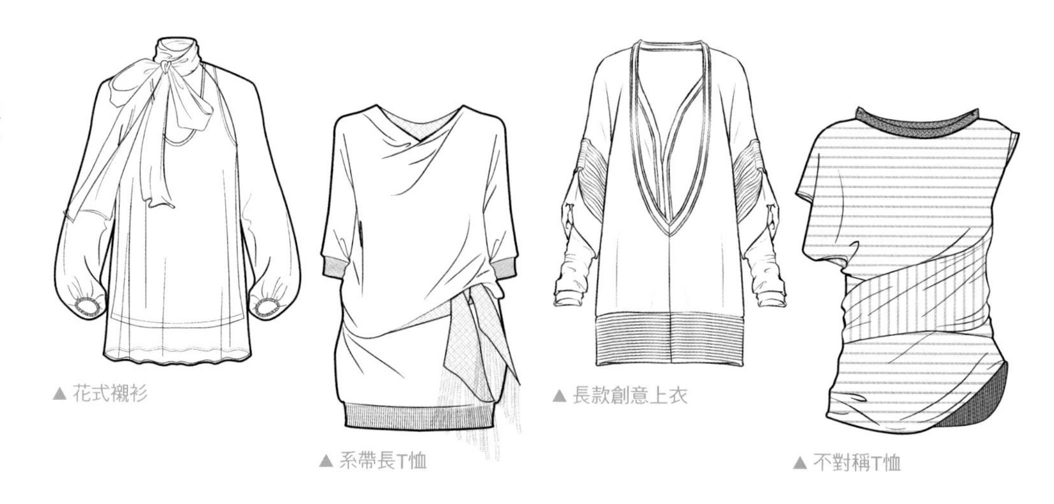

▲花式襯衫 ▲系帶長T恤 ▲長款創意上衣 ▲不對稱T恤

4 裙裝

休閒類裙裝包括連衣裙和膝上裙，在裙長、材料與款式上，這一類單品不僅承襲傳統裙裝設計系統，還有很多新的概念樣式不斷產生，是設計感較強的單品之一。

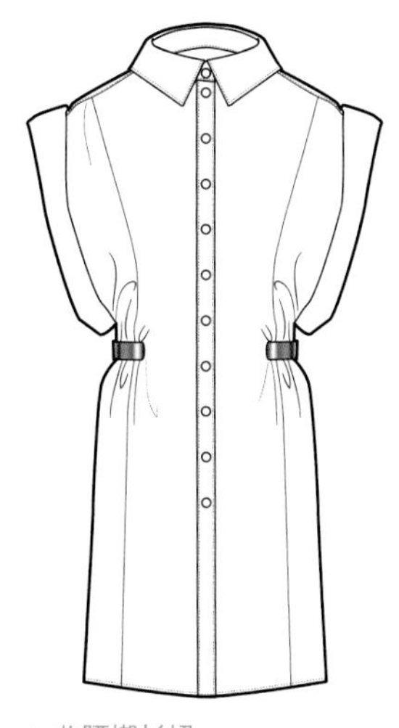

▲ 收腰襯衫裙

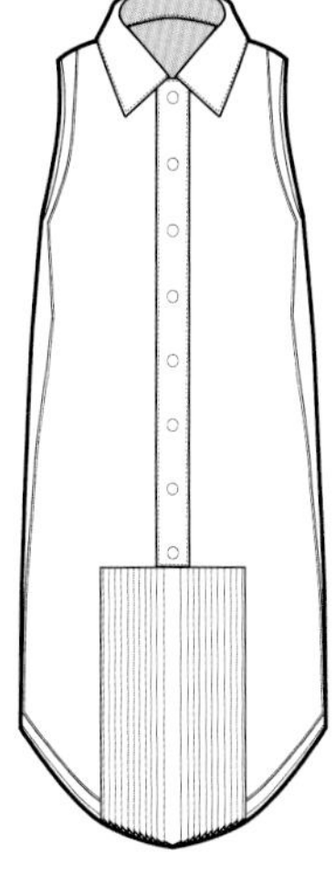

▲ 無袖H型襯衫裙

▲ 透明雙層連衣裙

▲ 針織連衣裙

5 針織衫

休閒類針織衫包含裁剪類針織衫和成型類針織衫兩種。
這類時裝的可塑性很強，既可以形成柔軟懸垂的樣式，也可以像外套材料一樣厚實挺括。

▲ 裁剪類針織連帽開衫

▲ 裁剪類針織緊身T恤

▲ 成型類套頭羊毛衫

▲ 成型類滾邊毛衫

6 褲裝

休閒類時裝的樣式非常豐富，這一類時裝的褲裝不僅長度多變，在材料、輪廓和結構上更是有著豐富的變化。
設計休閒類褲裝時，要注意在腰頭和褲襠等處的結構設計，並且要擅長應用圖案。

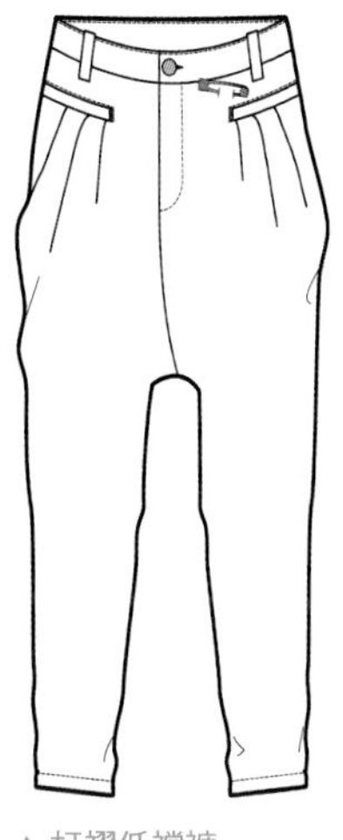

▲ 打褶低襠褲

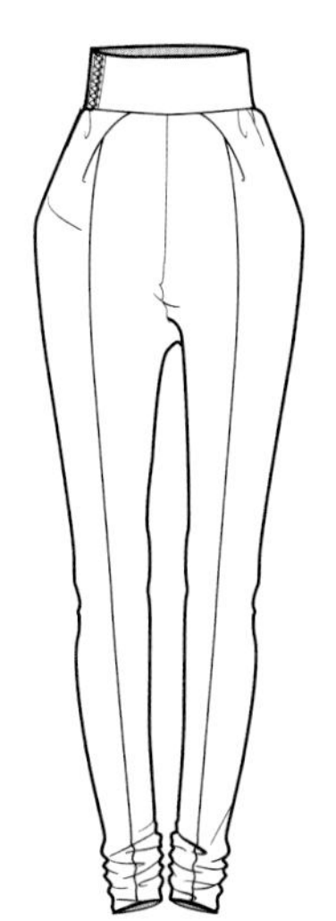

▲ 高腰緊腿褲

▲ 連身褲

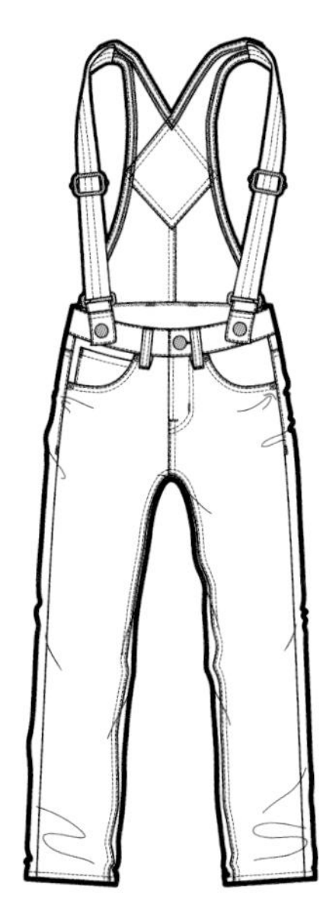

▲ 背帶褲

休閒裝系列設計表現技法

休閒裝系列設計要著重表現時尚潮流，運用多元化的材質、肌理、結構。考慮到休閒裝適應的顧客年齡跨度較大，因此在選擇休閒裝設計主題時要根據相對應的顧客群來定位。例如面對較年輕的學院女生可以選擇浪漫清新的主題；針對時尚女郎則可以考慮更加誇張、鮮明的格調；討主婦歡心可以選擇居家風格和舒適的款式；應對職場女性則可以應用科技感與中性風格的概念。

1 確定系列主題

休閒裝適用於各種風格概念，因而可選擇的主題範疇相對較廣。
這類時裝的主題重在表現情緒概念，因此設計師尤其要擅於通過色彩情緒來表現風格走向。

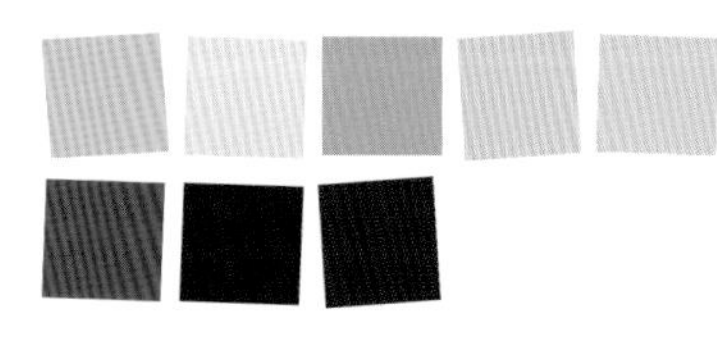

▶ 芒果班戟

通過水果色體現活潑年輕的風格特徵，這種鮮亮的顏色組合以及指向鮮明的主題名稱，能夠讓觀眾向甜美清涼的方向聯想。

2 確定應用元素並繪製線稿

儘管這一類的時裝具有十分多樣的應用元素，但還是有基本的設計要求，每個系列的應用款式至少要具備六到七種單品，包括兩到三款大衣或外套、夾克、襯衫，一到兩款針織衫，兩到三款褲裝，兩到三款膝上裙，一到兩款連衣裙。初學者可以在這一基礎上靈活的變化延伸，根據應用元素創作線稿草圖。

▼ 借鑒要素　　▼ 款式設計

3 繪製人體色彩

本系列用Photoshop軟件進行著色。
根據主題色彩，將膚色定位在略白皙的色度；彩妝則以芒果黃和粉紅色為主；髮色可以用淺金黃色來呼應主題。
由於設計中運用到半透明材料，因而在繪製膚色時，應先將透明材料處的人體膚色繪出來。

▲ 彩妝用色

▲ 膚色、髮色

4 填充主色以及主要材料肌理

主要材料是黃色的棉紗、塗層材料，以及半透明的淺灰色生絲綃。
黃色材料可以先製作圖案再用油漆桶工具填充。灰色半透明材料則需要用“不透明度”為60%的邊緣模糊的畫筆工具，按照線稿的褶皺來繪製，這樣能夠透出膚色，形成透明材料的視覺效果。

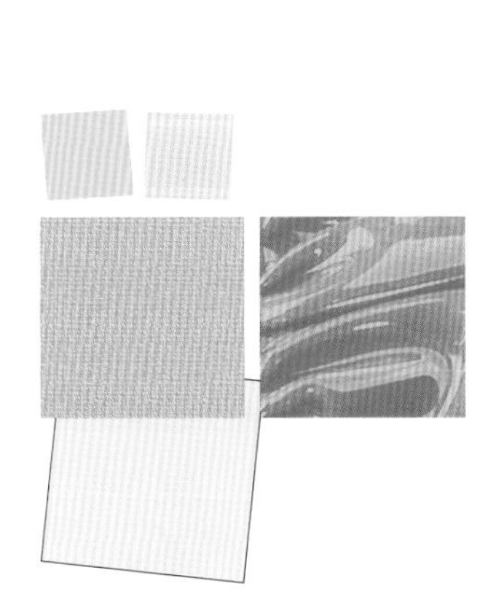

▲ 棉紗；塗層材料；生絲綃

5 搭配輔色以及輔助材料肌理

將輔助材料掃描並製作成圖案。
其中黃綠色蕾絲材料是半透明材料，因此在這種材料圖案填充完後，可以調整該圖案所在圖層的“不透明度”屬性，讓其形成半透明感。

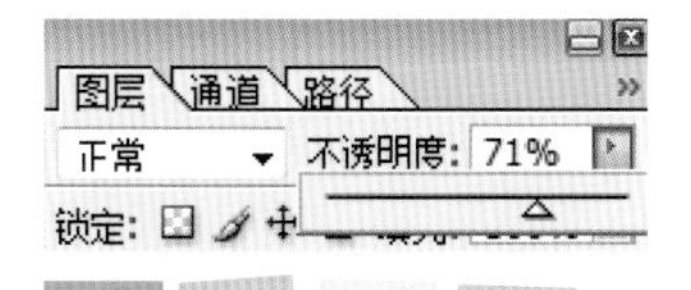

▲ 黃綠色半透明蕾絲；印花雙縐；
黃色印花斜紋棉布

6 繪製配飾色彩與肌理

將配飾材料製作成圖案，逐一填充即可。
皮革等光澤變化較大的材料在此步驟中僅填充色彩，留待後期繪製明暗時再表現肌理。

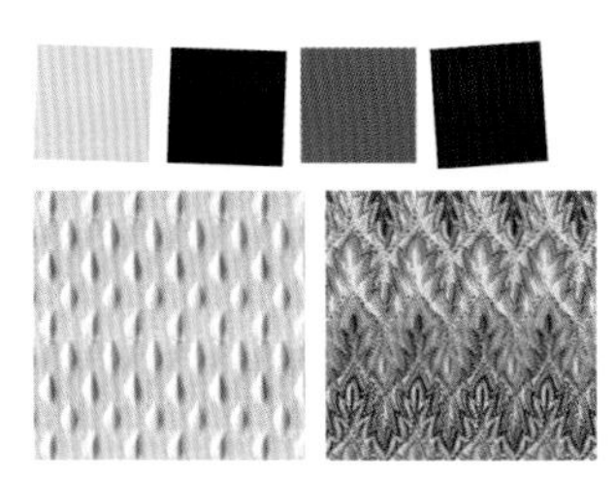

▲ 配飾圖案

7 繪製衣紋褶皺，完成稿件

將“前景色”設置為不透明度為70%的灰色，用模糊邊緣的畫筆工具，在新建的圖層混合模式為“線性加深”的圖層中繪製暗部。

再新建圖層並將其圖層混合模式設置為“線性減淡”，為黃色塗層材料和棕紅色漆皮包等光澤感較好的材料繪製亮部。

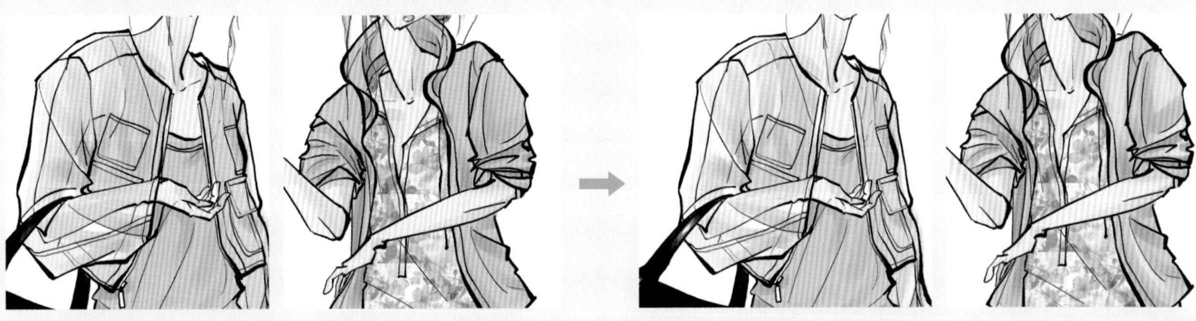

▲ 繪製暗部

▲ 繪製亮部

黃色塗層材料可以先用選區工具選中亮面區域後，再塗抹淺色筆觸，這樣能夠形成乾淨利落的邊緣，更好地表現塗層材料乾脆、光亮的質感。

1 2

4.1.3 度假系列設計

度假系列時裝一般在早春或早秋季節發佈，且多以度假聖地的風格要素作為主題靈感。度假系列設計有兩種設計方向，一種是針對旅行度假穿著的帶有熱帶風情的時裝；另一種是可以滿足城市休閒度假的輕鬆裝扮。

度假系列的基本款式搭配

度假系列時裝常採用比較明艷的色彩和輕鬆飄逸的款式，具體體現在寬鬆襯衫、T恤、超長裙、闊腿褲以及熱褲等單品的設計中。

度假系列常用設計元素

很多能夠表現飄逸感和熱帶風情的設計元素都非常適合用於度假系列，例如大擺裙、闊腿褲、長飄帶設計、印花圖案等。根據潮流趨勢和消費者的心態習慣，可以總結出一些度假系列設計元素的要求標準：首先需要有舒適的活動空間，緊繃的服裝難以參加度假類活動項目，例如套裝；其次要包含異域風情，無論是阿拉伯長袍款式或是非洲圖案，都可以帶來旅行式的新鮮感，這種新鮮感正是度假想要達到的目的。

1 荷葉邊

荷葉邊不僅是一種非常女性化的設計元素，還是一種十分飄逸的樣式。荷葉邊在設計應用中可以分為規則荷葉邊、不規則褶邊、抽繩荷葉邊以及小荷葉邊等不同的效果。

▲ 荷葉邊衣擺

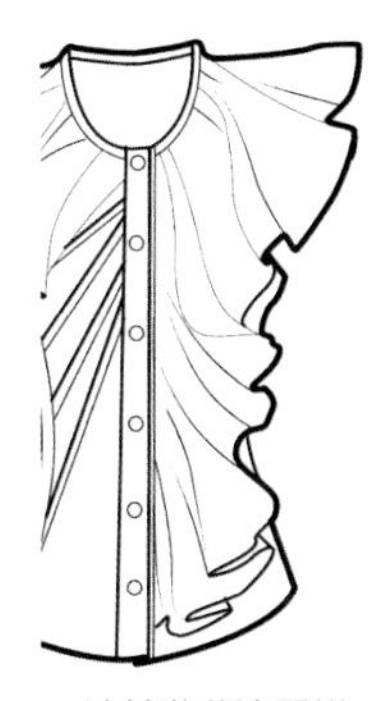
▲ 連袖荷葉邊門襟

▲ 規則荷葉邊裙擺

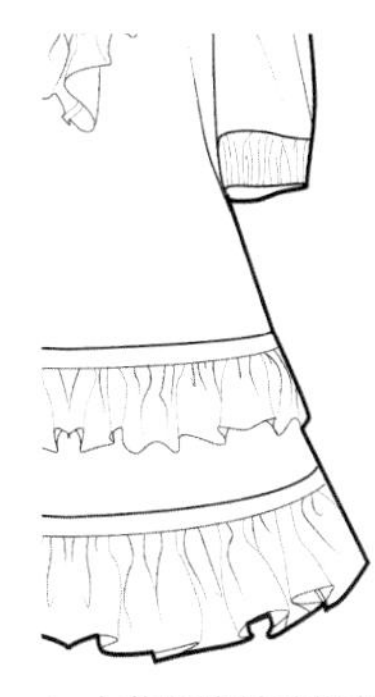
▲ 小荷葉邊鑲滾裝飾

2 泡泡袖

泡泡袖最直觀的效果是袖子形成柔和的曲線，這種回到維多利亞時代的風格，在日常的穿著中可能會略顯戲劇化，但是在度假期間就顯得十分輕鬆浪漫。

▲ 柔和泡泡袖

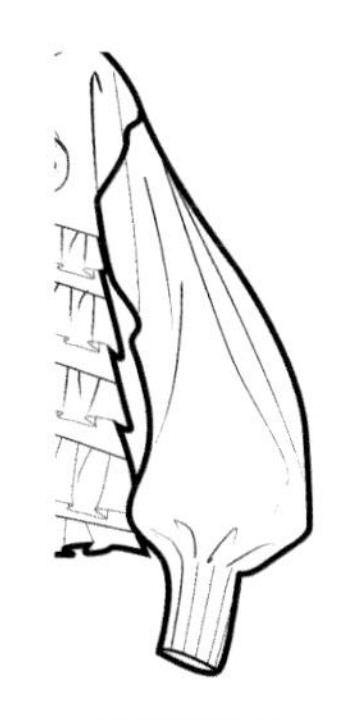
▲ 針織泡泡袖

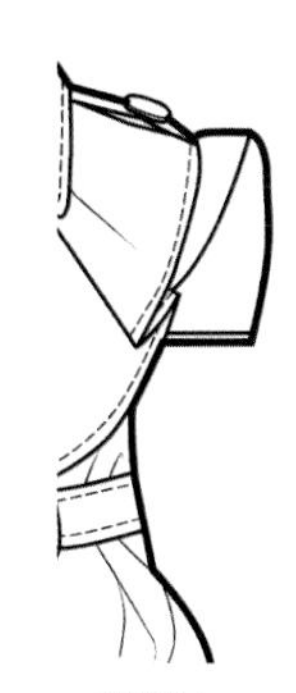
▲ 過肩袖

▲ 立體造型泡泡袖

▲ 披肩式泡泡袖

3 海島元素

各個散落在赤道附近的海島是近年來比較受歡迎的度假勝地，因而海島元素也成為了度假系列時裝設計的必選項之一。這種設計元素一方面來自於海島土著的一些傳統，例如流蘇、草帽、草編裙、動物骨骼項鏈等；一方面來自於度假人群的時尚穿著，例如沙灘拖鞋、透薄絲巾裙、比基尼等。

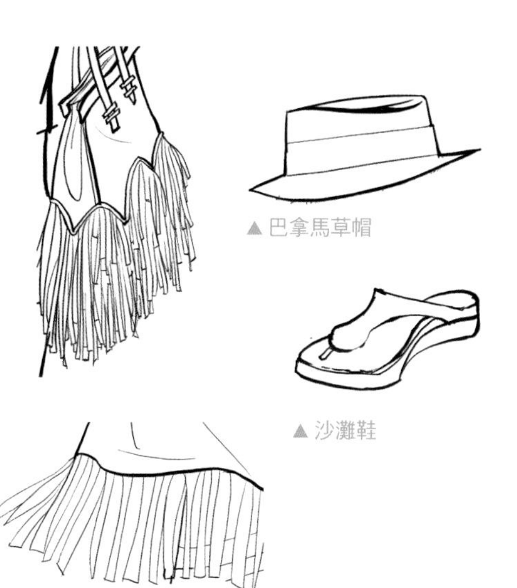
▲ 巴拿馬草帽

▲ 沙灘鞋

▲ 流蘇裝飾

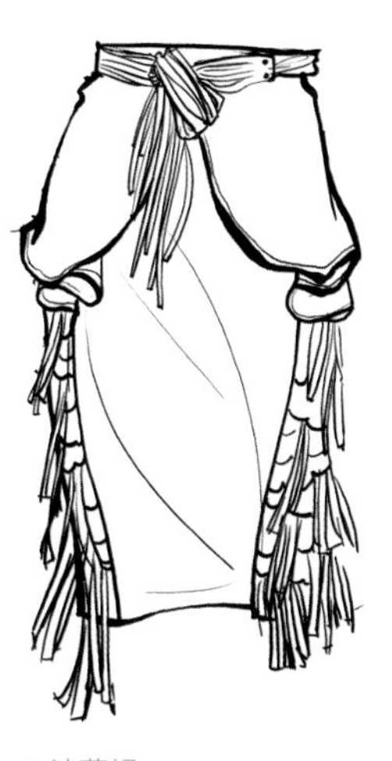
▲ 流蘇裙

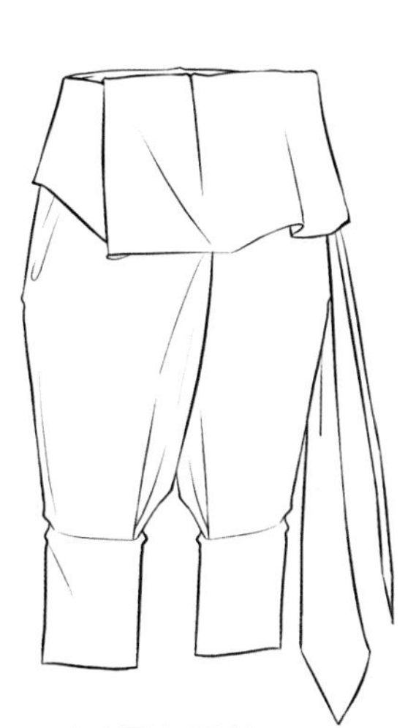
▲ 東方風格及膝褲

度假系列常用款式設計

度假系列常用的款式包括六類單品：輕薄外套、寬鬆上衣、短款連衣裙、超短樣式、寬鬆長褲和超長裙。這些單品一律擁有輕薄飄逸的特徵，主要用於應對日光強烈、氣候溫暖的天氣。

1 輕薄外套

這種單品可以隨意披搭在任何時裝的外面，尤其是在晝夜溫差較大或是有驟雨的度假場所，它更是必備款式。

▲ 泡泡袖單風衣　▲ 睡衣樣式系帶風衣　▲ 針織開衫　▲ 捲袖超薄寬鬆西裝

2 寬鬆上衣

這類單品搭配緊身褲與夾腳涼鞋穿著，是常見的沙灘穿著方式，充滿輕鬆閒適感。

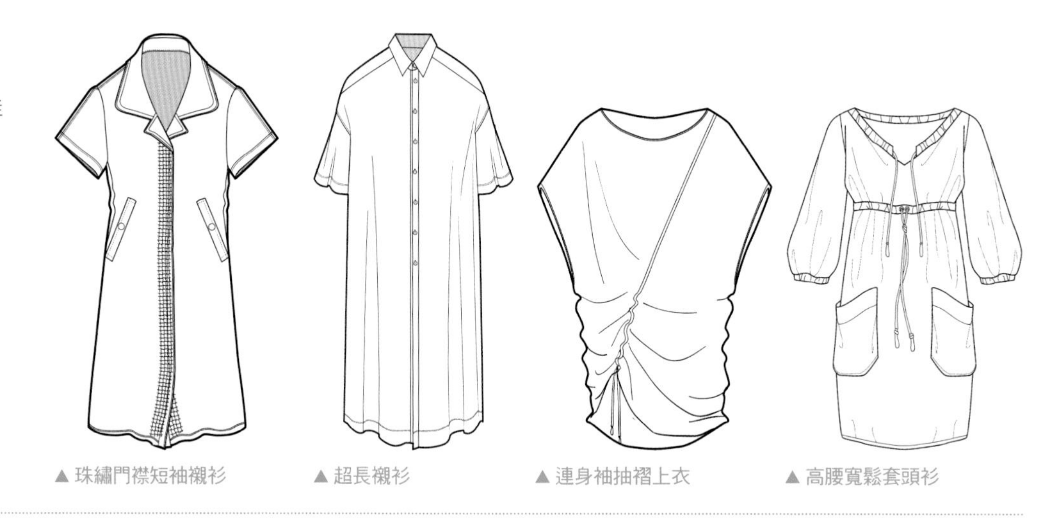

▲ 珠繡門襟短袖襯衫　▲ 超長襯衫　▲ 連身袖抽褶上衣　▲ 高腰寬鬆套頭衫

3 連衣裙

在連衣裙的設計中稍微加入一些度假風格元素，就能夠充分展現度假風格。這種單品的設計空間較大，可以適合不同的年齡階層以及風格喜好的人群。

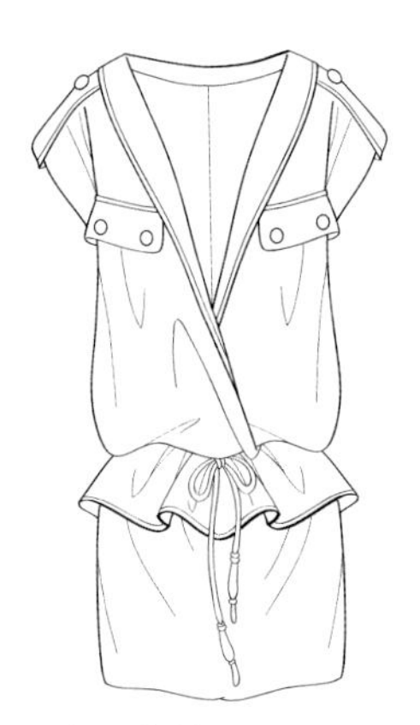

▲ 超短連衣裙

▲ 掛脖連衣裙

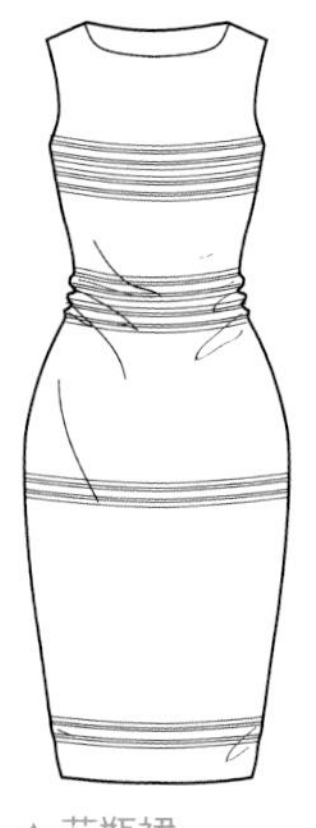

▲ 花瓶裙

▲ 鄉村樣式中袖連衣裙

4 超短樣式

超短樣式是應對陽光與高溫的最佳選擇。
這種款式的設計重點在於腰頭和下擺。

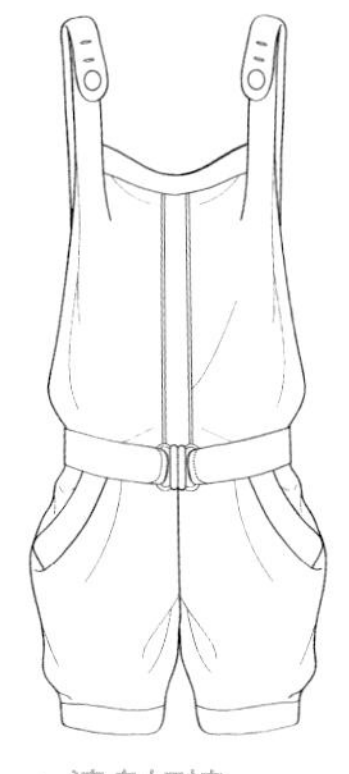

▲ 連身短褲

▲ 不對稱腰頭捲邊短褲

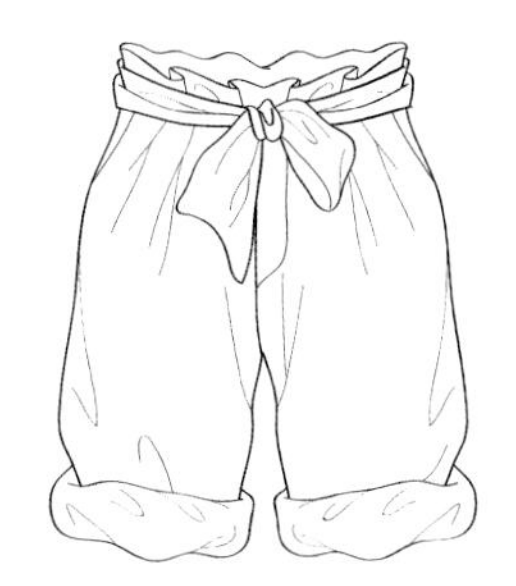

▲ 捲邊超短褲

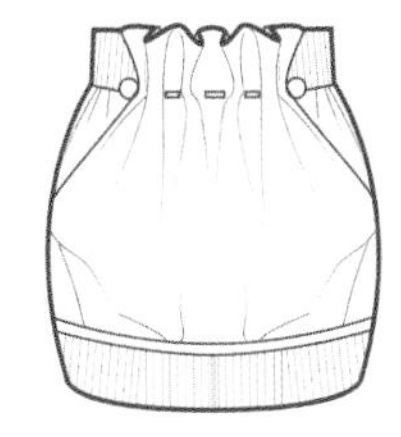

▲ 超短打褶裙

5 寬鬆長褲

寬鬆長褲能夠展現蘇丹公主式的精緻與浪漫，是度假系列的重要組成單品。
此類單品的設計重點也在腰頭和褲腳處。

▲ 裝飾腰頭，闊腿九分褲

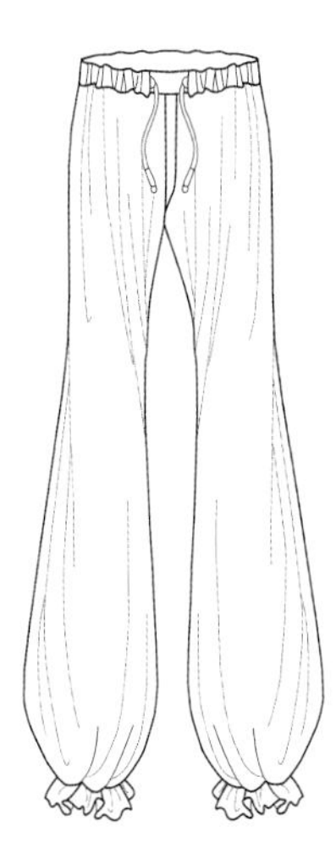

▲ 荷葉邊褲腳燈籠褲

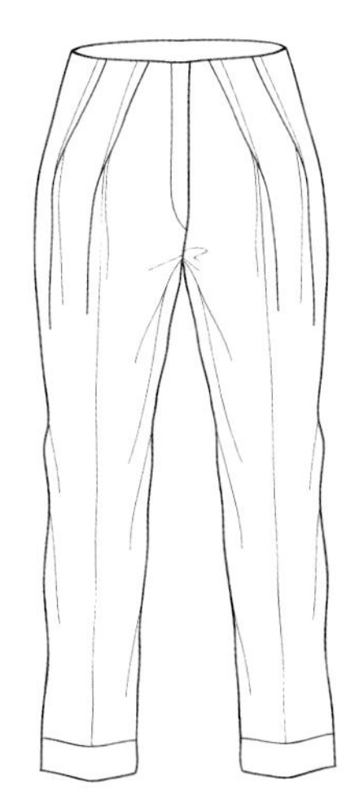

▲ 寬鬆七分褲

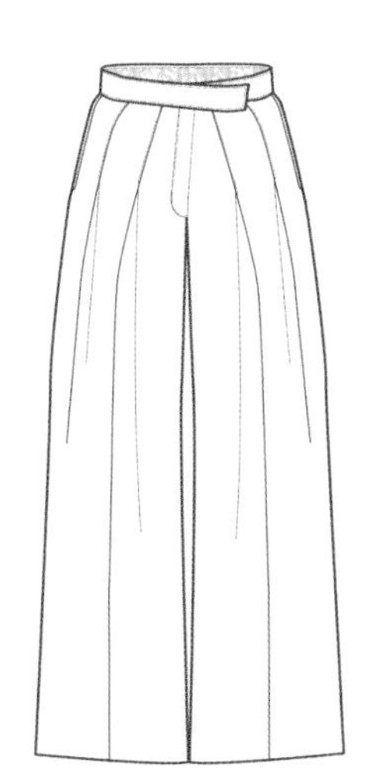

▲ 闊腿長褲，腰頭雙褶

6 超長裙

作為沙灘裝中最受歡迎的款式，超長裙也是度假系列設計的重要單品。
裙子可以是連衣裙或膝上裙，長度一般落在小腿中部到腳踝處，主要表現希臘女神式的典雅樣式。

▲ 繩結裝飾的針織長裙　▲ 荷葉邊裙擺連衣裙　▲ 翻捲領口與袖口設計的針織長裙　▲ 流蘇裝飾的袍衫裙

度假系列設計表現技法

度假系列的時裝主要針對溫暖舒適的氣候，例如春末、初秋等氣候適宜的氣溫或是地中海氣候，常選用與度假聖地相關的主題概念，目標消費者是20歲以上熱愛時尚與度假生活的女性。在進行主題設計時更多的需要考慮到陽光、和風、沙灘、休閒時光等度假要素，在款式的選擇上要更多考慮各種輕薄、舒適的春夏季節單品。

確定系列主題

不需要挖空心思地尋找創意，只需要將旅行雜誌翻出來尋找熱門的度假場所，就能夠得到足夠新鮮的資料。陌生國家和城市能夠帶來自然、氣候、環境、民俗、手工藝等方面的新信息，對這些信息經過簡單的加工，就能夠形成設計主題元素。

▶ 部落森林

非洲草原的色彩和民俗裝飾形成系列主題的主色調，印花、木雕、民族手工紡織品等元素，被提煉出來形成系列風格。

2 確定應用元素並繪製線稿

圖案是這一系列的重點表現對象，因此在進行信息採集時，一方面要搜尋可借鑒的圖案樣式，另一方面還需要尋找圖案的運用方式，包括圖案的大小、運用部位、色彩種類以及搭配方式等。除此之外，帶有異域民族概念的時裝款式和穿衣風格，也可以作為應用元素引入系列設計。

▼借鑒要素　　▼款式設計

3 繪製人體色彩

本系列用Photoshop軟件進行著色。
考慮到服裝會應用豐富的色彩，因此妝容色和髮色可以採用沈穩一些的棕色系來表現。

▲ 棕色系彩妝

▲ 膚色、髮色

4 填充主色以及主要材料肌理

將材料製作成圖案，然後用油漆桶工具一一填充。由於袍衫裙的圖案較大，可以直接運用選區工具將圖案剪切出適合裙裝的區間（具體方法詳見第二章）。

▲ 亞麻材料；榨蠶絲；印花絲毛

5 搭配輔色以及輔助材料肌理

將輔助材料製成圖案，並用油漆桶工具依次填充。注意，毛領材料在填充之後，需要用柔角橡皮將邊緣擦除得模糊一些，以形成毛皮的質感。

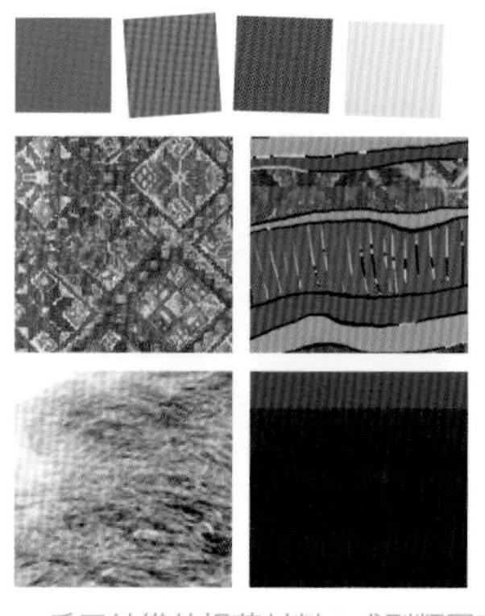

▲ 手工紡織的提花材料；成型類圖案針織裙；貉子毛材料；印花棉布

6 繪製配飾色彩與肌理

將配飾材料製作成圖案，並用油漆桶工具依次填充。

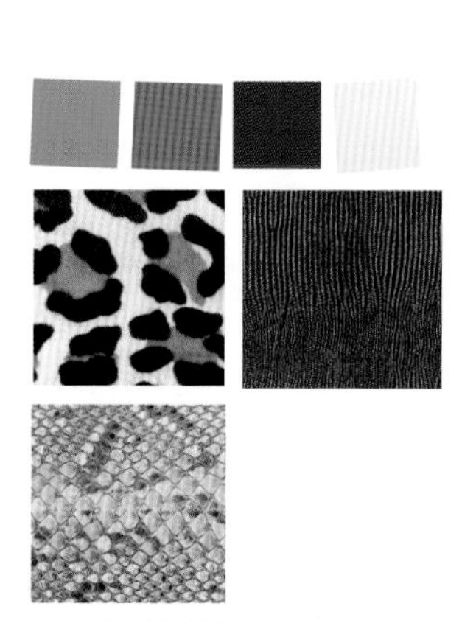

▲ 保溫印花皮革；軋花牛皮；蛇皮

7 繪製衣紋褶皺，完成稿件

將"前景色"設置為不透明度為70%的灰色，用模糊邊緣的畫筆工具，在新建的圖層混合模式為"線性加深"的圖層中繪製暗部。

第一件與第二件時裝應用了榨蠶絲材料，因此會形成邊緣整齊的高光，可以用多邊形選框工具搭配噴槍柔邊圓畫筆工具繪製。

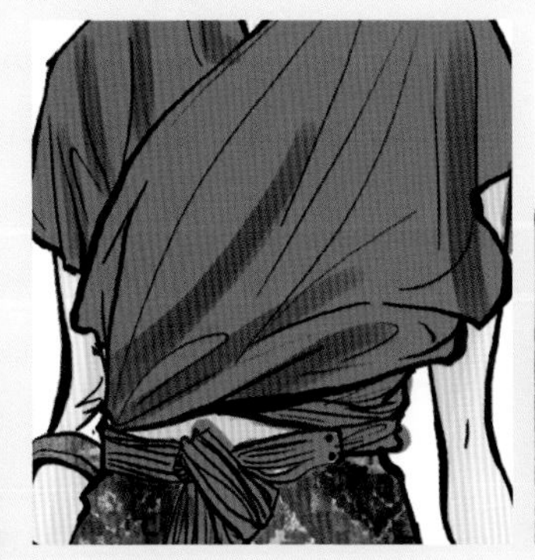
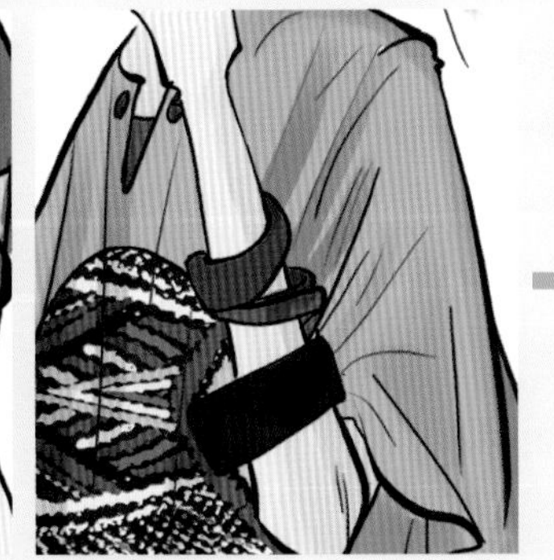

▲ 繪製暗部

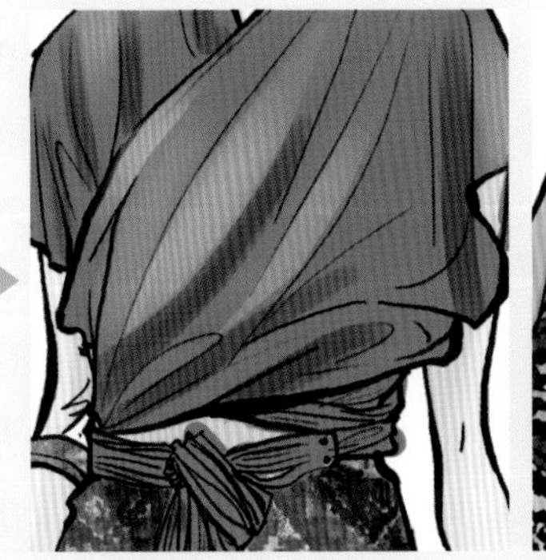

▲ 繪製亮部

1 2

4.1.4 禮服系列設計

禮服這一類別涵蓋的範疇很廣，從奧斯卡紅毯裝到日常晚禮服；從婚禮服到喪禮服；從雞尾酒禮服到畢業派對禮服；從商務餐會日裝禮服到出席會議的禮服套裝等，禮服系列要能夠涵蓋適合所有宴會類型的著裝樣式。

禮服分類

根據不同的正式程度，可將禮服分為五類：日裝禮服、派對禮服、雞尾酒禮服、晚禮服以及婚禮服。根據不同的類別，系列設計需要選擇不同的材料來表現，唯一相同的是，禮服屬於高級訂製或高級成衣類別，都擁有精美的材料、合體的裁剪和細緻的裝飾元素。

▶ 色彩搭配

越是正式的禮服，色彩搭配越單純，往往只用一種色彩作為主打色。

▶ 常用材料

昂貴的絲綢，精紡亞麻和手工加工的裝飾材料常被用作禮服材料。

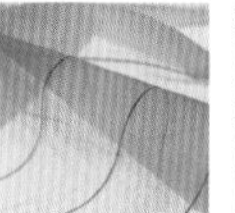

薄紗

蕾絲

素緞

塔夫綢

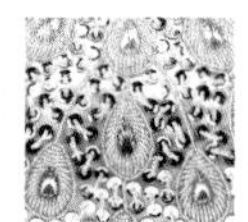

裝飾材料

1 日裝禮服

日裝禮服適合參加中午或下午舉行的餐會、茶會。
一般會採用裁剪得體的簡單款式。
使用精紡毛織物或亞光絲綢織物，不會使用太過耀眼的細節裝飾。
會佩戴簡單的首飾，拿小手包，穿5釐米左右的雅致高跟鞋。

2 派對禮服

派對禮服適合參加非正式場合的聚會，例如節日餐會、畢業酒會等。
某種程度上而言，這種禮服更像是時尚夜店裝。
可使用各種材料，一般會佩戴誇張且亮眼的首飾，穿舞鞋或時尚單鞋。

3 雞尾酒禮服

雞尾酒禮服是使用最為廣泛的一種小禮服，出席日間或晚間的正式場合都可以穿著。
這種禮服講究材料與裝飾相結合，一般是短裙樣式。會佩戴珠寶首飾，拿小手包，並穿著設計別致的高跟鞋。

4 晚禮服

晚禮服涵蓋的範圍很廣，從最為隆重的皇家晚禮服到奧斯卡紅毯服，再到聽音樂會的簡單黑裙，都屬於晚禮服的範疇。晚禮服會採用頂級的奢華材料，甚至會將珠寶鑲嵌在服裝上，裙子長及腳踝甚至有拖尾。佩戴珠寶首飾，拿緞面或珠寶鑲嵌的手包，並搭配同系列高跟鞋。

5 婚禮服

婚禮服包括新娘禮服、伴娘禮服兩個類別，是永不過時的時裝。
設計常採用絲綢、歐根紗等昂貴材料，講究創新性與夢幻感。
會佩戴花飾或珠寶首飾，拿捧花，並搭配同系列高跟鞋。

禮服常用設計元素

禮服作為古典時裝保留到當代的重要品類，擁有很多傳統的設計概念。而在創新設計不斷發展的今天，又為禮服的設計帶來了新鮮的概念。不同的禮服種類有不同的設計元素，例如晚禮服常將裙擺和裸露肩線作為設計重點；派對禮服則時常使用褶皺概念等。

1 裙擺

晚禮服有許多傳統的裙擺樣式，例如蓬松泡泡裙、荷葉邊裙擺、魚尾裙擺等，除此之外設計師也十分樂於創造新的造型。

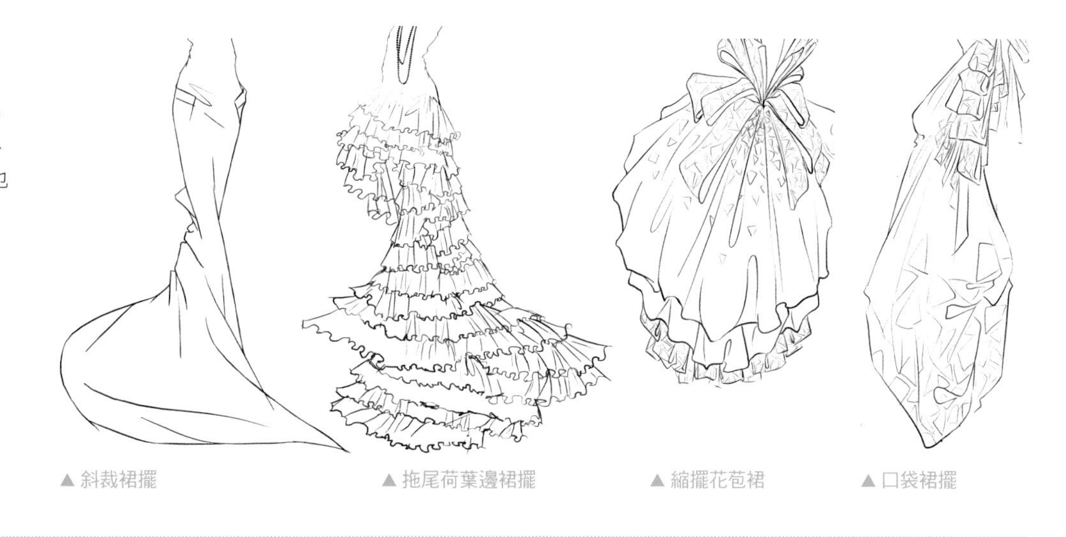

▲ 斜裁裙擺　▲ 拖尾荷葉邊裙擺　▲ 縮擺花苞裙　▲ 口袋裙擺

2 裸露肩線

上衣的設計很容易形成視覺的焦點，因此肩線部位的設計也是晚禮服的一個重點要素。

▲ 單肩裙　▲ 捆綁肩帶　▲ 裸肩抹胸裙　▲ 一字領露肩裙

3 柔軟褶皺

柔軟的褶皺不僅能夠展現女性的魅力，還能夠形成豐富的款式變化，展現出立體裁剪的藝術感。是短款的派對禮服最常用的設計元素。

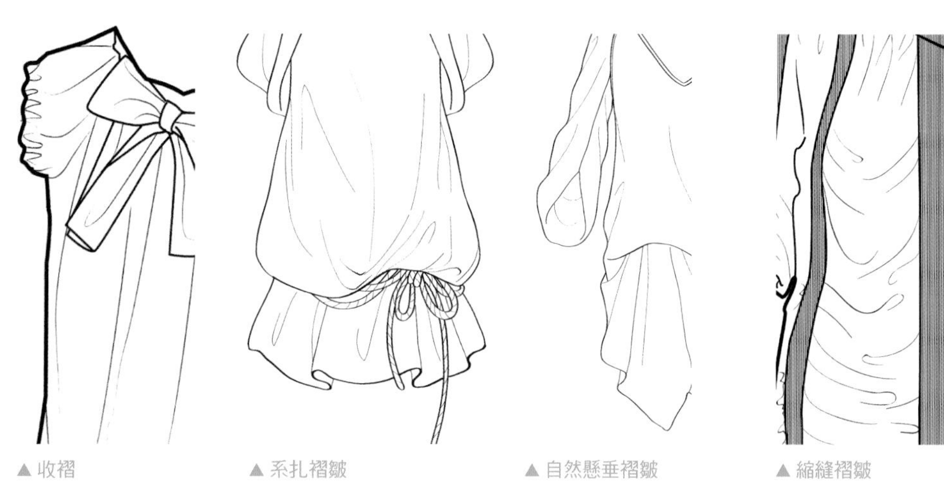

▲ 收褶　▲ 系扎褶皺　▲ 自然懸垂褶皺　▲ 縮縫褶皺

禮服常用款式設計

不同類別的禮服有不同的常用款式，在進行設計創作時，首先要區分類別，然後根據時裝穿著的時間、地點、場合來進行設計。

1 超短款派對禮服

作為非正式場合穿著的禮服，可以在設計上發揮更多的創意。嘗試採用新型的材料或是應用日常著裝的設計風格，能夠為設計帶來更多的新鮮概念。

▲ 立體褶皺超短裙

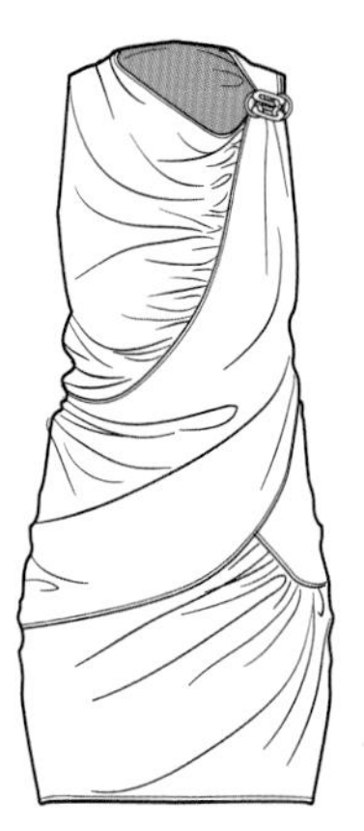

▲ 不規則裁片超短裙

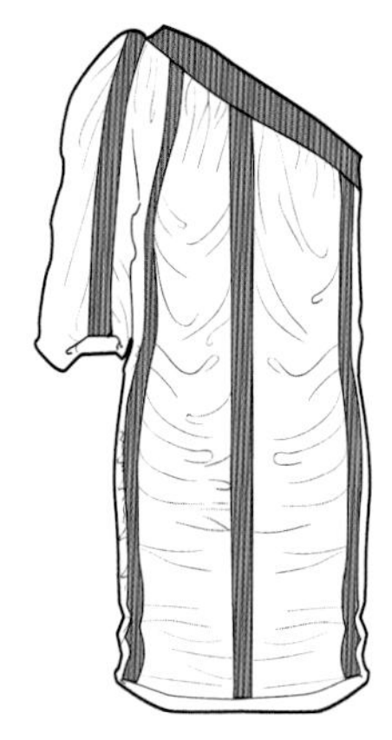

▲ 針織縮縫超短裙

▲ 不規則下擺超短裙

2 兩件套日裝禮服

這一類的兩件套日裝禮服是一種較正規的政治或商務餐會禮服，通常會用精緻的材料和裁剪工藝來表現，並在局部加上一些細節裝飾。

▲ 收腰無領上衣，搭配搭片提拉褶皺膝上裙

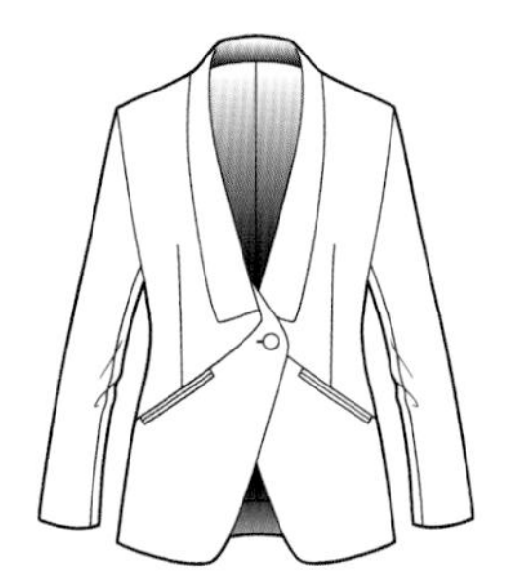

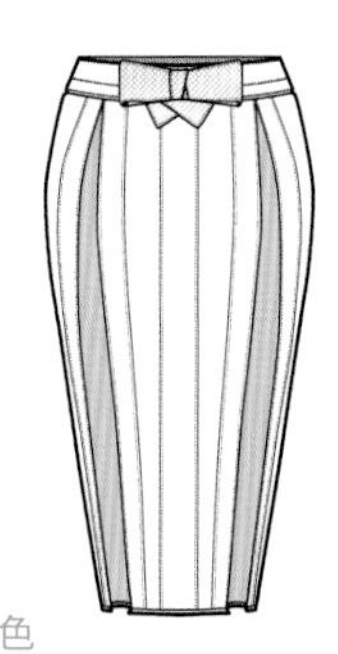

▲ 青果領一粒扣上衣，搭配雙色褶皺包膝裙

▲ 小花苞袖翻領短上衣，搭配緊身上衣連衣裙

▲ 大翻領短袖外套，搭配無袖大擺裙

3 及膝款日裝禮服

這是一類適合參加時尚輕鬆的日間聚會的簡單禮服。
既可以採用精紡亞光材料，也可以採用帶有細微光澤的絲緞材料，但是仍舊不適於添加大面積的誇張裝飾。

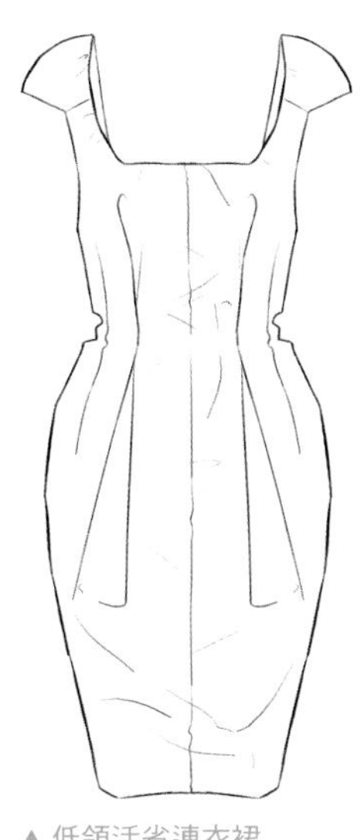

▲ 低領活省連衣裙

▲ 泡泡袖花苞連衣裙

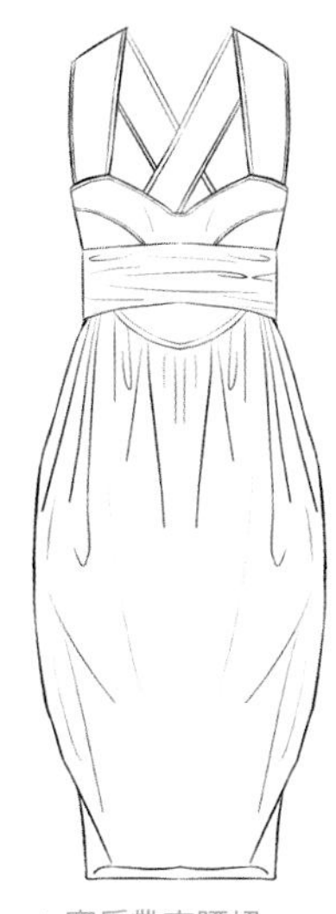

▲ 寬肩帶高腰裙

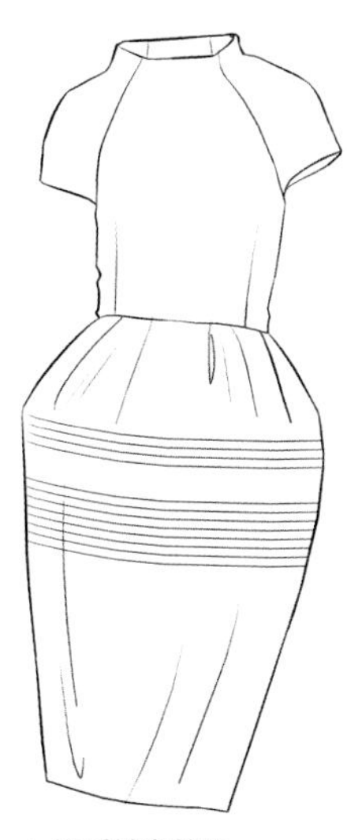

▲ 插肩袖鳥籠裙

4 長裙款晚禮服

作為代表優雅性感的晚禮服，長裙是最佳的選擇。

▲ 斜裁不規則褶皺抹胸裙

▲ 鑲鑽細肩帶禮服裙（20年代樣式）

▲ 立裁圍裹式抹胸裙

▲ 立體邊魚尾裙

禮服系列設計表現技法

禮服著重表現精緻、優雅的女性魅力，對於款式裁剪和裝飾設計十分注重。日裝禮服通常針對30歲以上的女性，設計注重材料和裁剪，並可以採用胸針、帽子等展現別致設計。在主題的選擇上，禮服系列設計崇尚優雅、精緻與古典格調，帶有文化與藝術特徵的主題尤其受到歡迎。

1 確定系列主題

禮服的系列設計應該盡量滿足"一站式"的消費習慣，想象顧客會參與的日間禮儀活動或晚間宴會，能夠更好地幫助設計師選擇材料，設計出滿足不同場合需求的禮服樣式。

▶ 回溯

舊式風衣長袍、巴洛克式壁紙與動物搭配在一起，體現出一種詼諧的古怪。以藍色和紫色作為系列的主打色彩，形成比較濃鬱的弱對比。

2 確定應用元素並繪製線稿

根據主題可以選擇一些新奇的輪廓元素作為創作要點，另外裝飾是不可缺少的設計環節。在主題中應該設計多種類的禮服，例如日裝禮服、雞尾酒禮服和晚禮服，以便滿足不同消費者不同的需求。這一系列的設計應用了較多的日裝元素，主要展現端莊與詼諧的完美結合。

▼ 借鑒要素　▼ 款式設計

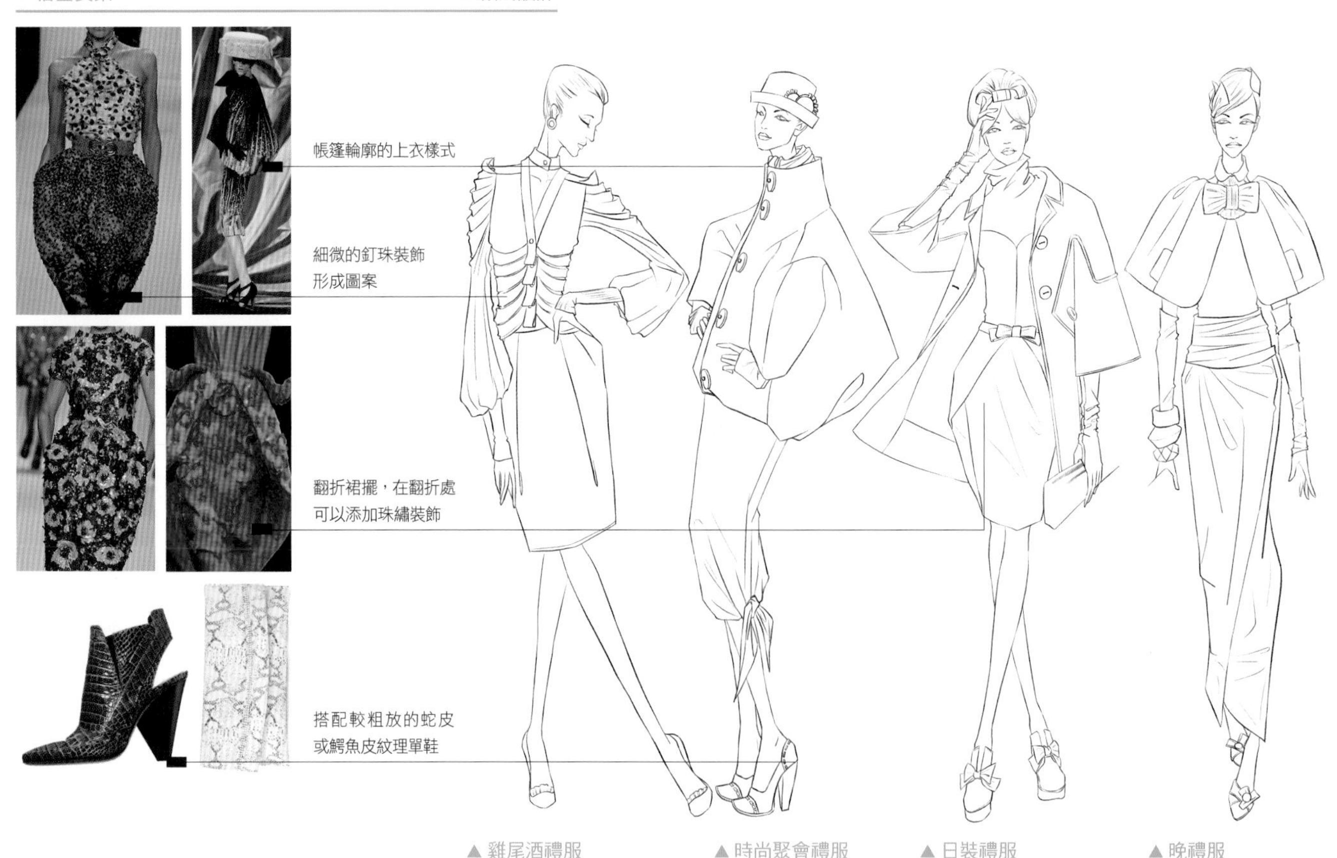

▲ 雞尾酒禮服　▲ 時尚聚會禮服　▲ 日裝禮服　▲ 晚禮服

3 繪製人體色彩

本系列用Photoshop軟件進行著色。
選用較白皙的膚色，搭配紅唇、眼線的復古妝容，再用精緻的盤發來襯托整體造型。

▲ 艷麗的彩妝用色　▲ 膚色、髮色

4 填充服裝色彩

用油漆桶工具填充服裝色彩。
主色為紫紅色和灰藍色，間或搭配一些淺藍與灰色。

▲ 主要配色

5 疊加材料肌理

將裝飾性的材料肌理掃描入電腦製作成圖案。規則的肌理可以用油漆桶工具直接填充疊加在時裝上，珠繡裝飾則需要逐片組合，再應用到對應的位置。

▼ 主要材料

絲硬緞

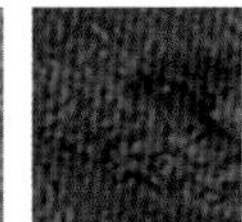
天鵝絨

▼ 裝飾肌理

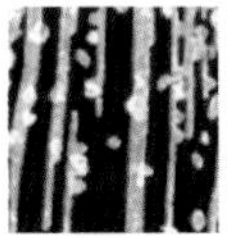
珠片裝飾

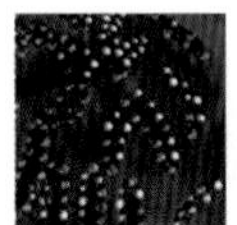
拼貼鑲鑽絨

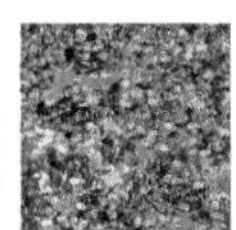
珠繡材料

平紋針織

壓褶滌棉

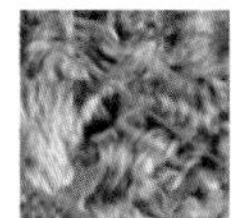
羊羔毛

6 繪製配飾色彩與肌理

將配飾材料掃描入電腦，並製作成圖案，再用油漆桶工具逐一填充。

▼ 配飾配色

▼ 配飾肌理

鱷魚皮

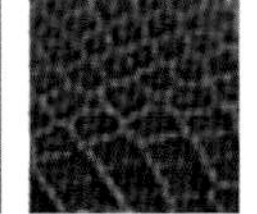
壓花牛皮

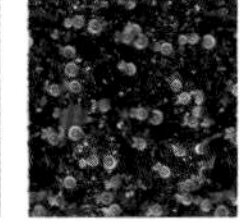
珠繡材料

7 繪製衣紋褶皺，完成稿件

該系列時裝的主要材料是天鵝絨與絲硬緞，這兩種材料前者具有細微的絨面光澤和柔和的反光，後者則有緞子的微妙光感，因此需要用考究的明暗變化來表現材料肌理。繪製天鵝絨時，可以用噴槍柔邊圓畫筆工具添加邊界分明的陰影，再選擇比陰影稍亮的色彩用同樣的畫筆繪製暗部反光處，形成柔和的絨質反光。繪製絲硬緞則要先繪製暗部，再用噴槍柔邊圓畫筆工具選擇略淺的灰白色繪製亮部，最後在細節處用白色柔角畫筆工具提出亮點即可。皮革配飾也需要繪製相應的亮點。

▲ 繪製暗部

▲ 繪製亮部，提出亮點

4.2 男裝分類表現

男裝通常可以被分為兩類：較為正式的套裝系列和舒適輕鬆的休閒裝系列。男裝系列設計除了要考慮市場需求與流行趨勢之外，更要講究TPO（時間、地點、場合）規則以及結構功能性要素。因此，初學者在學習男裝系列設計時，要在男裝的基本款式搭配和常用款式上花更多的精力，以避免設計出違反男士著裝習慣的作品。

4.2.1 正式服裝系列設計

男式正式服裝的設計與其他品類時裝的設計不同，時尚潮流在這裡的角色並不十分重要，時裝的技術性和TPO原則才是系列設計的關鍵點。男式正式服裝的訴求是表現程式化、身份地位及自律性，因而這三種概念也就自然延伸到系列設計中。

正 分

男士正式服裝包括禮服套裝和常服套裝。禮服尤其是制式化禮服，具有非常嚴格的著裝標準，這類時裝的設計在款式與輪廓上的變化較小，甚至在配色上都有相對嚴格的規定。常服套裝儘管也是針對相對正式場合的一種穿衣方式，但是具有更大的創意設計空間。

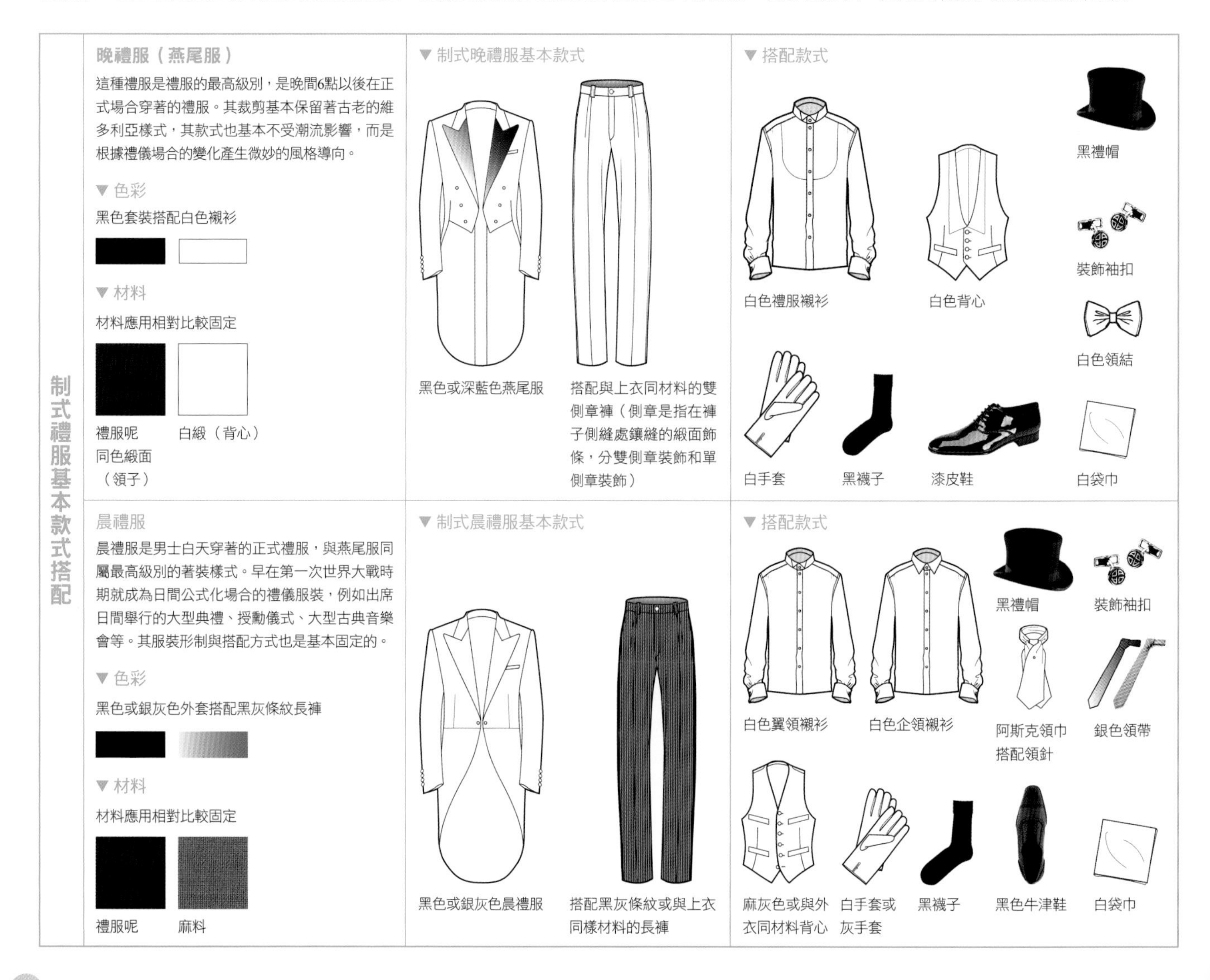

制式禮服基本款式搭配	說明	▼ 制式基本款式	▼ 搭配款式
	晚禮服（燕尾服） 這種禮服是禮服的最高級別，是晚間6點以後在正式場合穿著的禮服。其裁剪基本保留著古老的維多利亞樣式，其款式也基本不受潮流影響，而是根據禮儀場合的變化產生微妙的風格導向。 ▼ 色彩 黑色套裝搭配白色襯衫 ▼ 材料 材料應用相對比較固定 禮服呢 同色緞面 （領子） 白緞（背心）	▼ 制式晚禮服基本款式 黑色或深藍色燕尾服 搭配與上衣同材料的雙側章褲（側章是指在褲子側縫處鑲縫的緞面飾條，分雙側章裝飾和單側章裝飾）	▼ 搭配款式 白色禮服襯衫 白色背心 黑禮帽 裝飾袖扣 白色領結 白手套 黑襪子 漆皮鞋 白袋巾
	晨禮服 晨禮服是男士白天穿著的正式禮服，與燕尾服同屬最高級別的著裝樣式。早在第一次世界大戰時期就成為日間公式化場合的禮儀服裝，例如出席日間舉行的大型典禮、授勳儀式、大型古典音樂會等。其服裝形制與搭配方式也是基本固定的。 ▼ 色彩 黑色或銀灰色外套搭配黑灰條紋長褲 ▼ 材料 材料應用相對比較固定 禮服呢 麻料	▼ 制式晨禮服基本款式 黑色或銀灰色晨禮服 搭配黑灰條紋或與上衣同樣材料的長褲	▼ 搭配款式 白色翼領襯衫 白色企領襯衫 黑禮帽 裝飾袖扣 阿斯克領巾搭配領針 銀色領帶 麻灰色或與外衣同材料背心 白手套或灰手套 黑襪子 黑色牛津鞋 白袋巾

正式禮服基本款式搭配

塔士多禮服

這種禮服也屬於較正式的著裝標準，一般用於參加晚間6點之後舉行的正式宴會、舞會、頒 會、雞尾酒會或是觀劇。

▼ 色彩

黑色或深藍色三件套搭配白襯衫

▼ 材料

可用材料相對制式禮服豐富一些

禮服呢　白緞

▼ 塔式多禮服基本款式

春秋冬三季採用黑色和暗藍色材料；
夏季則採多用白色材料

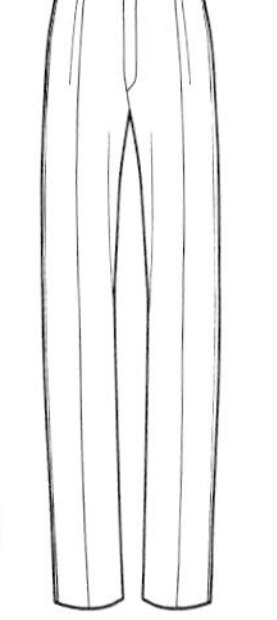

與上衣同材料的單側章褲

▼ 搭配款式

黑領結　裝飾袖扣

白色翼領襯衫或前胸有襞褶的禮服襯衫　企領襯衫　卡瑪飾帶（腰封）　背帶

與外衣同材料的背心　黑襪子　漆皮鞋　袋巾

董事套裝

董事套裝並不僅僅是為董事會成員設計的服裝，而是一種職業的晨禮服，是傳統晨禮服在現代大眾化後的替代款式，一般用於出席較正式的白天禮儀活動。

▼ 色彩

黑色、藍黑色外套搭配黑灰條紋長褲

▼ 材料

材料的使用較為多樣化

禮服呢　精紡西服呢

▼ 董事套裝基本款式

董事套裝

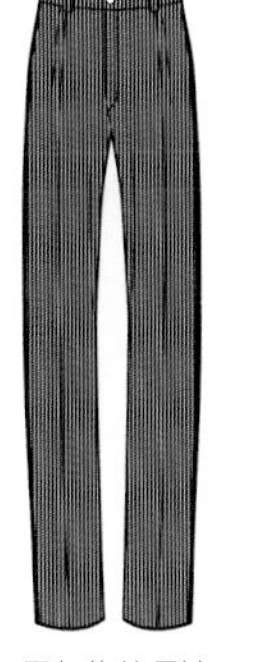

黑灰條紋長褲

▼ 搭配款式

圓頂禮帽　裝飾袖扣

企領襯衫

麻灰色或与外衣同料背心

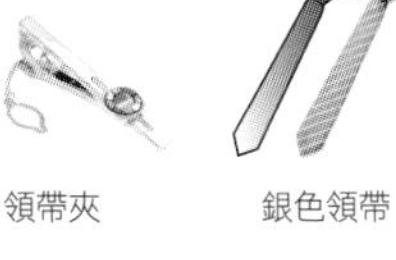

領帶夾　銀色領帶

白手套或灰手套　黑襪子　黑色牛津鞋　袋巾

日常禮服

日常禮服又被稱作黑色套裝，這是一種簡化的常用禮服，沒有強制性的時間標準。如果出席沒有特別提示穿著禮服種類的場合，那麼可以選擇這種服裝出席禮儀性場合。

▼ 色彩

深藍色是基礎色，可以在此基礎上選擇一些比較深的冷色調

▼ 材料

材料的使用較為多樣化

精紡西服呢

▼ 日常禮服基本款式

黑色或深藍色套裝

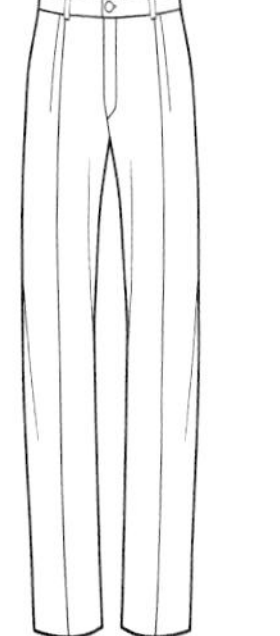

與上衣同材料的長褲

▼ 搭配款式

黑色尖頭領結

裝飾袖扣

企領襯衫或翼領襯衫

大衣外套

單色領帶　條紋領帶

背心　黑襪子　黑色皮鞋　袋巾

常服基本款式搭配

西服套裝

西服套裝是指由同種材料構成的兩件套或三件套，基本延續晨禮服的形制，但是有了更多的設計變化。由於男士正式服裝的簡化趨勢，這種套裝在正式和非正式場合都能使用，成為國際公認的通用時裝。

▼ 色彩

標準色為灰色，可以採用其他色彩進行拓展。顏色越深越趨向於禮服，反之則趨向於休閒服。

▼ 材料

材料應用十分多樣化

精紡西服呢

▼ 西服套裝基本款式

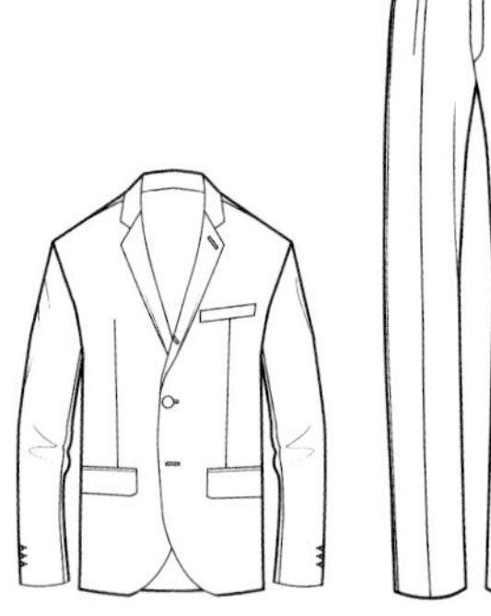

西服套裝　同色長褲

▼ 搭配款式

企領襯衫　條紋領帶　袋巾

同色背心　黑襪子　領帶夾　黑色皮鞋

運動西服

運動西服也稱作“佈雷澤”，一般是三粒扣駁領套裝，採用金屬鈕扣、明貼袋及明線工藝來表現運動休閒感。設計手法多變，不僅是潮流服飾的一部分，還常被作為團隊制服，如校服、俱樂部制服等，因而識別性徽標裝飾也是其特點之一。

▼ 色彩

黑色、藍黑色外套搭配黑灰格紋長褲

▼ 材料

較正式的西裝材料或休閒裝材料均可

禮服呢　斜紋棉織物

▼ 運動西服基本款式

佈雷澤（俱樂部西服）

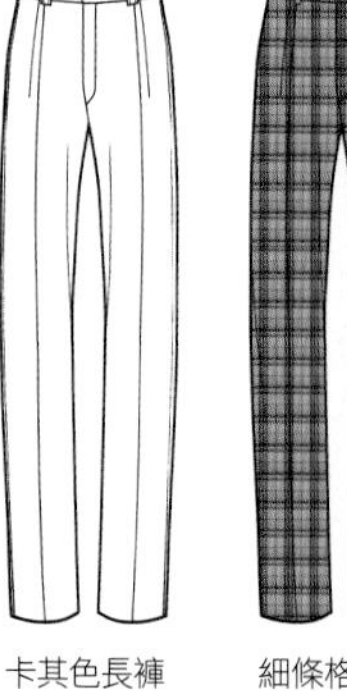

卡其色長褲　細條格長褲

▼ 搭配款式

單色或條紋企領襯衫　徽章　金屬鈕扣

運動襪　休閒鞋　俱樂部領帶

休閒西服

休閒西服既可以以套裝的樣式出現，也可以僅僅只是作為一件夾克外套。這種概念的時裝即可以作為較正式的著裝，也可以作為表現時尚潮流的一種流行樣式。

▼ 色彩

既可以形成單色套裝也可以進行各種色彩搭配

▼ 材料

從厚重的粗花呢、法蘭絨到薄質棉麻織物均可

花呢　混紡棉織物

▼ 休閒西服基本款式

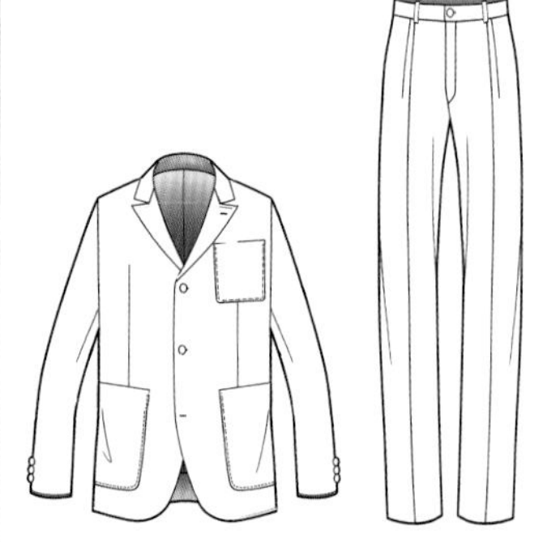

休閒西服　休閒褲

駁領、三粒扣、貼袋

▼ 搭配款式

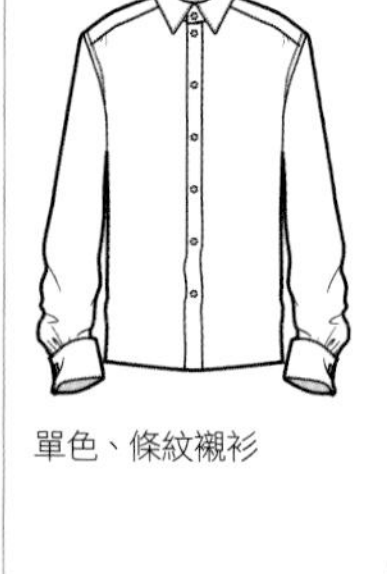

單色、條紋襯衫　針織T恤　俱樂部領帶

運動襪　運動鞋　休閒鞋

正式服裝常用設計元素

正式服裝的設計空間並不大，近一百年來，男式正式服裝基本上沒有發生強烈的變化。比起創意設計，男式正式服裝更講究制式化和標準化，但是時裝流行也不可能總是一成不變的。因此正式服裝的設計要點一般集中在細節的變化上，例如領型大小、比例，扣子樣式，口袋樣式，袖口，門襟等。

1 領型與門襟

儘管男裝領型有一定約定俗成的搭配慣例，但還是可以在細節上進行一些創意設計。

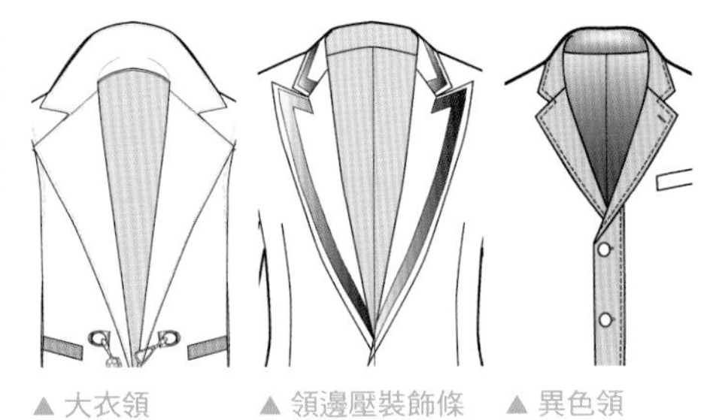

▲ 大衣領　▲ 領邊壓裝飾條　▲ 異色領

2 口袋樣式

男裝口袋樣式變化較多，大體可以分為暗袋、貼袋和立體口袋三種。

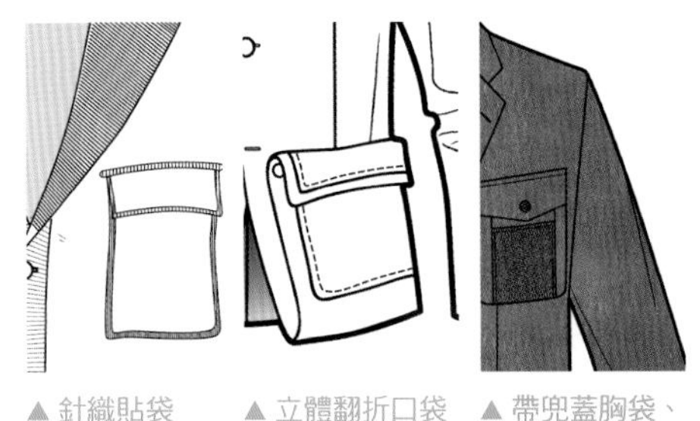

▲ 針織貼袋　▲ 立體翻折口袋　▲ 帶兜蓋胸袋、拼皮裝飾

正式服裝常用款式設計

正式服裝的設計一方面要沿襲多年來的男裝流行形制，另一方面要在可供設計的有限空間中展開創意，以免形成男裝千篇一律的呆板印象。正式服裝常用款式除了上一章節中介紹的基本款式與搭配之外，還有一些常用的變化樣式。

1 外套

根據男式正式服裝的傳統穿著方式，大衣是唯一可用來禦寒的外套樣式。在潮流的不斷變遷中，大衣逐漸形成了一些具有代表性的風格款式。初學者在學習設計正式服裝外套時，必須先熟悉這些基本款式的設計構成。

▲ 柴斯特外套
搭配：塔士多禮服、董事套裝、日常禮服
常用材料：斜紋軟呢

▲ 波魯外套
搭配：日常禮服、西服套裝、運動西服
常用材料：羊駝毛呢

▲ 風衣外套
搭配：西服套裝、運動西服、休閒西服、
常用材料：華達呢

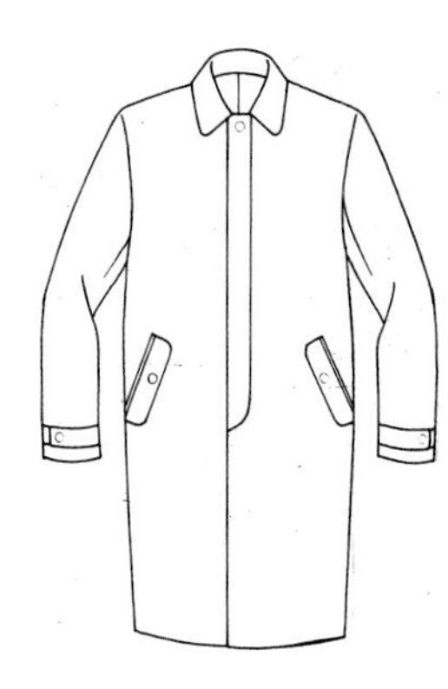

▲ 巴拿馬外套
搭配：西服套裝、運動西服、休閒西服
常用材料：華達呢

2 西服

西服是套裝的主要款式構成，西服的風格造型直接決定了套裝的風格特徵與TPO規則。
注意，在設計時，針對制式要求嚴格的禮服套裝款式要優先考慮TPO規則；而在設計常服尤其是休閒西服時，則可以發揮創意，為設計帶來全新的概念。

▲ 燈芯絨西服

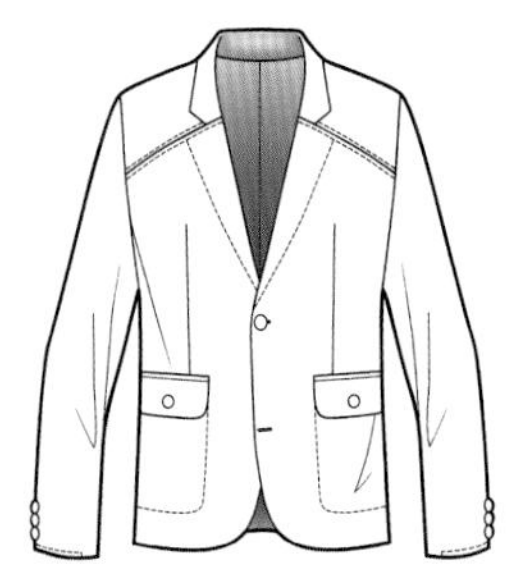

▲ 肩部約克西服

▲ 雙口袋設計

▲ 針織西服

正式服裝系列設計表現技法

瞭解了正式服裝的系統分類、常用設計元素和常用款式設計之後，就可以開始著手進行系列設計了，首先確定系列主題風格和色彩，再根據風格特徵進行調查研究並確定設計應用元素，最後就可以開始著手繪製系列時裝畫了。注意這一類別的系列設計首先要符合男裝TPO原則的要求，其次才符合主題風格的要求。男式正式服裝針對的目標消費者年齡跨度較大，在進行創作時，需要從款式結構、材料和細節上，針對不同的年齡需求進行不同的設計。

1 確定系列主題

男式正式服裝系列設計所針對的消費群體相對女裝而言比較單一，他們對這一類時裝的審美興趣相對一致。儘管追求傳統的保守樣式，但是對於巧妙的創新還是具有濃厚興趣的，尤其是年輕消費者更加熱愛加入了新細節和工藝的半正式風格套裝。
因此兼具懷舊樣式和新元素的系列主題，是最近的男式正式服裝潮流風向標。

▶ 佛羅倫薩

打破文藝復興時期意大利風格慣用的厚重材料和濃重色彩造型，將現代城市的淺灰、淺紫甚至是帶有女性色彩的粉紅色均融入其中。

2 確定應用元素並繪製線稿

在確定應用元素之前，要先確定這一系列的男式正式服裝是傾向於禮服風格還是傾向於常服風格。另外，為了能夠給消費者帶來“一站式”購物體驗，應盡可能多地提供單品種類，從較正式的戧駁領套裝、修身長褲到偏向休閒的針織西裝、短褲套裝，都應該在系列設計中體現。這樣才能更好地迎合消費者的TPO需求，並表現出設計師多樣化的審美取向。

▼ 借鑒要素　　▼ 款式設計

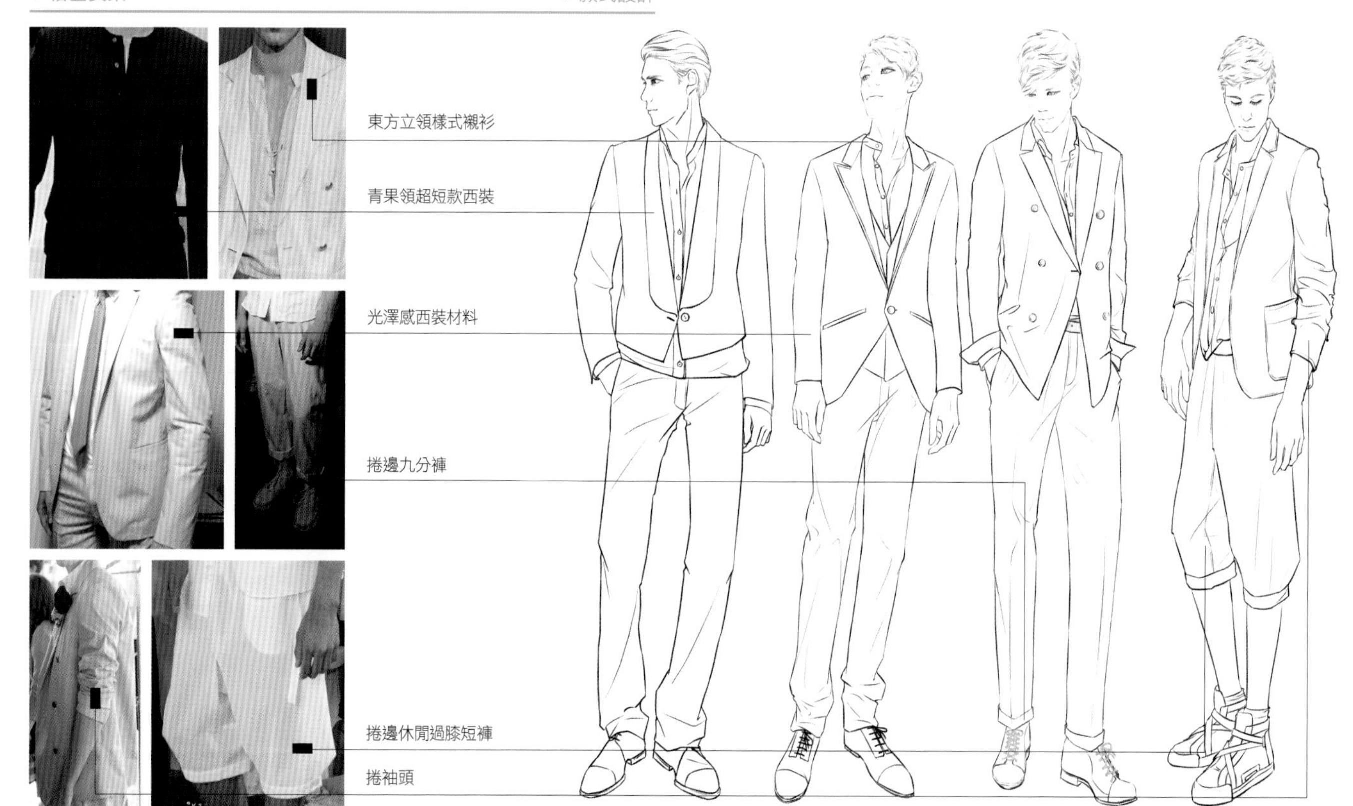

3 繪製人體色彩

本系列用Photoshop軟件進行著色。
為了搭配淺色的時裝款式，可以選擇較白皙的膚色和栗色的髮色。

▲ 膚色、髮色

4 填充主色以及主要材料肌理

用油漆桶工具填充深灰、淺灰色毛華達呢材料，再填充米白色泥地點材料。

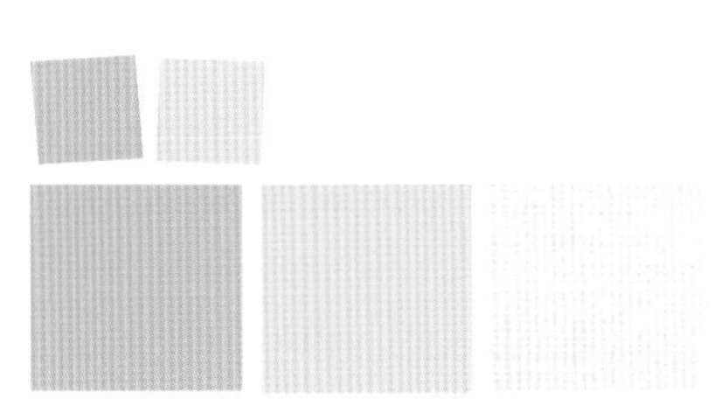

▲ 毛華達呢；泥地點材料

5 搭配輔色以及輔助材料肌理

將紫色亞麻布製作成材料圖案，用油漆桶工具填充。再分別將粉紅色、淺紫色和淺灰色棉府綢製作成材料圖案，由於這三種顏色要填充在一件襯衫上，因此需要先在襯衫上繪製出分界線，再進行填充。

▲ 紫色亞麻布，粉紅色、淺紫色、淺灰色棉府綢

6 繪製配飾色彩與肌理

將配飾材料製作成圖案，再用油漆桶工具依次填充。

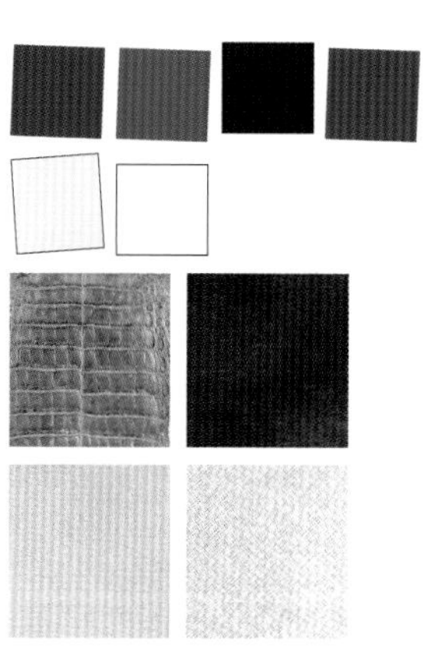

▲ 鱷魚皮；小牛皮；羊皮；斜紋帆布

7 繪製衣紋褶皺，完成稿件

套裝材料採用毛華達呢，這種材料正面質感光滑，帶有隱約的光澤感，手感柔軟，材料輕薄。
因此在繪製衣紋褶皺時，要用細碎、柔和的高光來表現材料的特性。
襯衫所採用的棉府綢是一種無光平紋材料，因此只需表現出褶皺暗部即可。
皮鞋則要在鞋幫和鞋頭處繪製出較強的亮點，體現質感。

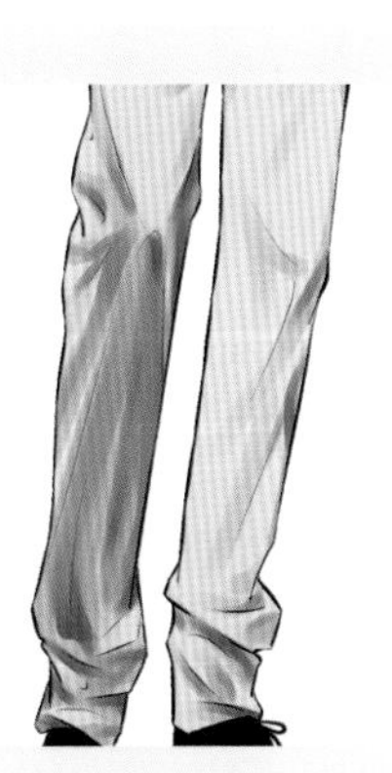

▲ 繪製暗部

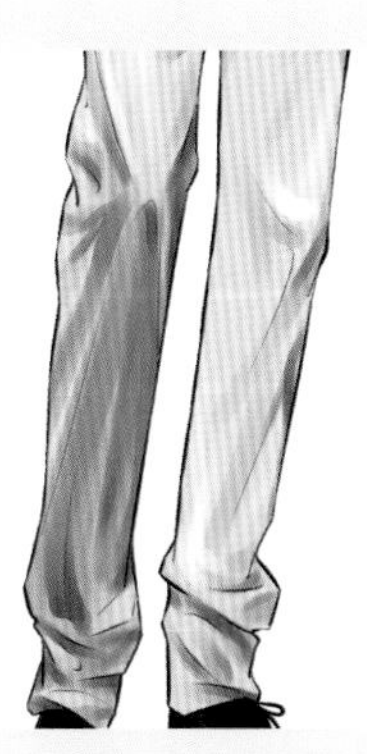

▲ 繪製亮部

4.2.2 休閒裝系列

男式休閒裝比男式正裝具有更多的創意空間，但是這也並不意味著能夠像女裝一樣百無禁忌的實現設計創意。男式休閒裝在設計過程中要注意三個方面的訴求：第一，男性形體起伏並不大，在時裝的結構上以修飾為主，切忌過於暴露曲線或結構設計違背人體功能性要求的結構；第二，男性對著裝的需求實用大於時尚，趕上時尚潮流的同時，務必要讓時裝具備舒適的穿著感、社會認同感和實用功能性；第三，主流男裝的時尚變遷更多的是社會風氣變化所帶來的細微變化，在小範圍內男裝會有一些打破平衡的誇張設計，例如男裝女性化風格。

休閒裝基本款式搭配

比起正裝，休閒裝的基本款式搭配會涉及到很多的時裝品類，包括夾克、外套、T恤、襯衫、針織衫以及各種類型的褲裝，可選的配飾也品種繁多，甚至為了展現獨特的風格特性，還能夠將禮服造型進行變形，然後運用到休閒裝的設計中來。

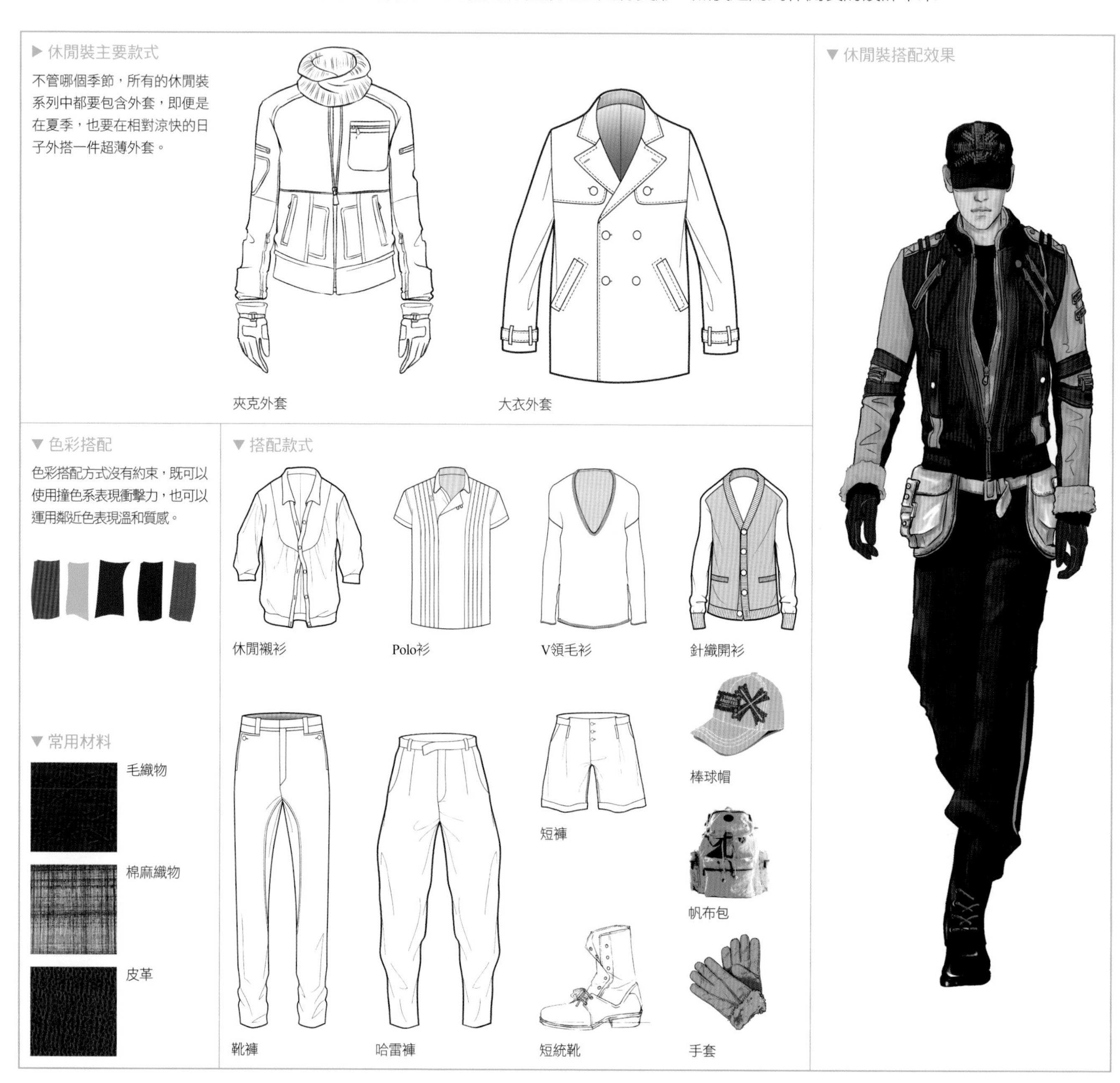

休閒裝常用設計元素

很多設計師喜歡用衝擊性的手法打破男裝常規概念，設計新穎的休閒裝款式，例如朗萬的男裝設計時常會從女裝的設計方法中尋找靈感，德·範·諾頓甚至將裙裝運用到男裝系列設計中。但是主流男裝市場的常用設計概念，仍舊是在細節、工藝、結構等要素上進行創作。

1 分割結構線

男裝的結構分割線與女裝一樣，需要結合人體曲線來進行設計。一方面這些分割線能夠形成新的結構輪廓，另一方面這些線跡本身就是一種裝飾。

▲ 將口袋位置與分割線結合

▲ 胸口的裝飾性分割線

▲ 門襟單獨形成裁片分割

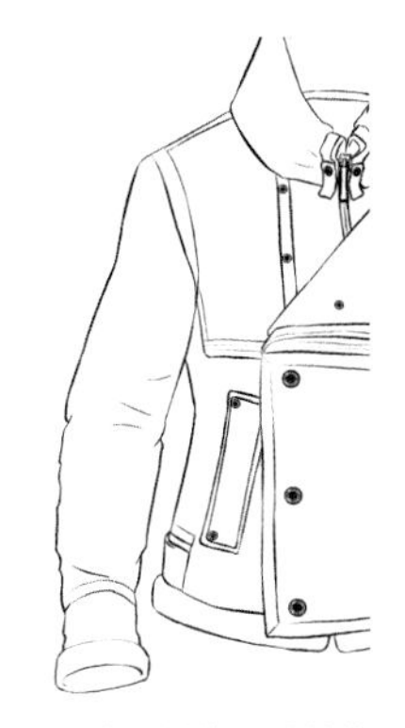
▲ 雙分割線立體袖籠

2 領子與門襟

領子與門襟很容易形成上衣的目光焦點，也因此成為設計師們重點發揮的結構。

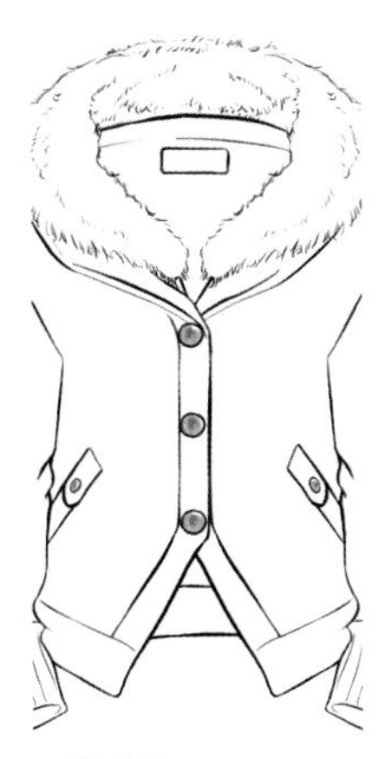
▲ 翻毛領

▲ 圍巾領

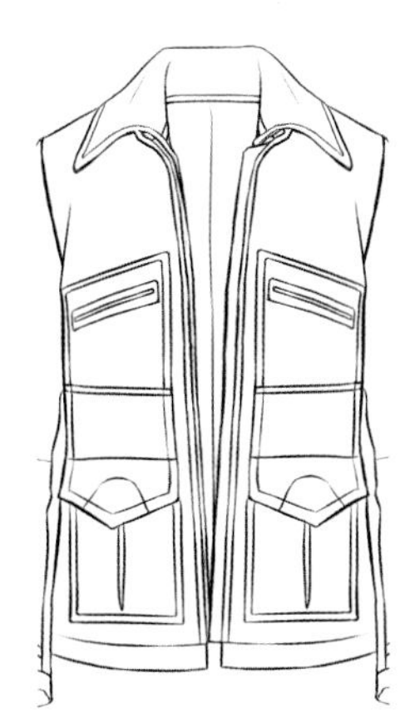
▲ 拉鏈門襟

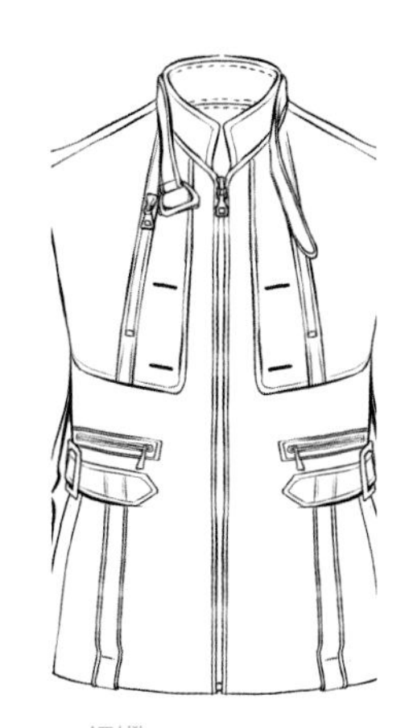
▲ 領襻

3 肘彎與袖口

最初的肘彎部位設計靈感來自工作服，常用貼補、皮革拼縫等方式來加固這一易磨損的部位。袖口的設計來源也是根據防風、防磨損、保暖、活動方便等功能性要求而來。
發展到現在，儘管這些設計要素還具備功能性概念，但是更多的成分是時尚需求。

▲ 肘彎內側絎縫工藝拼接

▲ 肘位拼接柔軟材料，讓手臂易於彎曲

▲ 袖口拉鏈裝飾

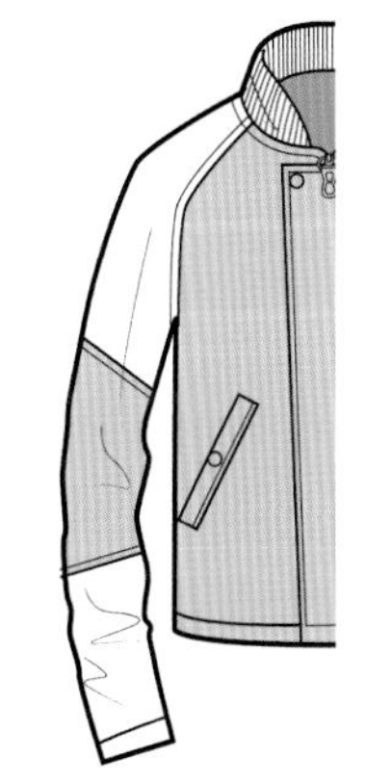
▲ 肘彎部位撞色設計

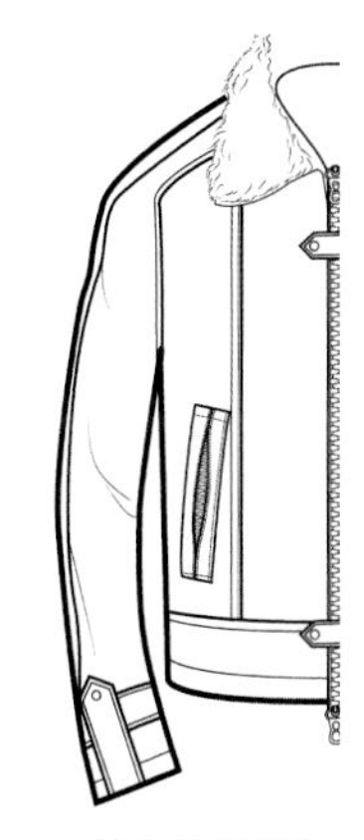
▲ 袖子側章設計，袖口扣袢

休閒裝常用款式設計

男式休閒裝是應用最為廣泛的一個品類，幾乎可以滿足男性生活中所有非正式場合的穿著需求。這一類別的系列設計既講究經典風格、也要求適合混搭，因此需要有更多的單品種類以供消費者選擇。每個季節的系列設計都至少需要6類基本單品，包括夾克、外套、T恤、休閒襯衫、針織開衫以及各種褲裝。

1 夾克

男裝夾克有一些經典的款式可以作為設計靈感與參考，例如機車夾克、運動夾克、防風夾克、獵裝夾克等。

▲ 機車夾克

皮革材料；拉鏈雙層門襟；略微寬鬆。

▲ 運動夾克

裁剪類針織材料；寬鬆舒適；拉鏈門襟；羅紋袖口和底擺。

▲ 獵裝夾克

關門領或駁領；中等衣長；四個口袋；腰帶設計（或背後帶有收縮腰帶）。

▲ 防風夾克

精密織法的防風材料；領口抽繩或帶風帽；袖口和底擺有抽繩防風。

2 外套大衣

男式正式服裝的外套和大衣有較為嚴格的標準，而休閒裝系列的大衣就顯得自由度較高，可以根據流行趨勢和市場需求來選擇不同的材料、材質和結構要素。

▲ 超薄風衣

▲ 軍裝風格大衣

▲ 翻毛領短外套

▲ 尼克服

3 T恤

T恤是休閒裝系列中最常用的品類之一，T恤設計的材料種類和款式變化較少，更多的是在細節和圖案上進行創意。

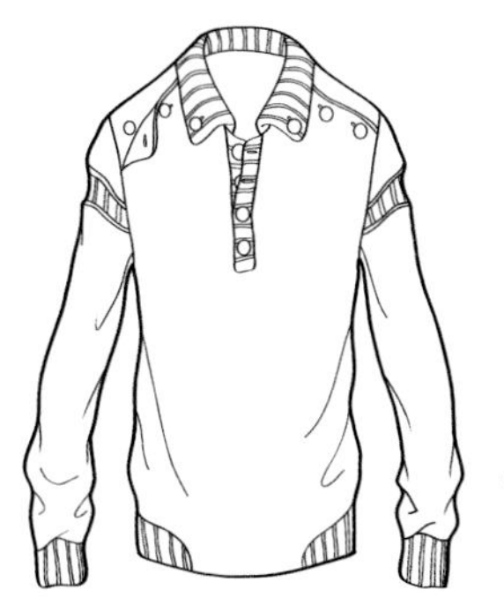

▲ 針織衫（肩線約克處的鈕扣設計）

▲ 超薄無領T恤

▲ 高領T恤

▲ 創意款側邊開叉短袖T恤

4 休閒襯衫

休閒襯衫不僅可作為外套的內搭單品，還可單獨穿著。這類襯衫與正式服裝襯衫不同，既沒有固定的形制也不用遵從配色原則，可以用彩色、格紋、印花、色織等各種材料搭配不同風格的款式。

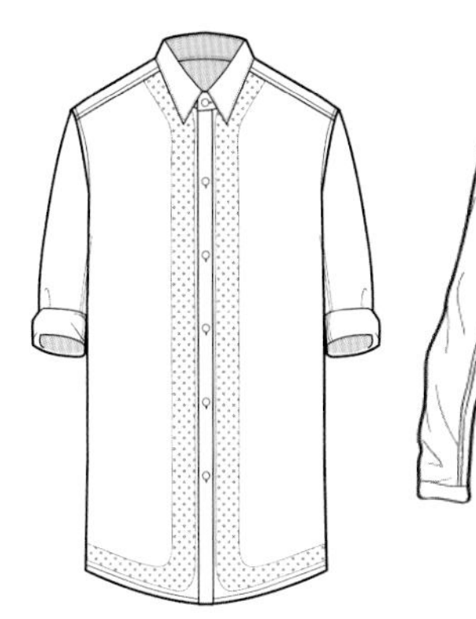

▲ 圖案繡邊襯衫

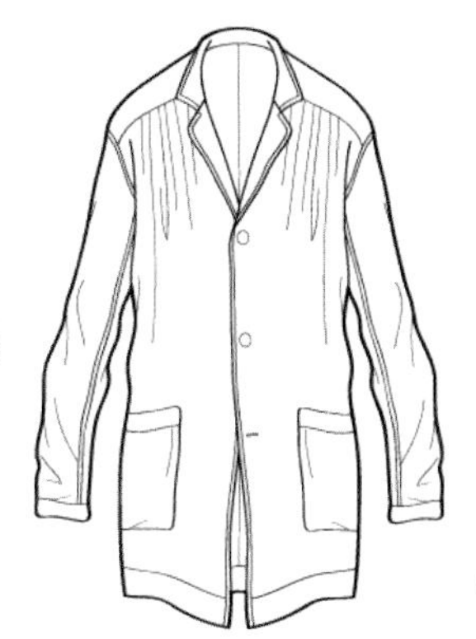

▲ 褶皺長襯衫

▲ 寬鬆外穿襯衫

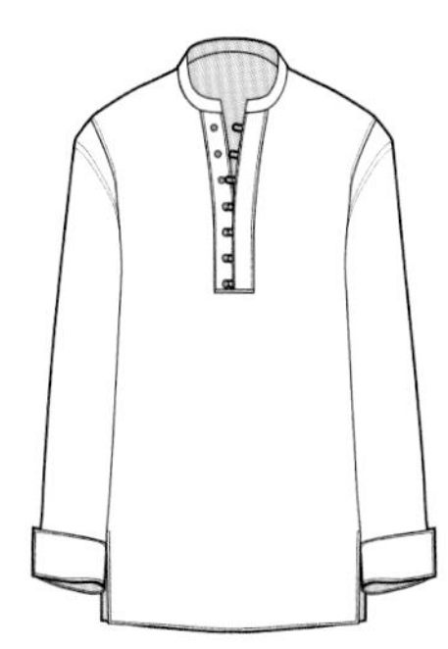

▲ 東方樣式襯衫

5 針織開衫

針織開衫的搭配方式很多，既可以內搭T恤和襯衫，也可以外搭大衣作為保暖層，還可以直接作為外套穿著。

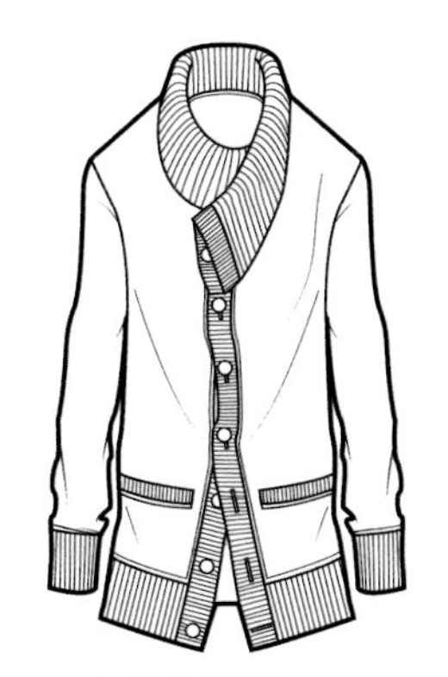

▲ 城堡領針織衫

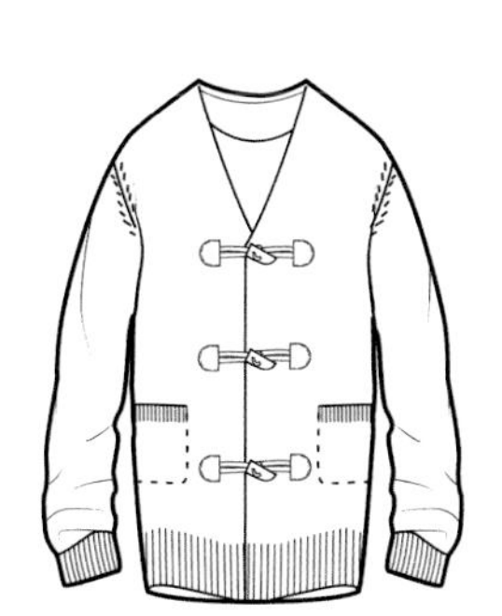

▲ 牛角扣針織衫

▲ 翻領針織衫

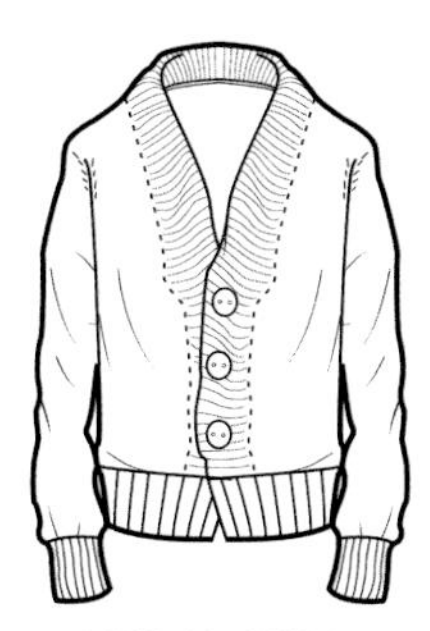

▲ 寬鬆粗線針織衫

6 褲裝

休閒褲裝的款式眾多，可以用不同的褲長、立襠長、材料，再搭配各種豐富的細節。在近年來的時尚設計大潮中，男裝休閒褲設計的多樣化幾乎可以趕超女裝樣式。

▲ 三片褲

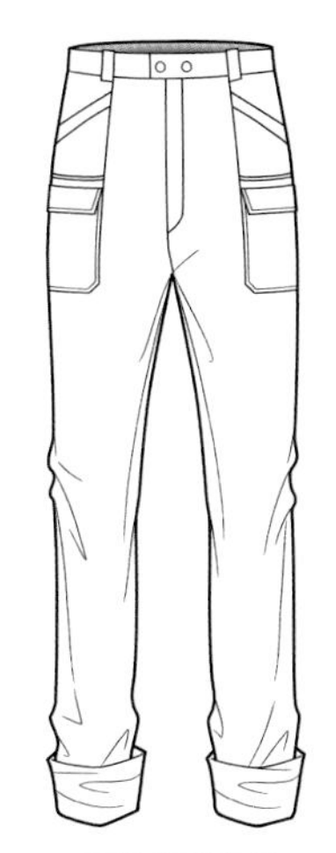

▲ 寬鬆捲邊設計

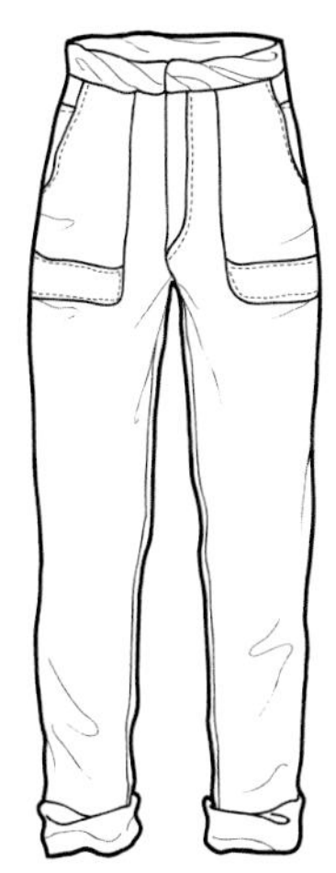

▲ 自然擰捲腰頭

▲ 格紋褲

休閒裝系列設計表現技法

男士休閒裝系列設計要著重表現舒適的穿衣方式、潮流風向以及獨特的細節。休閒裝針對的目標消費者年齡跨度較大，不同年齡的顧客對於休閒裝有不同的風格愛好，另外不同的穿著場合也要求休閒裝有不同的功能應對。在主題選擇上較為寬泛，從青少年潮流元素到成熟復古元素都可以作為靈感來源。

1 確定系列主題

休閒裝的設計主題大致有兩個方向，一是更偏向青年元素的設計概念，例如搖滾、哥特、機車、軍旅、街頭風格；另一個是追求舒適的自然風格，例如度假風格、高爾夫風格、鄉村風格等。

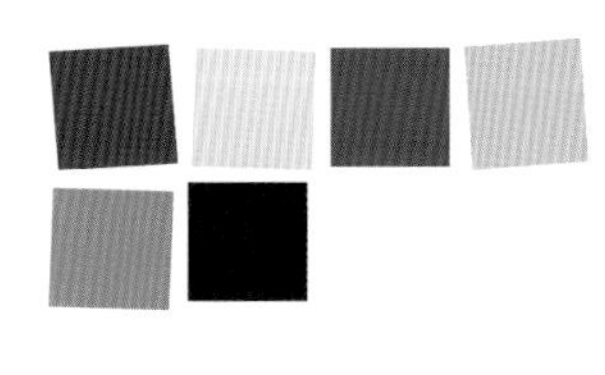

▶ 骷髏紳士

將骷髏作為主要流行元素，再搭配傳統時裝款式，用一種趣味、詼諧的手段來挑戰男裝的傳統平衡。

2 確定應用元素並繪製線稿

根據主題概念，系列設計的立意在於將傳統的男裝款式用另類的搭配方式展現出來，例如撞色領口、拼接Polo衫的袖口、普通圓領針織衫用超薄透明材料、骷髏圖案的印花T恤、男士穿著裙套裝等方式。

▼ 借鑒要素　　▼ 款式設計

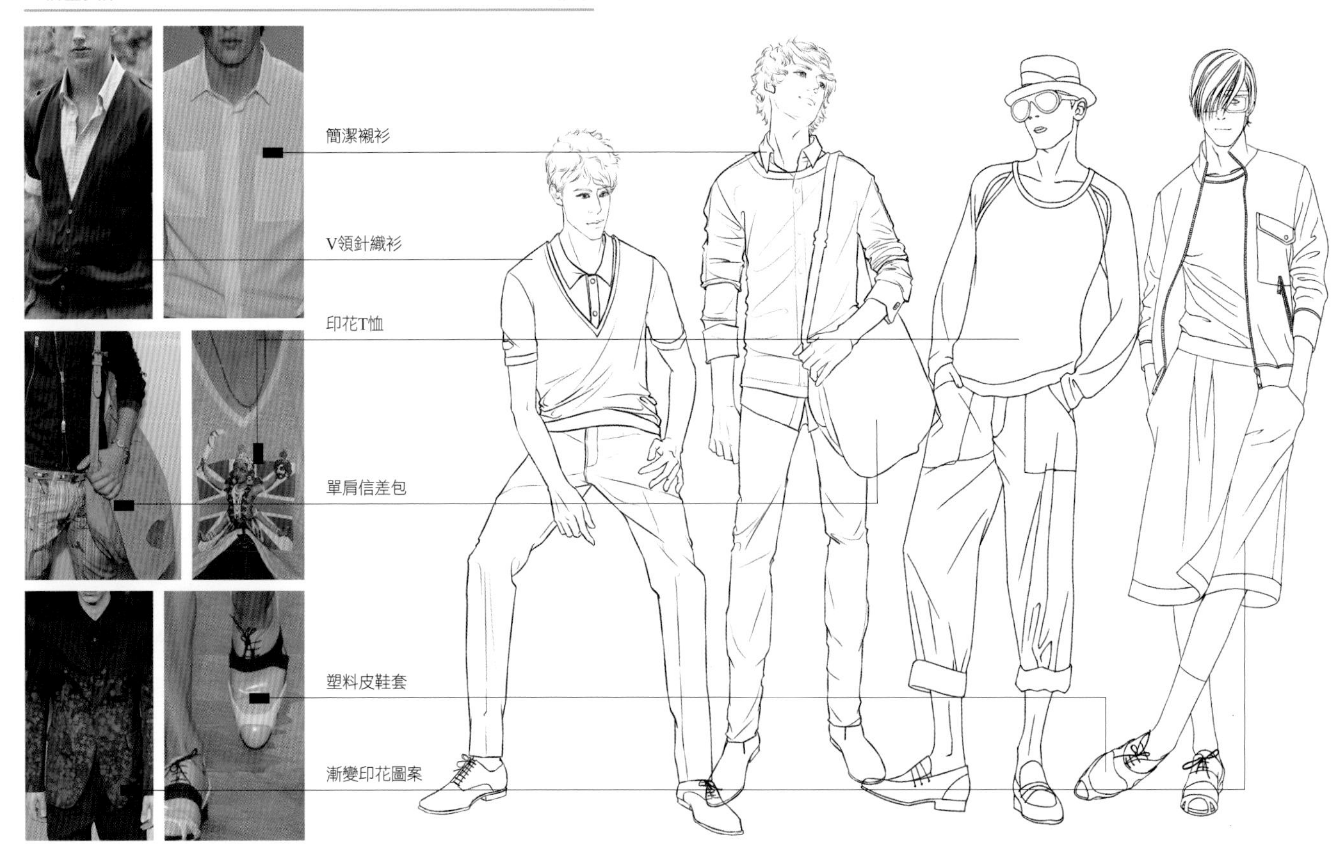

3 繪製人體色彩

本系列用Photoshop軟件進行著色。
為了搭配淺色的時裝款式，可以選擇較白皙的膚色和栗色的髮色。

▲ 膚色、髮色

4 填充主色以及主要材料肌理

將紫色毛氈、紫色細帆布、灰色超薄針織衫和淺藍色印花棉布製作成為圖案，依次填充。
將藍色的散點圖案用魔棒工具去除背景色，僅留下圖案，放置在紫色圖層上，擦除多餘的圖案，再將圖層的透明度屬性調整為80%，形成較自然的圖案印染效果。

▲ 紫色毛氈；超薄針織材料；印花棉布；紫色細帆布

5 搭配輔色以及輔助材料肌理

將規則肌理的材料製作成為圖案，用油漆桶工具填充。將不規則圖案放置在T恤圖層上，使用“自由變換”命令調整圖案至適合服裝的透視角度，然後擦除多餘的部分，將圖層混合模式設置為“正片疊底”即可。

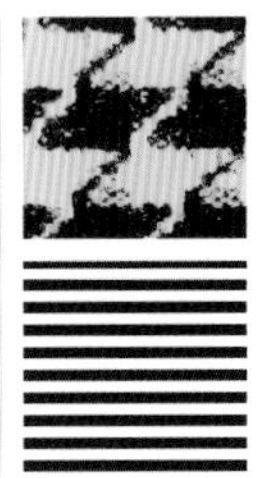

▲ 骷髏圖案；千鳥格；條紋印花

6 繪製配飾色彩與肌理

將配飾材料製作成為圖案，並逐一填充。

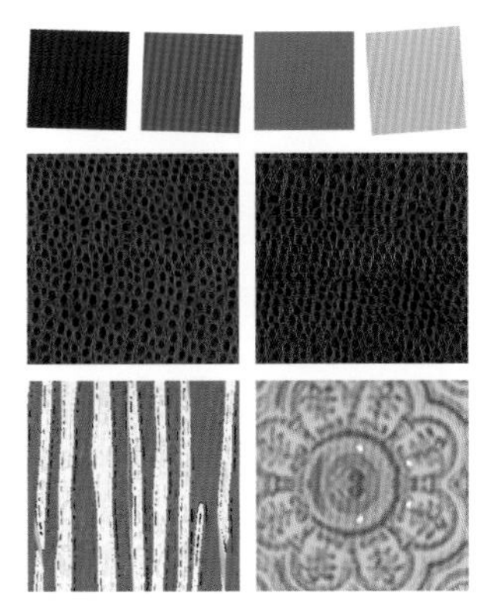

▲ 深藍色小牛皮；棗紅色小牛皮；
綠色印花針織布；綠色軋花珠光皮

7 繪製衣紋褶皺，完成稿件

新建圖層混合模式為“線性加深”的圖層，選擇噴槍柔邊畫筆工具，用20%的灰色繪製暗部。

然後繪製亮部。毛氈材料可以用比材料略淺的色彩繪製亮部，並將亮部的圖層混合模式設置為“溶解”，以表現毛絨質感。針織材料可以用不透明度為40%的柔角畫筆工具，逐一繪製褶皺亮部。細帆布則可以先用多邊形套索工具選中需要繪製亮部的部分，再選擇噴槍柔邊畫筆工具，用大筆觸繪製豐富的亮部區域，來表現其細緻的光澤。

▲ 繪製暗部

▲ 繪製亮部

1 2

4.3 針織服裝

按照製作工藝的不同，可以將針織服裝劃分為兩類：裁剪類針織服裝與成型類針織服裝。這兩種服裝的共同點在於都具有柔軟的手感，是較為舒適的一種時裝品類。

近年來，豐富的紗線種類和編織手法讓針織服裝成為潮流的重點品類，而不再僅僅是家居、舒適的代名詞。

針織服裝分類

針織材料能夠帶來豐富的設計效果，既可以紡織得輕薄柔軟，表現垂墜感和絲光感，也能夠用粗針織造並進行氈化處理，使其輪廓硬挺，手感粗糙。可用這類材料製作的時裝幾乎涵蓋禮服、休閒裝、西裝、內衣甚至家居服等範疇。按照製作工藝可以將針織服裝分為裁剪類針織和成型類針織兩大類。

2 成型類針織時裝

成型類針織時裝是指，直接用手工或機械橫機將紗線紡織成衣片，再縫合而成的時裝。
這類時裝可塑性強，既可以形成超薄半透明的效果，也可以運用粗棒針表現厚重的肌理，甚至可以加工成華達呢式的挺括外套。

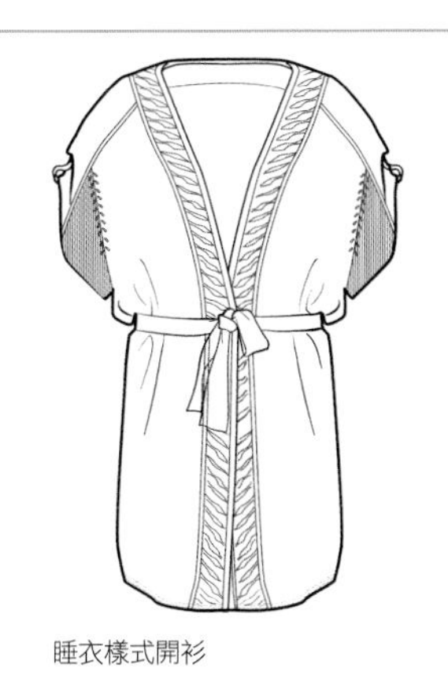
睡衣樣式開衫

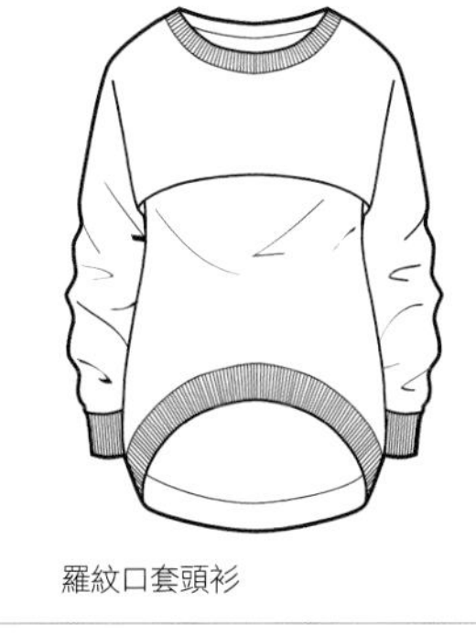
羅紋口套頭衫

▼ 成型類針織時裝搭配效果

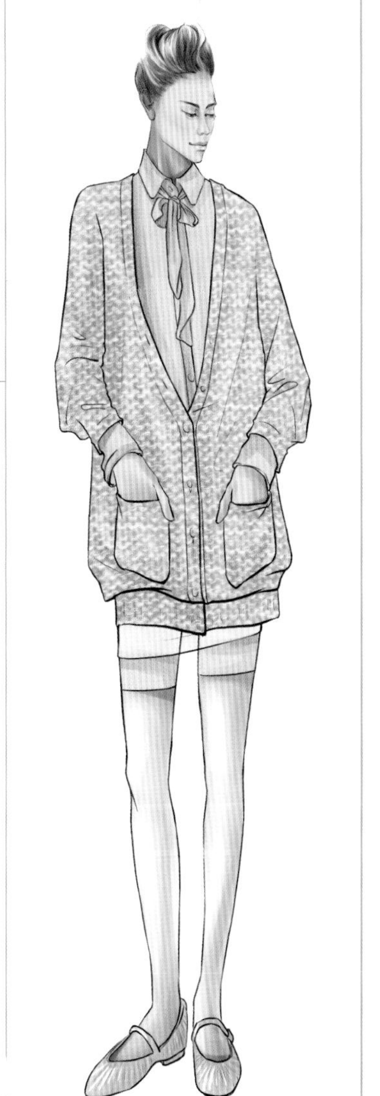

▼ 色彩搭配

成型類針織可以選擇較為溫和的色彩搭配以符合毛線的溫暖質感。

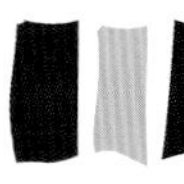
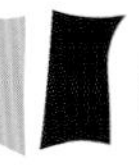

▼ 搭配款式

針織外套

針織Polo衫

▼ 常用材料

羊毛

多線混紡

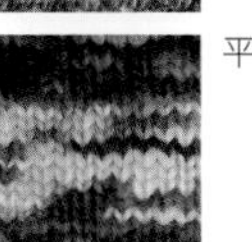
平針花式線

寬鬆針織褲

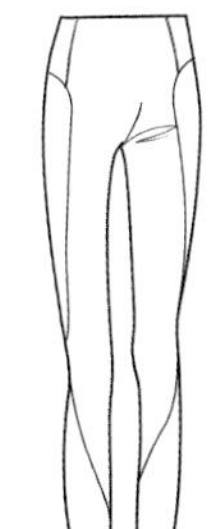
緊身針織褲

毛衣項鏈

圍巾

鞋款

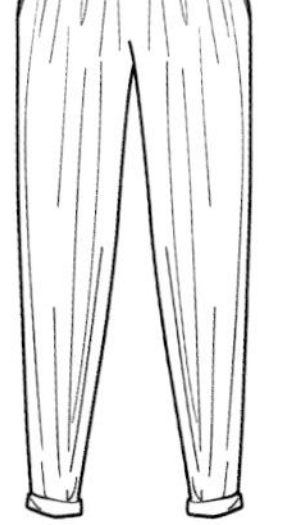
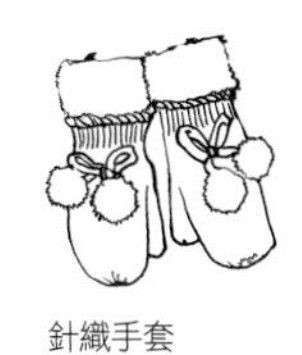
針織手套

裁剪類針織時裝常用款式設計

裁剪類針織時裝在近年來的時尚潮流中逐漸成為重要角色，幾乎所有的風格系列中都會有一兩款裁剪類針織時裝作為不可或缺的搭配款式。這一類時裝涉及禮服、西裝、上衣、外套、運動服、裙裝、褲裝等諸多品類，其中上衣、外套和褲裝是最重要的單品種類。

1 上衣

裁剪類針織上衣包括各種設計款式，從男性化風格的T恤、衛衣到偏向女性化風格的披肩、抹胸、吊帶等。

▲ 吊帶搭配超薄透明針織衫

▲ 無袖上衣

▲ 衛衣（常搭配同種材料的衛褲或短裙）

▲ 翻領T恤

2 針織外套

針織外套是最常見的外搭單品之一，根據其不同的材料和設計風格，能夠展現出完全不同的穿著樣式。

▲ 無領針織開衫

▲ 泡泡袖拉鏈開衫

▲ 針織西裝

▲ 插肩袖褶皺開衫

3 針織褲

針織褲是街頭時尚的常見單品，這類褲裝能夠擁有梭織所難以達到的柔軟效果、豐富褶皺和穿著舒適感。

▲ 斜門襟縮口短褲

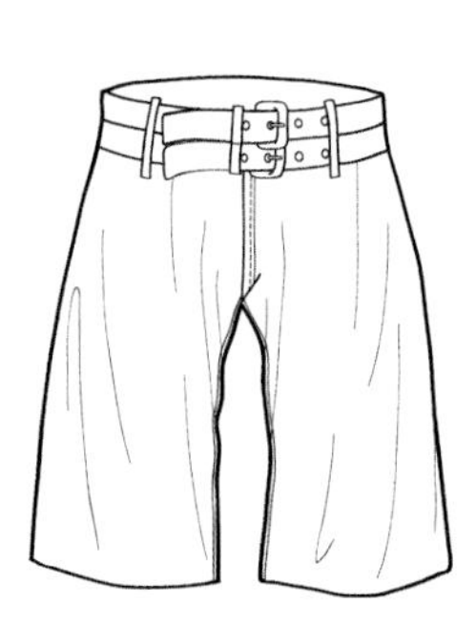

▲ 寬腰帶短褲

▲ 緊腿針織哈雷褲

▲ 打褶捲邊褲

成型類針織時裝常用款式設計

成型類針織時裝在設計上有一定的技術難度，設計師必須熟知紗線的性能、花型的織法、材料的選取、裁片樣式以及創新肌理等。正因為這類時裝材料的複雜性，也帶來了款式設計的多樣性。針織時裝不僅能夠成為大多數系列設計的必備單品，還有一些品牌將純粹的針織時裝作為主打產品，例如米索尼、TSE等。

1 套頭毛衫

套頭毛衫是針織類時裝最經典的款式，最初只用於男裝。現在的套頭毛衫設計樣式講究輪廓的創新與針法工藝。

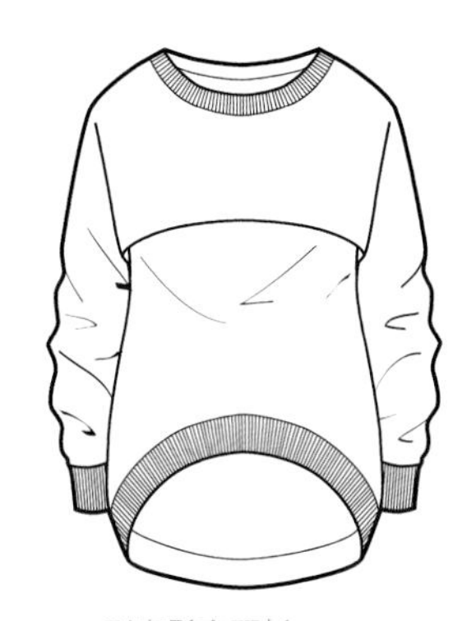
▲ O型寬鬆套頭衫

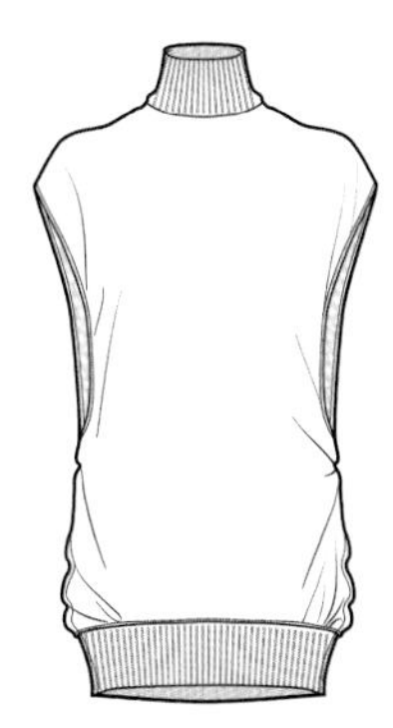
▲ 低袖窿高領背心

▲ 透明毛衫

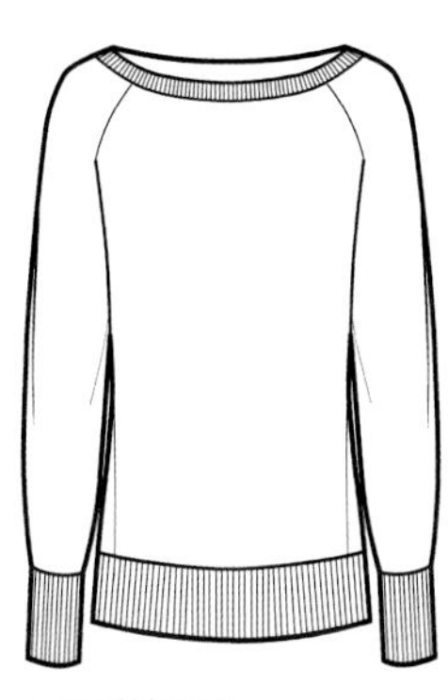
▲ 插肩袖樣式

2 毛衫外套

這種款式時常與輕鬆、休閒的概念掛鈎。
在設計上講究紗線的選擇以及毛衫的針法花型。

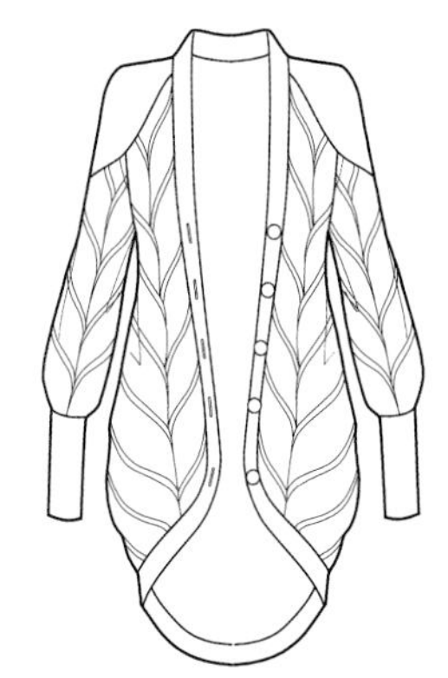
▲ 麻花辮花型粗線開衫

▲ 薄型長開衫

▲ 圍巾領系帶厚毛衫

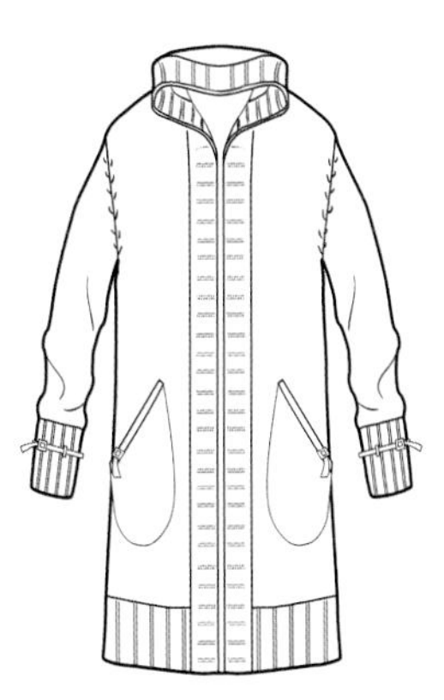
▲ 磨毛針織外套

3 針織連身裙

針織連身裙不僅僅是舒適的代名詞，在時尚設計中，恰當的選材和設計能夠讓這類單品適合職業裝、日裝禮服以及休閒裝等應用類別。

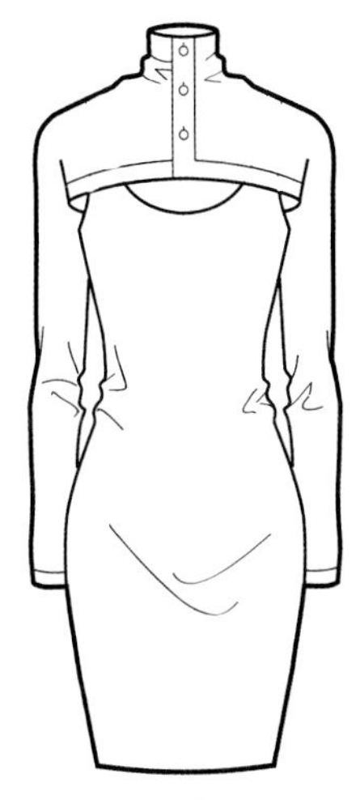
▲ 超短罩衫連衣裙

▲ 鑰匙領日裝禮服裙

▲ 立體編花超短連衣裙

▲ 休閒寬鬆針織裙

針織系列設計表現技法

瞭解針織時裝的基本搭配、常用設計元素和常用款式之後就可以開始進行系列設計了，尤其要注意這一類別的材料大都鬆軟，定型性與可塑性較弱，這就決定了時裝款式的易變性，普遍缺乏防風性和挺闊感。因此，在進行針織系列設計時，一方面可以針對服裝的特性揚長避短，表現出針織特有的輕鬆休閒質感，另一方面也可以加入梭織產品作為設計輔助。

1 確定系列主題

針織系列設計的主題主要為色彩搭配和花型創作提供靈感。在主題確定後，最好嘗試設計出幾款花型與配色織片，一方面可以更好地分析主題，另一方面可以檢驗是否能實現創意。

▶ 彩繪

各種陶瓷的彩繪紋樣清新且淡雅，很適合作為針織系列的圖案借鑒元素。

2 確定應用元素並繪製線稿

針織系列設計並不意味著所有的單品都要運用針織材料，事實上，針織與梭織結合搭配才能豐富設計層次並相互襯托。"彩繪"這一主題將圖案與紅綠撞色作為靈感思路，因此設定應用元素時，要更多地關注各種潮流圖案，包括梭織時裝的色彩搭配與圖案設計。

▼ 借鑒要素　　▼ 款式設計

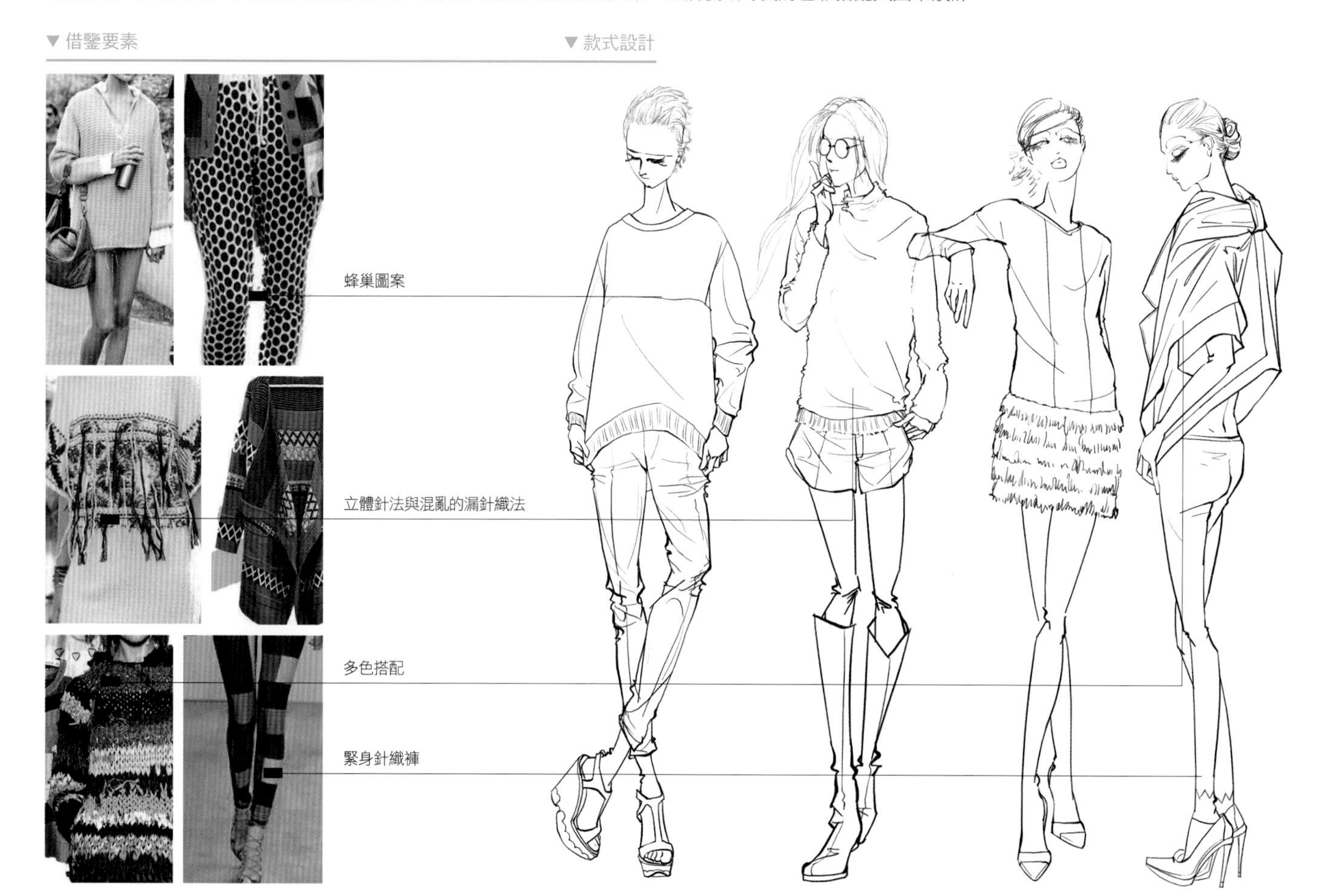

3 繪製人體色彩

本系列用Photoshop軟件進行著色。
先用油漆桶工具填充較淺的膚色，再用噴槍柔邊畫筆工具塗抹皮膚暗面。因為皮膚圖層會被設置在最底層，所以色彩可以略微超過界限，並用後期填充的服裝圖層遮蓋住多餘的部分。

▲ 棕黃色系彩妝　▲ 膚色、髮色

4 填充主色以及主要材料肌理

將針織織片小樣掃描入電腦製作成圖案，然後依次填充。
不規則圖案可以用拼貼剪切的方法完成填充。

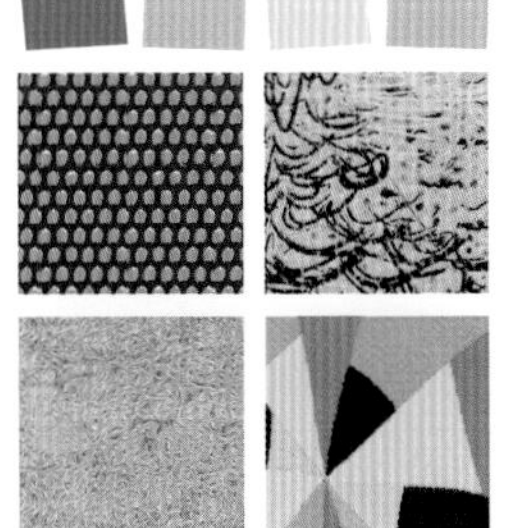

▲ 羊毛混紡針織織片

5 搭配輔色以及輔助材料肌理

將輔助材料製作成圖案，依次填充即可。

▲ 灰色毛氈；粉紅色羅緞；
綠色提花針織材料；粉白羅緞

6 繪製配飾色彩與肌理

將配飾材料製作成圖案，依次填充。

▲ 黃色軋花牛皮；黃色珠繡裝飾；
綠色蛇紋皮；灰色牛津布

7 繪製衣紋褶皺，完成稿件

針織材料柔軟厚重，因此形成的材料褶皺要用大筆觸來表現暗面，且不需要表現亮面。

製作褲裝的羅緞是由絲、羊毛以及人造纖維混紡而成，正面具有光澤，且垂墜感好。因此需要繪製褶皺的受光面。

先用多邊形套索工具選中褲裝亮面，再用20%灰色的噴槍柔邊圓畫筆工具，在圖層混合模式為“線性減淡”的新建圖層上塗抹選區內部。這樣通過選區繪製，能形成邊緣乾脆的效果，可表現出褲裝的乾淨利落。

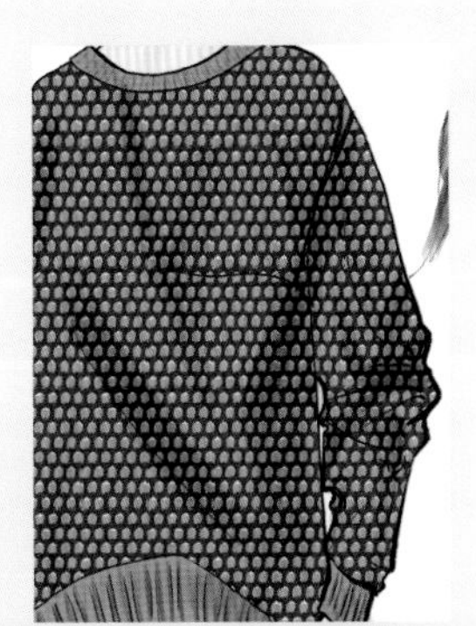

粗厚的蜂巢肌理，用硬朗的大筆觸表現暗部，表現出材料的挺括感

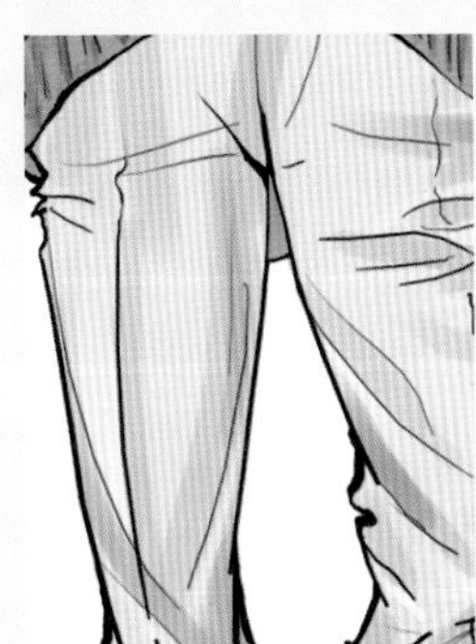

具有光澤感的羅緞

薄毛氈柔軟、表面粗糙，用對比度不大的顏色表現暗部，可顯示其柔和的質感

毛絨流蘇通過線稿即可表現出質感，因此大略表現出明暗即可

運用色差表現不同的紡織效果。上部是打籽提花效果，會因為細小的立體顆粒形成投影而略深，下部的平針織物則顯得略淺

4.4 內衣與家居服

內衣與家居服涵蓋的範圍比其字面意思要廣一些，內衣不但包括塑形內衣、普通打底內衣、內褲，還包括泳裝、沙灘裝等具備同樣功能性與結構性的時裝。而家居服則更為豐富，不但囊括傳統的晨服、睡衣，還包括瑜伽服、體操服、家居工作服等品類。因此，在學習內衣與家居服的系列設計時，要更多的關注服裝的功能性和舒適性。

內衣基本款式搭配

女式內衣可分為胸衣和內衣兩類，胸衣包括緊身胸衣、文胸、束腹帶和塑形上衣等；內衣則包括內褲、吊帶背心、襯裙等貼身穿著的服飾。男式內衣可分為內衣和內褲兩類，內衣包括背心、長袖內衣、柔軟襯衣；內褲包括合體內褲和寬鬆內褲兩種。另外，由於泳裝與沙灘裝在結構設計、工藝製作等方面與內衣非常接近，因此，大多數設計內衣的品牌同時也會設計泳裝系列。

家居服基本款式搭配

家居服可以分為晨服與睡衣兩類，晨服包括瑜伽服、舞蹈服、柔軟的家居便服等款式；睡衣則包括寬鬆睡衣褲、睡裙、長睡袍、浴袍等樣式。家居服的設計一方面要注重潮流趨勢，另一方面要注重選擇柔軟、環保的材料，不要採用影響穿著舒適感的裝飾手法。

衣系列設計表現技法

瞭解了內衣和家居服的基本款式搭配之後，開始著手進行系列設計。首先確定系列主題風格和色彩，再根據風格特徵進行調查研究並確定設計應用元素，最後可以開始著手繪製系列時裝畫了。內衣系列設計一方面需要考慮其結構與功能性需求，另一方面還要根據主題風格靈感，進行視覺上的設計創新。

1 確定系列主題

內衣系列設計一方面需要考慮結構與功能性的需求，另一方面還要根據主題風格靈感，進行視覺上的設計創新。內衣產品針對的顧客年齡跨度較大，往往從兒童、青少年到老年人都包含在內，因而在進行系列設計時還要著重考慮不同年齡的審美需求與功能性需求，例如青少年會喜歡簡單輕鬆的圖案、柔軟的棉質材料以及舒適帶有適度支撐性的內衣，而成熟女性則需要更強烈的塑形性以及性感的款式設計。

▶ 性感莓果

這一主題希望將復古的款式設計結合時尚的配色。精緻蕾絲和性感的造型往往有過於成熟的暗喻，加入新鮮的莓果色能夠提亮整個設計格調。

2 確定應用元素並繪製線稿

這一系列設計針對較年輕的女性需求，既要表現性感設計又要兼顧年輕女性特有的青澀感。因此選擇了莓果紅與黑色這兩種帶有強烈情緒對比的色彩作為主要應用元素，另外為了表現出主題中的性感概念，大量應用了透疊效果和細節蕾絲。

▼ 借鑒要素　　▼ 款式設計

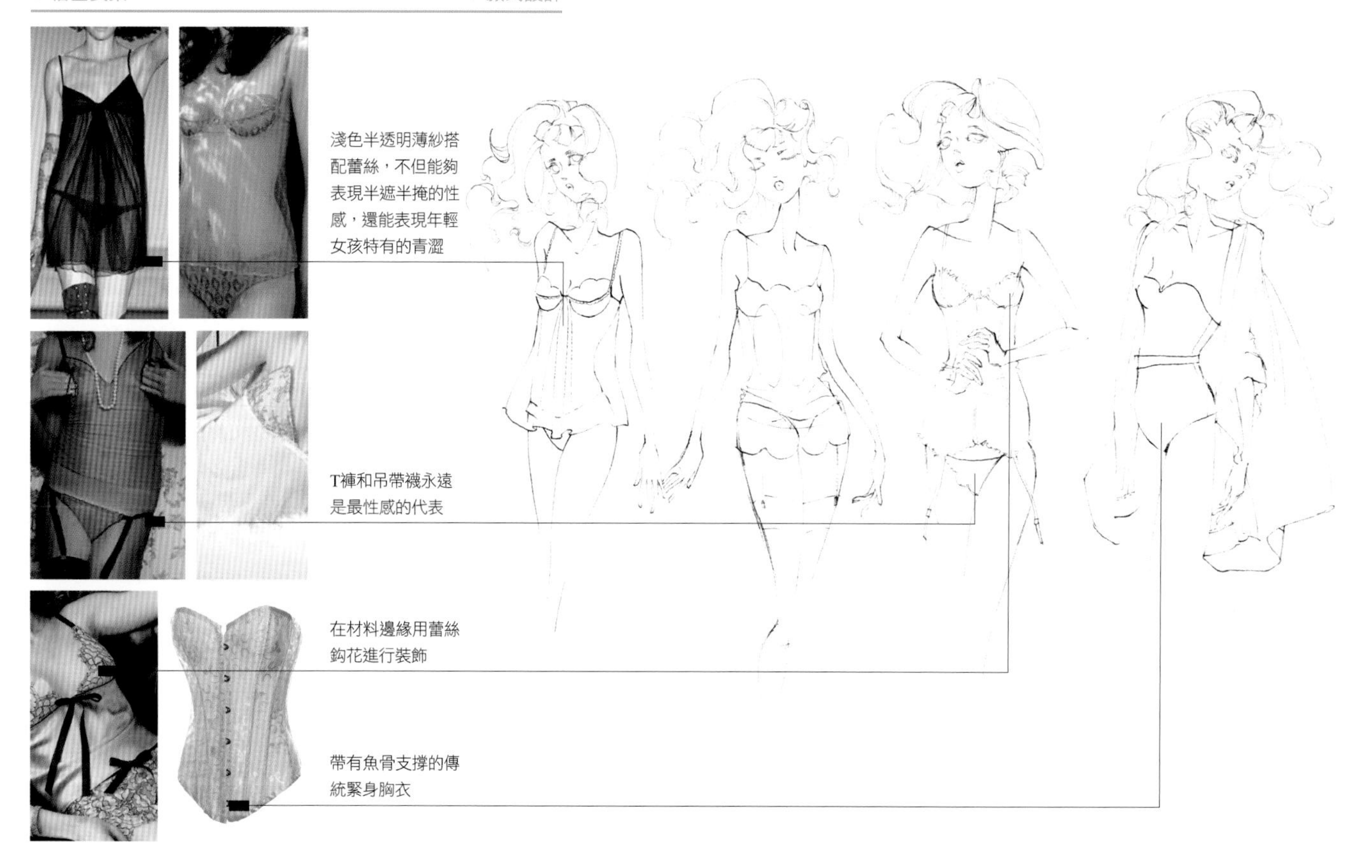

3 繪製人體色彩

本系列用水彩技法進行著色。
系列主題以性感與復古作為看點，因此選用20年代的經典紅唇和艷麗眼影作為妝容概念；考慮到時裝色彩以黑色和玫紅為主，髮色可選用灰藍色與粉紅色暈染，以襯托主題色彩。
為了表現薄紗材料的透明感，需要先繪製穿著透明材料的人體部位的膚色。
眉眼等細節部位可以用0.3mm勾線筆、彩色鉛筆和0.3mm馬克筆精細勾勒。
調和灰藍色和紅色，採用濕畫法簡單暈染頭髮部分，待乾透後用勾線筆勾勒發絲線條進行裝飾，形成輕鬆、自然的效果。

▲ 20年代艷麗妝容配色　　▲ 膚色、髮色

4 繪製主色

主要材料有兩種，一種是灰藍色薄紗、另一種是黑色蕾絲。這一步驟只需要調和略淺於材料的色彩，快速暈染即可。
為了表現薄紗材料的層次感，可適當留白。
蕾絲材料不會形成高光，但是在胸衣縫合魚骨襯條的結構線位置會形成凸起，因此也需要留白。薄紗外套的絲綢寬邊同樣需要留白表現質感。

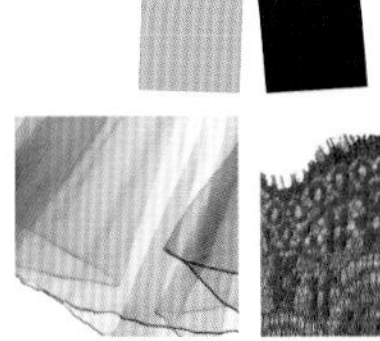

▲ 灰藍色薄紗；黑色蕾絲

5 繪製輔色

調和玫紅色繪製輔色，注意玫紅色水紋綢材料會有優雅的光澤，因此在繪製時要注意留白和色彩變化處理。

繪製被薄紗遮擋的玫紅色時，要調和略淺的色彩，並留出薄紗材料皺起的地方不填色，這樣才能表現材料的透疊效果。

▲ 水紋綢，由絲、人造纖維或其他混紡纖維織成，具有獨特的漣漪般的紋理和光澤

6 繪製蕾絲圖案

用00號水彩筆，逐一勾勒蕾絲的圖案細節，注意蕾絲材料的邊緣不會非常整齊。

▲ 淺紫色織片蕾絲；黑色鈎花蕾絲

7 繪製衣紋褶皺，完成稿件

在材料打褶處、人體轉折處繪製符合衣紋規律的褶皺。

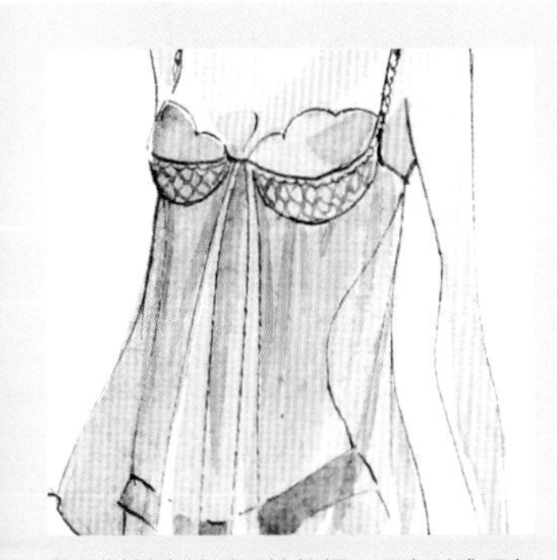

薄紗材料由於透明性較好，不會形成深色陰影。只需要在文胸下方的打褶處繪製幾筆淺淡的褶皺即可

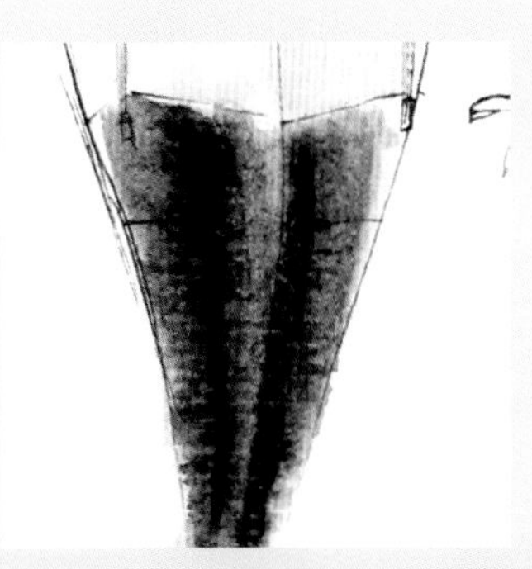

黑絲襪不會形成褶皺，因此在繪製時需要一氣呵成。先用濕畫法暈染深灰色，再迅速調和較濃的黑色繪製腿部中間，此時色彩會自然暈染開，形成立體感

蕾絲材料內衣由於裁剪得體，緊裹人體不會形成太多褶皺，只需在腰圍處繪製一兩處褶皺即可。另外需要注意，胸前略凸起的魚骨結構處，要用黑色強調其立體投影。胸下也要繪製較深的色彩表現胸部的立體感

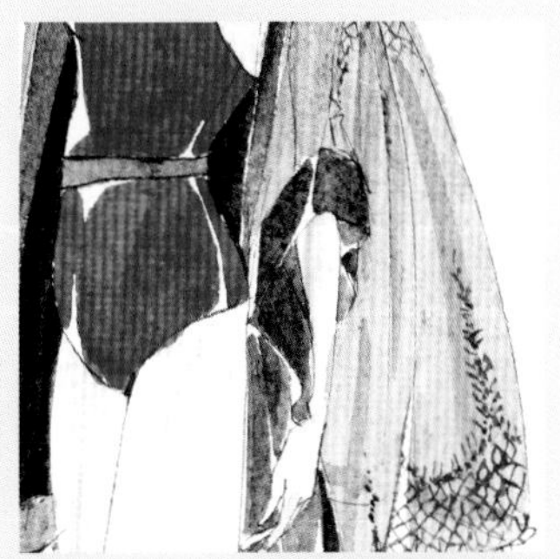

玫紅色緊身胸衣也不需要繪製褶皺，只需在最初的填色中區分出明暗即可
灰色薄紗披肩只需在自然垂褶處稍微補充幾筆暗調即可

4.5 運動裝

運動產業是一個全球性的高利潤產業，它不僅為專業運動員提供各種不同功能的運動裝備，還將這一概念的服裝拓展到日常生活中。因此運動裝品牌逐漸被分成兩大陣營，一種是針對專業運動員，運用高科技產品，讓時裝能夠更好地適應運動需求的品牌；另一種品牌針對喜歡運動風格的時尚人群，這類時裝會加入大量潮流元素。

運動裝分類

運動裝按照功能性可以分為功能型運動裝（專業運動服）和街頭運動裝。前者通過特殊的材料、結構和縫製工藝形成獨特的服裝功能性，例如透氣快乾的籃球服、為頸椎提供保護的賽車服等；後者則更多地是強調一種街頭運動風格，這種風格最初是由街舞、滑板、滑輪等運動興起的一種年輕化的著裝方式，現在已經成為含義更為廣泛的前衛時尚風格的代名詞。

2 街頭運動裝

街頭運動裝最初的時候只是街頭籃球、滑板、滑輪等青少年運動的裝束，但隨著時尚的發展，逐漸引入到日常服裝的流行趨勢中，成為一種帶有運動風格的休閒服飾品類。

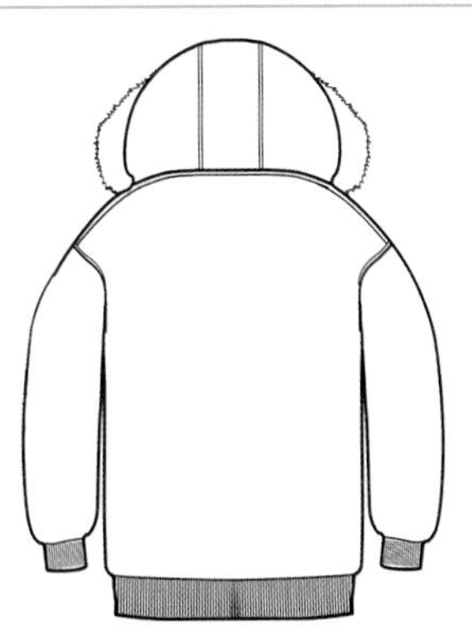

運動夾克

▼ 色彩搭配

運動裝風格的鮮艷撞色和休閒裝的豐富圖案配色都可以運用到這一品類。

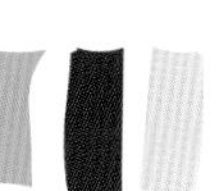

▼ 搭配款式

▼ 常用材料

精紡毛織物

棉麻織物

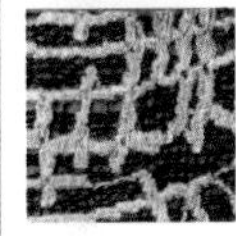

絲毛織物

▼ 街頭運動裝搭配效果

功能型運動裝常用款式設計

功能型運動裝又稱作專業運動服，是時裝產業中與科技息息相關的一個品類。這一類時裝一般會根據專業的運動項目來進行設計，設計不但要讓時裝符合人體的運動工學，還要選擇性地使用相關材料，例如防紫外線材料、控制氣味的纖維以及抵消水摩擦力的材料等。

1 Polo衫

在進行馬球、高爾夫、乒乓球、羽毛球等運動時，一般會穿著這類時裝。

▲ 收腰樣式

▲ 羅紋領口與袖口

▲ 肩部約克設計

▲ 圖案設計

2 夾克

運動夾克針對不同的功能性需求有不同的設計要點，例如滑雪服講究保暖和防寒性，而運動外套則需要在腋下添加透氣裁片。

▲ 針織夾克

▲ 防風型夾克

▲ 團隊夾克（夾克上有統一的顏色與徽章標識）

3 運動褲

根據運動需求的不同，運動褲也有不同的設計，尤其是腰頭和褲腿的細節結構設計。

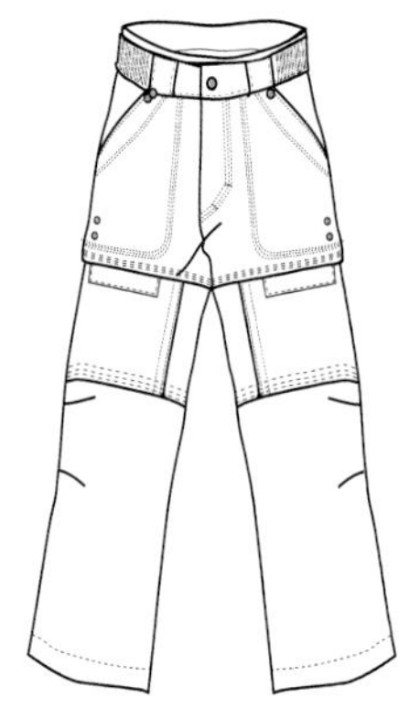

▲ 鬆緊帶腰頭，寬鬆褲腿

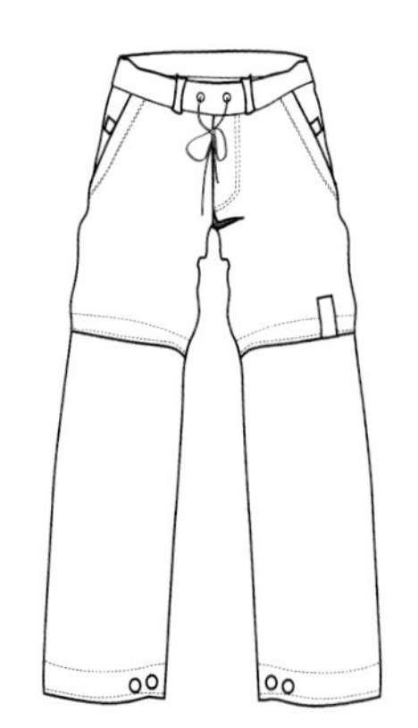

▲ 腰部抽繩設計

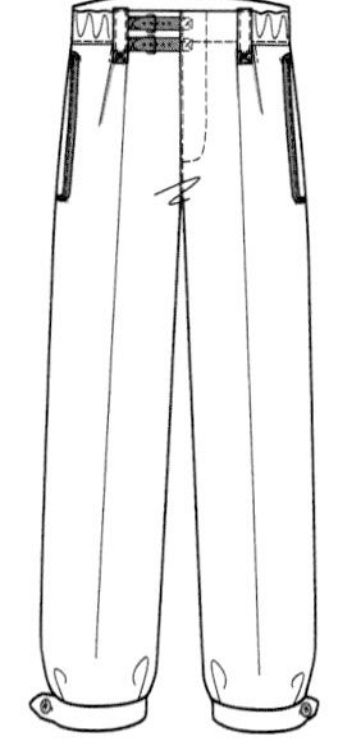

▲ 褲腳扣袢

▲ 運動短褲

街頭運動裝常用款式設計

街頭運動裝的款式設計講究寬鬆、時尚，既能夠展現運動風格，也能夠表現青少年時尚前衛的造型。在款式設計上，圖案要素尤為重要，圖案運用的位置、色彩及樣式設計等，都能夠為整體風格帶來不同的效果。

1 衛衣

衛衣實際上是針對一種裁剪類針織衫的習慣性稱呼。
這類時裝主要採用超薄針織料、毛圈針織布、滌蓋棉等裁剪類針織材料。

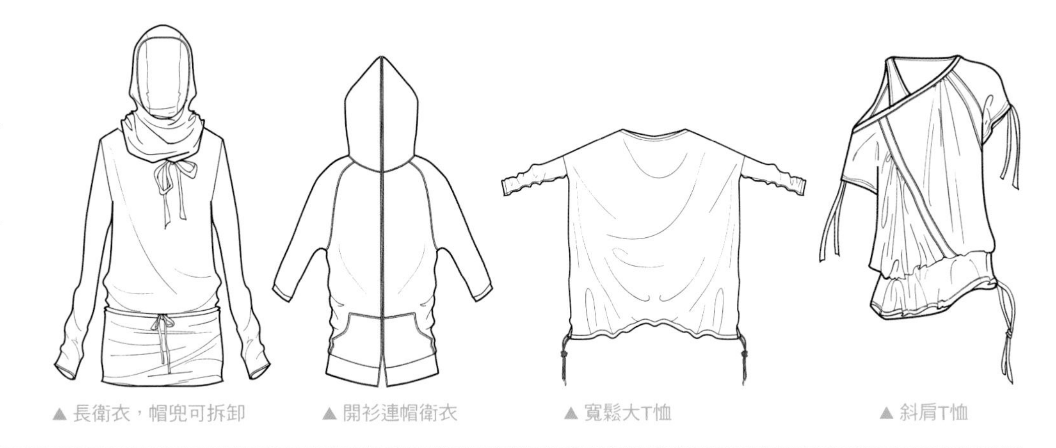

▲ 長衛衣，帽兜可拆卸　▲ 開衫連帽衛衣　▲ 寬鬆大T恤　▲ 斜肩T恤

2 外套

街頭運動風格的外套一般比較寬鬆，款式相對偏中性風格，常運用銅扣、抽繩、拉鏈等元素。

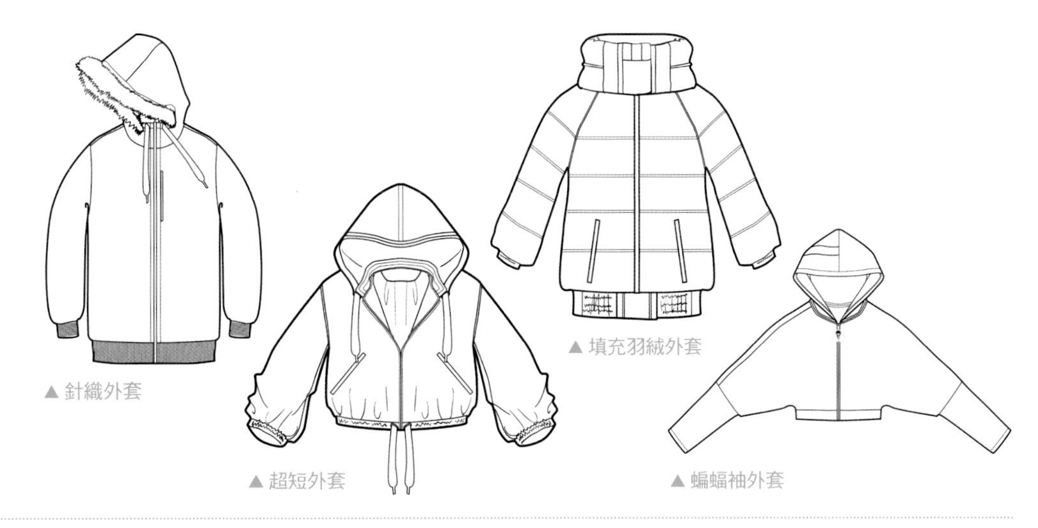

▲ 針織外套　▲ 超短外套　▲ 填充羽絨外套　▲ 蝙蝠袖外套

3 休閒褲

街頭運動風格的休閒褲明顯帶有鬆垮的特色，例如滑板褲、哈雷褲等。

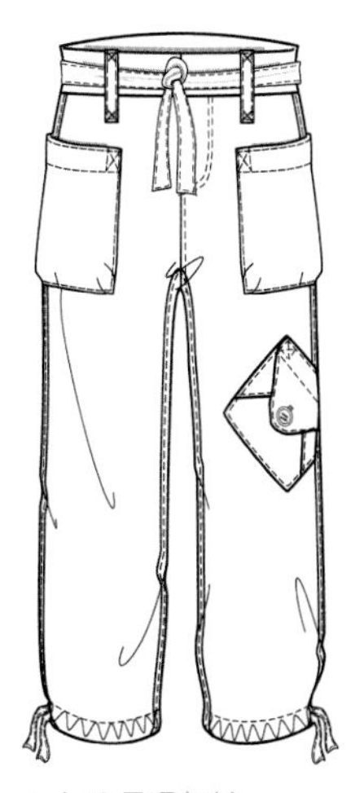

▲ 七分長滑板褲

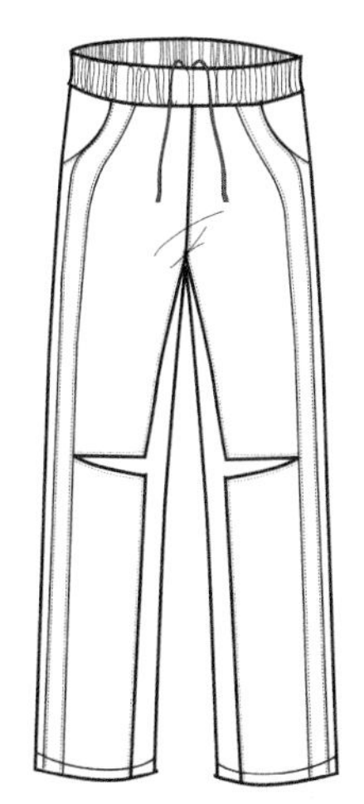

▲ 裁片拼接設計

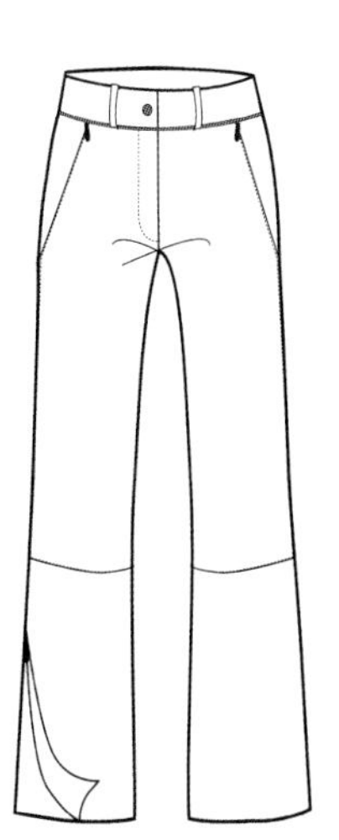

▲ 褲腳拉鏈設計

▲ 工裝背帶褲

街頭運動裝系列設計表現技法

街頭運動系列的設計既需要表現運動元素，還需要表現街頭潮流，尤其是都市次文化的各種代表概念。因此在選擇主題時可以考慮各種街頭運動引發的時尚概念，例如滑板、滾軸、街舞、街頭籃球、酷跑等。另外，在設計創作時，還可以借鑒專業運動裝設計常用的大量的色彩分割來增強系列設計的跳脫感。

1 確定系列主題

各種流行的運動盛會、街頭風格以及青年元素等都可以作為潮流主題。

▶ 後街世界杯

該系列採用足球主題系列設計，運用阿根廷球隊的主要配色和幾何圖案，創作街頭風格的氛圍。

2 確定應用元素並繪製線稿

根據主題風格，足球衫、短褲、球鞋、襪子等作為主題靈感的主要構成要素，是系列設計的首選，另外再加入紗裙、豹紋印花、多層腰頭設計等女性化的元素，讓整體設計層次顯得豐富多變。

▼ 借鑒要素 ▼ 款式設計

3 繪製人體色彩

本系列用Photoshop軟件進行著色。
時裝配色比較豐富，人物造型可以用略微簡單一些的配色來表現。

▲ 藍色系彩妝　　▲ 膚色、髮色

4 填充主色以及主要材料肌理

將材料及要填充的繪製條紋製作成為圖案，然後用油漆桶工具依次填充。

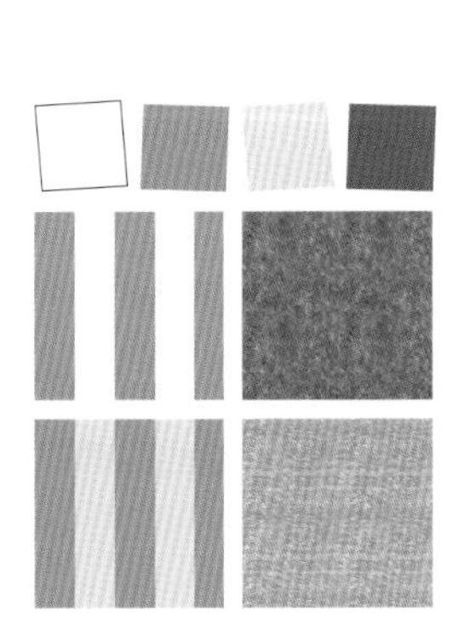

▲ 條紋印花；灰色磨絨精紡布；淺藍色無光針織布

5 搭配輔色以及輔助材料肌理

將輔助材料製作成圖案，並依次填充。
不規則圖案的運用方法：設置圖案圖層的混合模式為“疊加”，將圖案縮放到合適的大小，並放置在相應的位置，擦除多餘的部位即可。

▲ 淺灰色平紋針織布；圖案設計

6 繪製配飾色彩與肌理

將襪子材料製作成圖案，並進行填充。
新建圖層，調整紅色與玫紅色作為漸變色，填充到鞋子上。
再新建圖層混合模式為“疊加”的圖層，將豹紋和鬃毛材料製作成圖案，同樣填充在鞋子區域，形成漸變色圖案。

▲ 針織毛襪材料；漸變色圖案

7 繪製衣紋褶皺，完成稿件

選擇噴槍柔邊圓畫筆工具，用20%灰色，在新建的圖層混合模式為“線性加深”的圖層上繪製褶皺暗部。霓虹色短褲可以用柔角畫筆工具，選用黃色、藍色、灰色、灰紫色，進行多色反復疊加繪製。

多層圖案紗裙的肌理效果十分豐富，可以不用繪製褶皺明暗。

▼繪製多層圖案紗裙

1 選擇粉紅色，用噴槍柔邊畫筆工具大筆觸繪製，間或添加一些淺綠色筆觸。

2 選擇略深的草綠色，在腰頭、褶皺等部位添加色彩，表現不同色彩的多層歐根紗裙裝效果。

3 將圖案圖層放大到能遮蓋住整個裙裝，然後放置到裙裝圖層的上方，將圖案圖層的圖層混合模式設置為“柔光”。

4 另外打開一個未被編輯的相同圖案，用魔棒工具選中粉紅色部分，按Delete鍵刪除。放大圖案，並放置到混合模式為“柔光”的圖案圖層上方。擦除部分褶皺處和裙裝區域外的圖案，繪製完成。

4.6 童裝與青少年裝

童裝系列設計可以根據具體針對的年齡段來區分設計方法，1～3歲童裝講究舒適以及防寒透氣等功能性；4~9歲童裝除了講究穿著的方便舒適之外，還講究時尚和美觀感；10~16歲服裝則屬於青少年裝的設計範疇，這個年齡階段的服裝十分注重潮流概念的影響，但與成人時裝的流行趨勢並不完全符合，更年輕的潮流因素佔系列設計主導地位。

1～3歲童裝基本款式搭配

這一階段的兒童處於生長發育的重要時期，既擁有一定的活動能力，又很難保持乾淨整潔，因此這一階段的時裝需求除了時尚美觀之外，還要適於運動、防寒透氣、穿著舒適、耐髒耐洗。如果設計師還能在款式和尺碼設計上運用一些巧妙的方法，讓發育期的兒童穿著時間更長，就更加完美了。

4～9歲童裝基本款式搭配

這一階段的兒童身材比例發生了很大變化，更加活潑好動，充滿創造性。因此在設計時，首先要區分時裝號型，例如Gap公司將尺碼設置為4、5、6，這些數字直接對應相應的兒童年齡。

其次，時裝仍舊需要考慮耐磨、排汗、去除安全隱患等功能性因素。

最後是時尚性因素。這一階段，時尚逐漸被重視起來，有趣的細節、鮮艷的圖案、新奇的款式更容易獲得兒童和家長的歡迎。一些類似成人時裝的小大人樣式，既擁有潮流元素，又加入符合兒童趣味的元素，這樣的設計也十分討巧。

青少年裝基本款式搭配

青少年階段的孩子逐漸開始獨立支配金錢，流行文化、都市次文化、搖滾音樂、明星、體育、叛逆等主題常常能夠成為吸引青少年關注的主題，同時他們也在逐漸形成自己的審美傾向，著裝不再受家長的約束。

功能性不再是青少年時裝的關注要點，青少年為了在群體中獲得認同感，他們會對對裝潮流作出快速的追隨反應，這就造成青少年時裝的流行快速而多變。

另外，儘管青少年群體具有越來越強的購買力，但是絕大多數孩子們仍舊不能承受昂貴的奢侈服裝和配飾，因此低成本的設計戰略能夠更好地針對這一階段的消費者。

兒童與青少年裝常用款式設計

青少年熱衷於混搭時尚，因而系列設計應該提供盡可能多的款式品類與搭配方式。結構上要注意青少年的體型比成年人更為纖細；設計上要講究獨特的輪廓、樣式、裝飾設計和印花圖案；價格成本上則要考慮“快時尚”式的廉價標準。

1 青少年裝上衣

青少年裝的上衣款式幾乎是一種過渡性產品，在設計上既要保留童裝式的多變色彩，又要在款式上遵循成年人式的時尚潮流。

▲ 斜領T恤 ▲ 雙層領捲袖口T恤 ▲ 短袖獵裝襯衫 ▲ 寬鬆落肩袖T恤

2 童裝上衣

童裝類上衣時常會設計一些小大人似的款式，但是要注意，這些款式可以接近成衣時尚，但在工藝上要符合兒童體形，材料也不要使用需乾洗的考究材料。

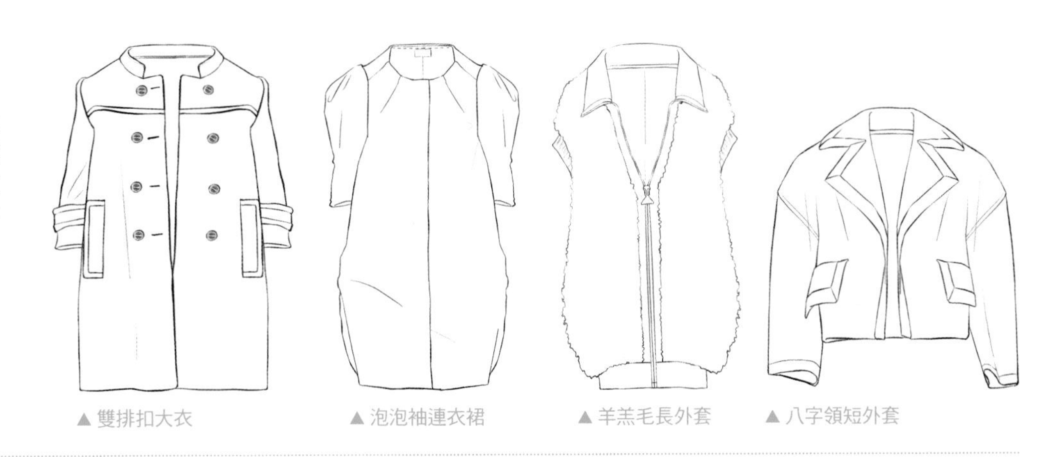

▲ 雙排扣大衣 ▲ 泡泡袖連衣裙 ▲ 羊羔毛長外套 ▲ 八字領短外套

3 童裝褲裝

童裝類褲裝要在運動舒適度、耐磨耐洗等功能性方面著重考慮，尤其是兒童處於發育期時，有一段時間小腹會鼓起，這就要求褲裝的腰部不能過於收緊，寬鬆運動褲和背帶褲是比較好的選擇。在款式設計上則要表現出兒童天真可愛的特色，例如立體圖案、花朵裝飾等。

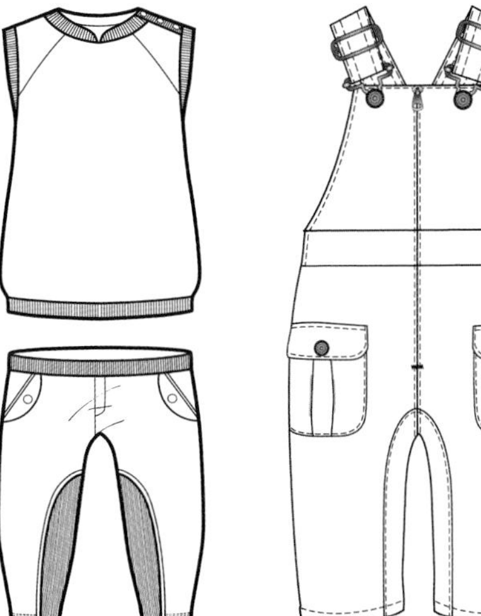

▲ 針織套裝

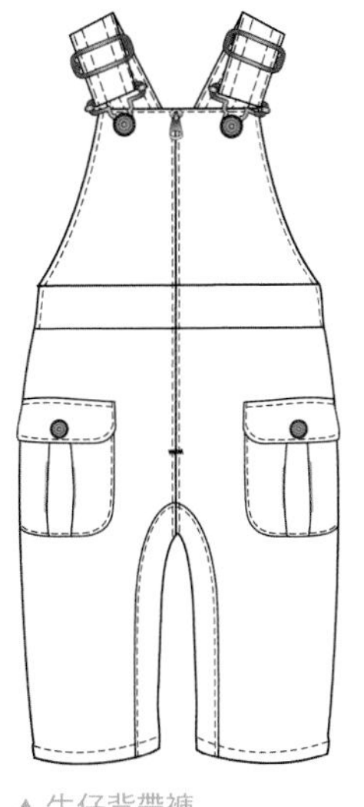

▲ 牛仔背帶褲

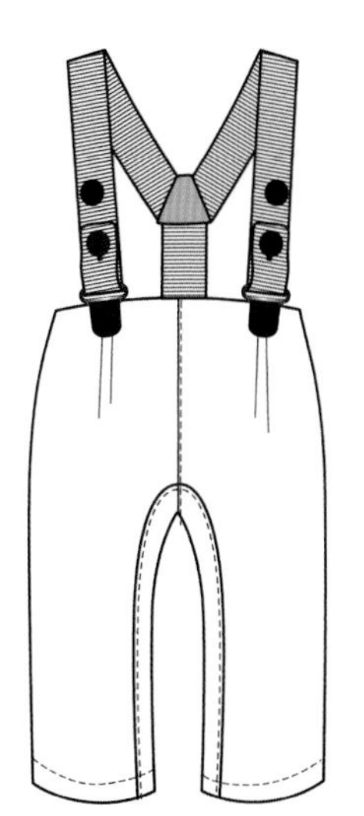

▲ 彈性背帶褲

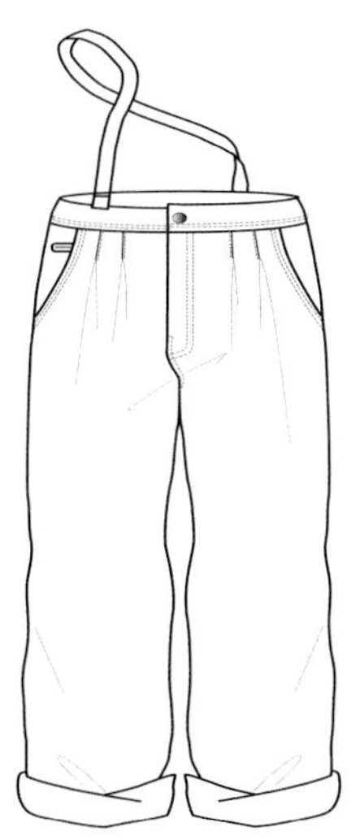

▲ 單肩背帶褲

童裝系列設計表現技法

瞭解了童裝與青少年裝的基本款式搭配和常用款式之後，就可以開始著手進行系列設計了。首先確定系列主題風格和色彩，再根據風格特徵進行調查研究並確定設計應用元素，最後就可以開始著手繪製系列時裝畫了。

1 確定系列主題

童裝的風格傾向很大程度上表現了父母的審美追求，同時也反映了父母對孩子的期望。因此，童裝的設計主題應該是向上的、積極的、趣味的、可愛的，而不應該是嚴謹的、乏味的、概念深奧的。

▶ 粉紅世界

靈感來源於精緻的粉紅色桔梗花束，將這種色彩與街頭塗鴉和用鵝卵石鑲嵌裝飾的牆壁結合起來，形成帶有街頭詼諧感的粉紅色世界。

2 確定應用元素並繪製線稿

針對4~6歲的兒童的著裝，每個系列都需要有較多的混搭品類，以便形成豐富的造型。這一系列主題是帶有街頭元素的精緻著裝，既需要創意印花、短褲、例外配色等街頭風格，也需要一些展現典雅元素的傳統時裝。

▼ 借鑒要素　　▼ 款式設計

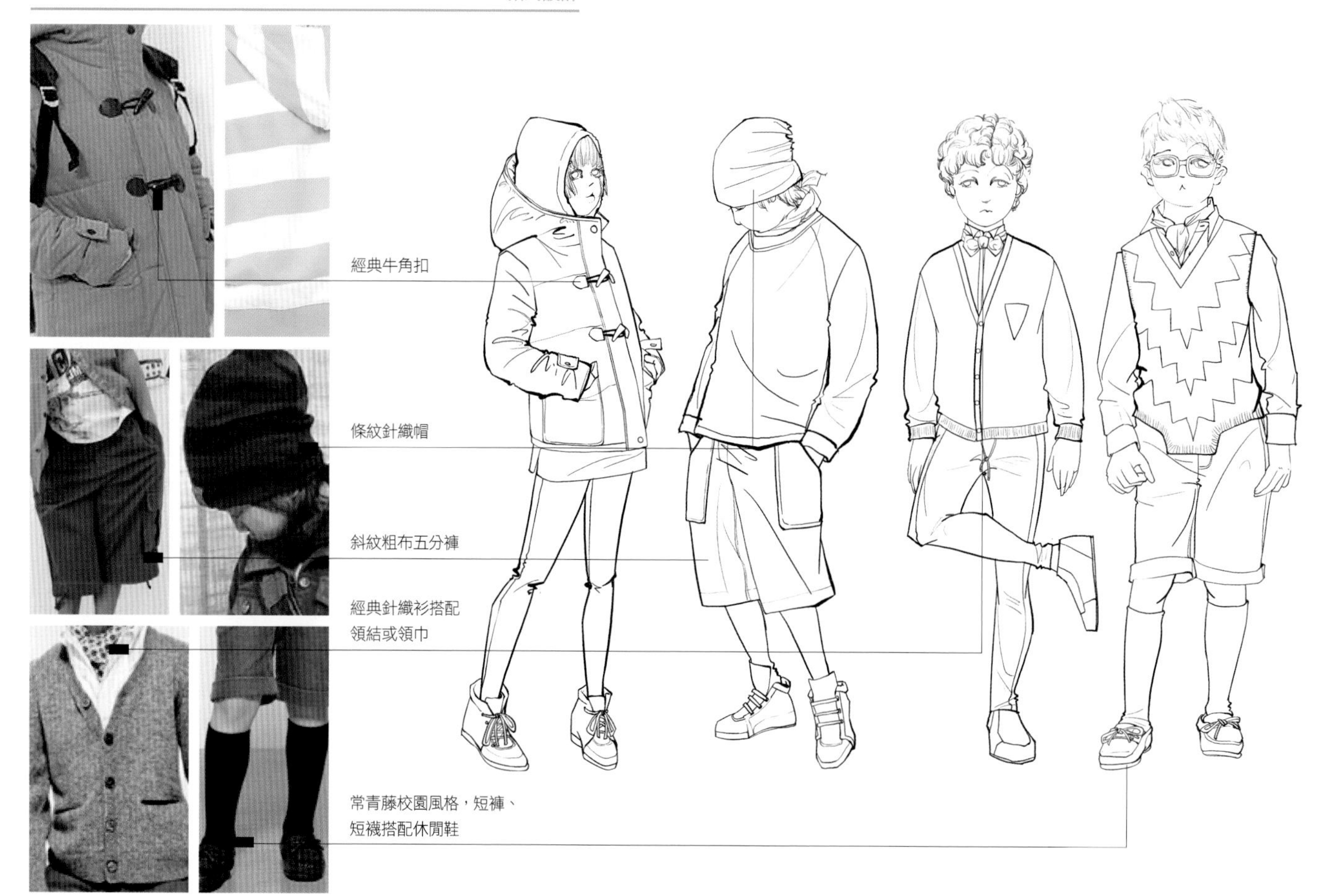

3 繪製人體色彩

本系列用Photoshop軟件進行著色。
兒童的人體色彩應保持自然的膚色，不需要過多的彩妝色彩。
選用噴槍柔邊圓畫筆工具，用較淺的肉粉色繪製膚色，髮色則根據服裝的色彩進行搭配。

▲ 膚色、髮色

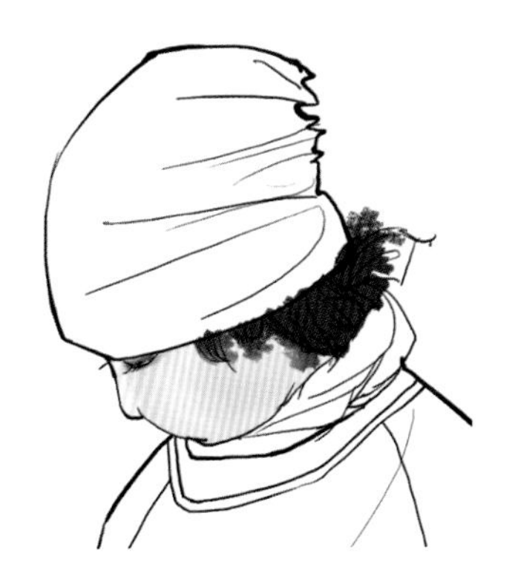

4 填充主色以及主要材料肌理

製作粉紅色條紋圖案，將材料掃描入電腦並製作成圖案，然後用油漆桶工具依次填充。

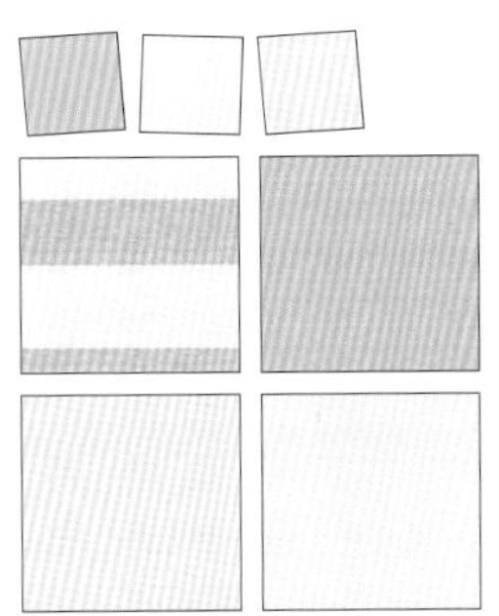

▲ 深粉紅色磨絨棉布；淺粉紅色；灰色針織平布

5 搭配輔色以及輔助材料肌理

將輔助材料製作成圖案，並逐一填充。另外製作創意圖案，並設計出多款圖案配色。

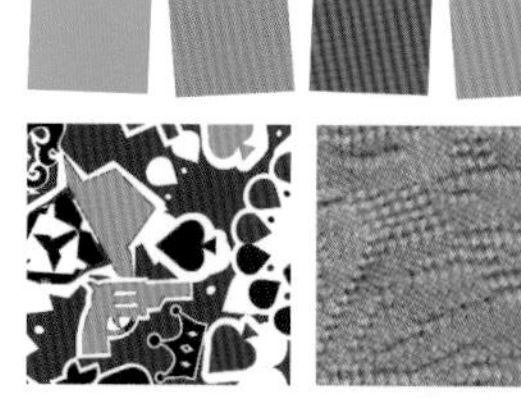

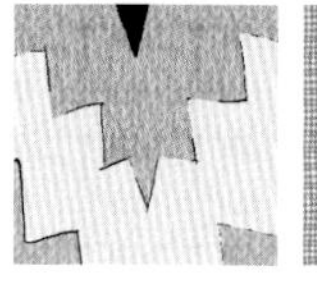

▲ 案印花材料（左上）；
鈎花針織布（右上）；色織平布（右下）

6 繪製配飾色彩與肌理

將配飾材料製作成圖案，依次填充。

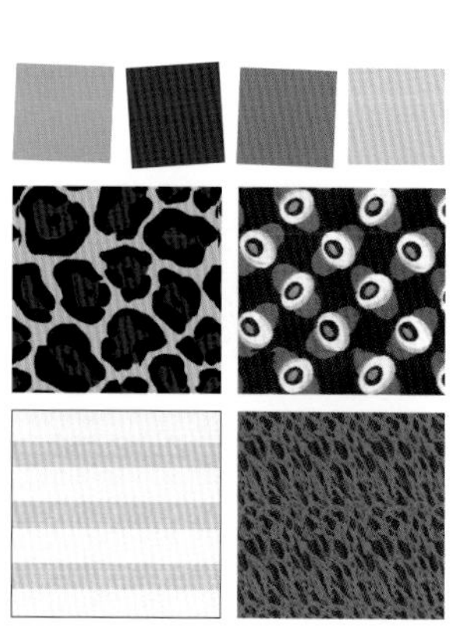

▲ 豹紋印花材料；小圓點絲綢領巾材料；
細條紋印花針織平布；染色麂皮

7 繪製衣紋褶皺，完成稿件

系列設計使用針織平布、棉布、起絨布等手感柔軟的無光材料，因此只需要用噴槍柔邊圓畫筆工具在圖層混合模式為“線性減淡”的圖層上繪製弱對比度的褶皺陰影即可。色彩濃鬱的圖案材料可以考慮不畫褶皺陰影。

在縫紉線附近繪製褶皺，以表現棉服填充隆起的感覺

針織帽子需要繪製整體陰影以表現頭部的立體感

褲裝不需要太多的明暗變化，基本將褲腿分為明暗兩個面即可

在絲綢領巾的細節處可以添加一些亮點

女裝系列設計

NEW MOOD
Self-confident
新樣式：自我信念
MULBERRY pantone ® 18-1613
BLOSSOM pantone ® 12-1310
MALLARD pantone ® 18-0130
PRUNE pantone ® 19-3217
HYACINTH pantone ® 18-3945
FOG pantone ® 16-3907
RUSSET pantone ® 18-1454

男裝系列設計

國家圖書館出版品預行編目(CIP)資料

時裝系列設計表現技法 ： 時裝設計專業進階教程 / 劉婧怡作. -- 新北市 ： 北星圖書, 2015.04
面 ； 公分
ISBN 978-986-6399-14-5(平裝)

1.服裝設計

423.2 104004583

時裝系列設計表現技法：時裝設計專業進階教程

作　　者 / 劉婧怡
發 行 人 / 陳偉祥
發　　行 / 北星圖書事業股份有限公司
地　　址 / 新北市永和區中正路458號B1
電　　話 / 886-2-29229000
傳　　真 / 886-2-29229041
網　　址 / www.nsbooks.com.tw
e-mail / nsbook@nsbooks.com.tw
劃撥帳戶 / 北星文化事業有限公司
劃撥帳號 / 50042987
製版印刷 / 森達製版有限公司
出 版 日 / 2015年4月1日
I S B N / 987-986-6399-14-5
定　　價 / 350元